软件开发 人才培养系列丛书

SQL Server 数据库实用教程
（微课版）

赵明渊 ◎ 主编

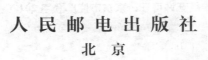

人民邮电出版社

北京

图书在版编目（CIP）数据

SQL Server数据库实用教程：微课版 / 赵明渊主编
. -- 北京：人民邮电出版社，2023.1（2023.11重印）
（软件开发人才培养系列丛书）
ISBN 978-7-115-60522-1

Ⅰ. ①S… Ⅱ. ①赵… Ⅲ. ①关系数据库系统－教材
Ⅳ. ①TP311.132.3

中国版本图书馆CIP数据核字(2022)第221892号

内 容 提 要

  本书以 SQL Server 2019 为平台，瞄准当前高等院校 SQL Server 数据库理论与实验的教学需求，全面系统地介绍了 SQL Server 数据库管理系统的基本原理和技术。本书内容包括：数据库概述、数据定义、数据操纵、数据查询、视图和索引、数据库程序设计、数据库编程技术、系统安全管理、备份和还原、事务和锁、基于 Visual C#和 SQL Server 数据库的学生成绩管理系统的开发。此外，本书理论与实验相互配套，重点深化实验课程的教学，书中实验包含验证性实验和设计性实验。

  本书可作为普通高等院校数据库相关课程的教学用书，也可供计算机应用人员和数据库爱好者自学使用，还可作为培训机构开设的数据库相关课程的参考用书。

◆ 主 编 赵明渊
  责任编辑 王 宣
  责任印制 王 郁 陈 犇

◆ 人民邮电出版社出版发行 北京市丰台区成寿寺路11号
  邮编 100164 电子邮件 315@ptpress.com.cn
  网址 https://www.ptpress.com.cn
  三河市君旺印务有限公司印刷

◆ 开本：787×1092 1/16
  印张：18.25   2023年1月第1版
  字数：484千字   2023年11月河北第2次印刷

定价：65.00元

读者服务热线：(010)81055256 印装质量热线：(010)81055316
反盗版热线：(010)81055315
广告经营许可证：京东市监广登字 20170147 号

前言

本书以微软公司最新推出的SQL Server 2019为平台，全面系统地介绍了SQL Server数据库管理系统的基本原理和技术，使读者可以掌握数据库理论知识，具备数据库管理能力、数据库操作能力及数据库语言编程能力。

本书特点如下。

1. 重视难点知识教学，强化编程能力培养

本书系统化构建数据库理论知识体系，致力于培养读者SQL Server 2019数据库管理、操作和编程的相关能力。在数据库设计中，着重培养读者掌握基本理论知识及合适的E-R图绘制方法，同时训练读者将E-R图转换为关系模式的能力。本书详细地介绍了T-SQL中的数据查询语言和T-SQL程序设计方法，以帮助读者掌握编写T-SQL查询语句的能力。

2. 立足理论知识基础，深化课程实验教学

编者采用理论与实践相结合、教学与实验相配套的编写模式编成本书。为了方便理论教学和实验教学，本书第1~9章均配有相关习题和实验。本书的实验可分为验证性实验和设计性实验两类：第一类详细给出实现实验题目的步骤和方法，供学生熟悉、借鉴和参考有关实验题目的设计和实现过程；第二类重点培养学生独立设计实验以满足相关要求的能力。

3. 配套丰富教辅资源，全面服务人才培养

党的二十大报告中提到："坚持以人民为中心发展教育，加快建设高质量教育体系，发展素质教育，促进教育公平。"为了全面服务高校人才培养工作，编者为本书配套课程PPT、教学大纲、教案、微课视频（扫码观看）、授课计划、习题答案、样本数据、源代码、模拟试卷等教辅资源，读者可以通过人邮教育社区（www.ryjiaoyu.com）进行下载。

本书由赵明渊主编，参与编写的有赵凯文、程小菊、袁育廷、蔡露等老师。在此，编者对帮助完成本书编写工作的同志表示衷心感谢！

由于编者水平有限，书中难免存在不足之处，敬请读者朋友批评指正。

编　者
2023年1月

微课索引

微课视频所在章节	微课视频二维码	微课视频所在章节	微课视频二维码
1.1 数据库系统		2.7.3 UNIQUE 约束	
1.2 数据库设计		2.7.4 FOREIGN KEY 约束	
1.3 SQL Server 2019 的组成和安装		2.7.5 CHECK 约束	
1.5 SQL Server Management Studio 环境		2.7.6 DEFAULT 约束	
1.6 SQL 和 T-SQL		第 3 章 数据操纵	
2.3 SQL Server 数据库的创建、修改和删除		4.2 单表查询	
2.6 表的创建、修改和删除		4.3.1 连接查询	
2.7.2 PRIMARY KEY 约束		4.3.2 嵌套查询	

续表

微课视频所在章节	微课视频二维码	微课视频所在章节	微课视频二维码
4.3.3 联合查询		7.3 游标	
4.4 查询结果处理		8.2 服务器安全管理	
5.1 视图		8.3 数据库安全管理	
5.2 索引		8.4 角色管理	
6.2 标识符、常量和变量		8.5 权限管理	
6.4 流程控制语句		9.2 创建备份设备	
6.5 系统内置函数		9.3 备份数据库	
6.6 用户定义函数		9.4 还原数据库	
7.1 存储过程		10.1 事务	
7.2 触发器			

第1章 数据库概述

1.1 数据库系统 01
　1.1.1 数据库系统的基本概念 01
　1.1.2 数据模型 03
　1.1.3 关系数据库 05
1.2 数据库设计 06
　1.2.1 数据库设计的基本步骤 06
　1.2.2 概念结构设计 07
　1.2.3 逻辑结构设计 08
1.3 SQL Server 2019的组成和安装 10
　1.3.1 SQL Server 2019的组成 10
　1.3.2 SQL Server 2019的安装要求 ... 11
　1.3.3 SQL Server 2019的安装步骤 ... 11
1.4 SQL Server 2019服务器的启动和
　　 停止 16
1.5 SQL Server Management Studio
　　 环境 17
　1.5.1 SQL Server Management
　　　　 Studio的安装 17
　1.5.2 SQL Server Management
　　　　 Studio的启动和连接 18
1.6 SQL和T-SQL 20
　1.6.1 SQL 20
　1.6.2 T-SQL的预备知识 22
本章小结 23
习题1 24
实验1 E-R图的设计与SQL Server 2019的
　　　 安装、启动和停止 26
　实验1.1 E-R图的设计 26
　实验1.2 SQL Server 2019的安装、
　　　　　 启动和停止 30

第2章 数据定义

2.1 数据定义语言 31
2.2 SQL Server数据库概述 32
　2.2.1 SQL Server系统数据库 32
　2.2.2 SQL Server数据库文件和存储
　　　　 空间分配 33
　2.2.3 SQL Server数据库文件组 33
2.3 SQL Server数据库的创建、修改和
　　 删除 34
　2.3.1 创建数据库 34
　2.3.2 修改数据库 38
　2.3.3 删除数据库 40
2.4 数据类型 41
2.5 数据表概述 45
　2.5.1 数据库对象 45
　2.5.2 表的概念 45
　2.5.3 表结构设计 46
2.6 表的创建、修改和删除 47
　2.6.1 创建表 47
　2.6.2 修改表 50
　2.6.3 删除表 52
2.7 完整性约束 53
　2.7.1 数据完整性的分类 53
　2.7.2 PRIMARY KEY约束 55
　2.7.3 UNIQUE约束 57
　2.7.4 FOREIGN KEY约束 59
　2.7.5 CHECK约束 61
　2.7.6 DEFAULT约束 63
　2.7.7 NOT NULL约束 64
本章小结 64
习题2 65

实验 2　数据定义 68
　　实验 2.1　创建数据库 68
　　实验 2.2　创建表 69
　　实验 2.3　完整性约束 72

第 3 章
数据操纵

3.1　数据操纵语言 77
3.2　插入数据 77
　　3.2.1　使用 T-SQL 语句插入数据 77
　　3.2.2　使用 SQL Server Management
　　　　　Studio 图形界面插入数据 79
3.3　修改数据 80
　　3.3.1　使用 T-SQL 语句修改数据 81
　　3.3.2　使用 SQL Server Management
　　　　　Studio 图形界面修改数据 81
3.4　删除数据 81
　　3.4.1　使用 T-SQL 语句删除数据 82
　　3.4.2　使用 SQL Server Management
　　　　　Studio 图形界面删除数据 82
本章小结 83
习题 3 83
实验 3　数据操纵 84

第 4 章
数据查询

4.1　数据查询语言 88
4.2　单表查询 88
　　4.2.1　SELECT 子句的使用 89
　　4.2.2　WHERE 子句的使用 91
　　4.2.3　聚合函数、GROUP BY 子句、
　　　　　HAVING 子句的使用 94
　　4.2.4　ORDER BY 子句的使用 96
4.3　多表查询 97
　　4.3.1　连接查询 97

　　4.3.2　嵌套查询 101
　　4.3.3　联合查询 104
4.4　查询结果处理 106
　　4.4.1　INTO 子句 106
　　4.4.2　CTE 子句 106
　　4.4.3　TOP 子句 107
本章小结 108
习题 4 109
实验 4　数据查询 111
　　实验 4.1　单表查询 111
　　实验 4.2　多表查询 113

第 5 章
视图和索引

5.1　视图 117
　　5.1.1　视图概述 117
　　5.1.2　创建视图 118
　　5.1.3　查询视图 119
　　5.1.4　修改视图 120
　　5.1.5　删除视图 121
　　5.1.6　更新视图 121
5.2　索引 124
　　5.2.1　索引概述 124
　　5.2.2　创建索引 125
　　5.2.3　修改和查看索引属性 126
　　5.2.4　删除索引 127
本章小结 127
习题 5 128
实验 5　视图和索引 130
　　实验 5.1　视图 130
　　实验 5.2　索引 131

第 6 章
数据库程序设计

6.1　T-SQL 基础 133
　　6.1.1　T-SQL 的分类 133

6.1.2	批处理	134
6.1.3	脚本和注释	136
6.2	标识符、常量和变量	137
6.2.1	标识符	137
6.2.2	常量	137
6.2.3	变量	138
6.3	运算符与表达式	141
6.4	流程控制语句	143
6.4.1	语句块	144
6.4.2	条件语句	144
6.4.3	多分支语句	146
6.4.4	循环语句	147
6.4.5	无条件转移语句	149
6.4.6	返回语句	149
6.4.7	等待语句	150
6.4.8	异常处理语句	150
6.5	系统内置函数	150
6.5.1	系统内置函数概述	150
6.5.2	数学函数	151
6.5.3	字符串函数	152
6.5.4	日期和时间函数	153
6.5.5	系统函数	155
6.6	用户定义函数	155
6.6.1	用户定义函数概述	156
6.6.2	用户定义函数的定义和调用	156
6.6.3	用户定义函数的删除	161
本章小结		161
习题6		162
实验6	数据库程序设计	163

第 7 章 数据库编程技术

7.1	存储过程	167
7.1.1	存储过程概述	167
7.1.2	存储过程的创建	168
7.1.3	存储过程的执行	169
7.1.4	存储过程的参数	170
7.1.5	存储过程的修改	174
7.1.6	存储过程的删除	174
7.2	触发器	175
7.2.1	触发器概述	175
7.2.2	DML触发器	176
7.2.3	DDL触发器	181
7.2.4	修改触发器	182
7.2.5	启用或禁用触发器	183
7.2.6	删除触发器	184
7.3	游标	185
7.3.1	游标概述	185
7.3.2	游标的基本操作	185
本章小结		188
习题7		189
实验7	数据库编程技术	192
实验7.1	存储过程	192
实验7.2	触发器和游标	194

第 8 章 系统安全管理

8.1	SQL Server安全机制和身份验证模式	197
8.1.1	SQL Server安全机制	197
8.1.2	SQL Server身份验证模式	198
8.2	服务器安全管理	198
8.2.1	创建登录名	199
8.2.2	修改登录名	201
8.2.3	删除登录名	201
8.3	数据库安全管理	202
8.3.1	创建数据库用户	202
8.3.2	修改数据库用户	206
8.3.3	删除数据库用户	207
8.4	角色管理	207
8.4.1	服务器角色	207
8.4.2	数据库角色	209
8.5	权限管理	214
8.5.1	使用GRANT语句给用户授予权限	214

8.5.2　使用DENY语句拒绝授予用户权限 214
　　8.5.3　使用REVOKE语句撤销用户权限 215
　　8.5.4　使用SQL Server Management Studio图形界面给用户授予权限 215
本章小结 217
习题8 217
实验8　系统安全管理 219

第9章 备份和还原

9.1　备份和还原概述 222
9.2　创建备份设备 223
　　9.2.1　使用存储过程创建和删除备份设备 223
　　9.2.2　使用SQL Server Management Studio图形界面创建和删除备份设备 224
9.3　备份数据库 225
　　9.3.1　使用SQL Server Management Studio图形界面备份数据库 225
　　9.3.2　使用T-SQL语句备份数据库 227
9.4　还原数据库 229
　　9.4.1　使用SQL Server Management Studio图形界面还原数据库 229
　　9.4.2　使用T-SQL语句还原数据库 231
本章小结 233
习题9 234
实验9　备份和还原 236

第10章 事务和锁

10.1　事务 238
　　10.1.1　事务原理 238
　　10.1.2　事务类型 239
　　10.1.3　事务模式 239
　　10.1.4　事务处理语句 240
10.2　锁定 244
　　10.2.1　并发影响 244
　　10.2.2　可锁定资源 245
　　10.2.3　SQL Server的锁模式 245
　　10.2.4　死锁 246
本章小结 247
习题10 248

第11章 基于Visual C#和SQL Server数据库的学生成绩管理系统的开发

11.1　新建项目和窗体 250
11.2　父窗体设计 252
11.3　学生信息录入 252
11.4　学生信息查询 254
本章小结 255
习题11 256
附录A　习题参考答案 257
附录B　教学管理数据库teachmanage的表结构和样本数据 277
参考文献 280

第1章 数据库概述

为了满足用户的需求,SQL Server数据库管理系统不断采用新技术,使自身的功能越来越强大,用户使用起来更加方便,易用性和可靠性越来越高,并逐步成为目前最流行的关系数据库管理系统。SQL Server 2019是新一代数据库平台产品,它延续了现有数据库平台的强大功能,并具有以下特点:数据虚拟化和大数据集群、数据的智能化和机器学习服务、支持多种语言和平台、先进的安全性能、快速做出更好的决策、全面支持云技术。

本章介绍数据库系统、数据库设计、SQL Server 2019的组成和安装、SQL Server 2019服务器的启动和停止、SQL Server Management Studio环境、SQL和T-SQL等内容。

1.1 数据库系统

本节介绍数据库系统的基本概念、数据模型、关系数据库等内容。

数据库系统

1.1.1 数据库系统的基本概念

1. 数据和信息

数据(data)是事物的符号表示,它有多种表现形式,如数字、文字、图像、声音、视频等,而且能以数字化的二进制形式存入计算机并被处理。

在日常生活中人们直接用自然语言描述事物。在计算机中,需要抽象出事物的特征以组成一个记录来描述事物。例如,一个教师的记录如下所示:

(100003,杜明杰,男,1978-11-04,教授,计算机学院)

信息(information)指数据的含义,是对数据的语义解释。

数据和信息的关系是:数据是信息的载体,信息是数据的内涵。

2. 数据库

数据库(database,DB)是以特定的组织结构存放在计算机的存储介质中的相互关联的数据集合。

数据库具有以下作用。
- 提高了数据和程序的独立性，有专门的语言支持。
- 为应用提供服务。

3．数据库管理系统

数据库管理系统（database management system，DBMS）是在操作系统支持下的系统软件，它是数据库应用系统的核心组成部分，它的主要功能如下。
- 数据定义功能：提供数据定义语言，定义数据库和数据库对象。
- 数据操纵功能：提供数据操纵语言，对数据库中的数据进行查询、插入、修改、删除等操作。
- 数据控制功能：提供数据控制语言，进行数据控制，即提供数据的安全性、完整性、并发控制等功能。
- 数据库建立与维护功能：提供数据库初始数据的装入、转储、还原，以及系统性能的监视、分析等多项功能。

4．数据库系统

数据库系统（database system，DBS）由数据库、数据库管理系统、应用界面、应用程序、查询工具、管理工具、初级用户、应用程序员、数据分析员、数据库管理员（database administrator，DBA）等组成，如图1.1所示。

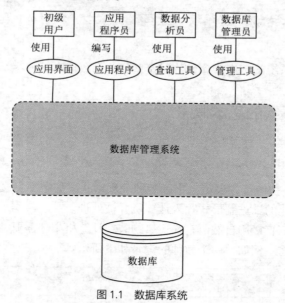

图 1.1　数据库系统

从数据库系统应用的角度看，数据库系统的工作模式分为客户-服务器模式和浏览器-服务器模式。

（1）客户-服务器模式

在客户-服务器（client/server，C/S）模式（见图1.2）中，将应用划分为前台和后台两个部分。命令行客户端、图形界面、应用程序等称为"前台""客户端"或"客户程序"，主要完成向服务器发送用户请求和接收服务器返回的处理结果等工作。而数据库管理系统称为"后台""服务器端"或"服务器程序"，主要承担数据库的管理工作，例如按用户的请求进行数据处理并返回处理结果。

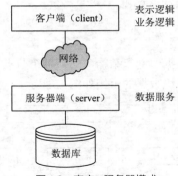

图 1.2 客户 - 服务器模式

客户端既要完成应用的表示逻辑，又要完成应用的业务逻辑，完成的任务较多，显得较"胖"。这种具有前台和后台的C/S模式称为"胖"客户机"瘦"服务器的C/S模式。

（2）浏览器-服务器模式

在浏览器-服务器（browser/server，B/S）模式（见图1.3）中，将客户端细分为表示层和处理层两个部分。表示层是用户的操作和展示界面，一般由浏览器担任，这就减轻了数据库系统中客户端担负的任务，成为"瘦"客户端；处理层主要负责应用的业务逻辑，它与数据层的数据库管理系统共同组成功能强大的"胖"服务器。这样，该模式划分为表示层、处理层和数据层3个部分，形成一种基于Web应用的C/S模式，又称为三层C/S模式。

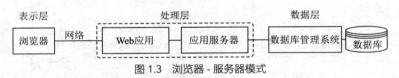

图 1.3 浏览器 - 服务器模式

1.1.2 数据模型

数据模型是现实世界数据特征的抽象，它是使用计算机对数据建立的模型，包含数据结构、数据操作和数据完整性三要素。下面介绍数据模型中的层次模型、网状模型和关系模型。

1．层次模型

层次模型用树状层次结构组织数据，树状层次结构中的每一个节点表示一个记录类型，记录类型之间的联系是一对多的。层次模型有且仅有一个根节点，位于树状层次结构的顶部，根节点以外的其他节点有且仅有一个父节点。某大学按层次模型组织数据的示例如图1.4所示。

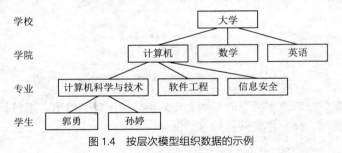

图 1.4 按层次模型组织数据的示例

层次模型简单易用，但现实世界很多记录之间的联系是非层次性的，如多对多的联系等，若使用层次模型表达会显得比较笨拙且不直观。

2．网状模型

网状模型采用网状结构组织数据，网状结构中的每一个节点表示一个记录类型，记录类型之间可以有多种联系。按网状模型组织数据的示例如图1.5所示。

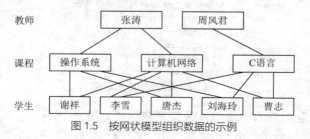

图 1.5 按网状模型组织数据的示例

网状模型可以更直接地描述现实世界（层次模型是网状模型的特例），但网状模型结构复杂，不易于用户掌握。

3．关系模型

关系模型采用关系的形式组织数据，一个关系就是一张由行和列组成的二维表。按关系模型组织数据的示例如图1.6所示。

教师关系框架

教师编号	姓名	性别	出生日期	职称	学院

讲课关系框架

教师编号	课程号	上课地点

教师关系

教师编号	姓名	性别	出生日期	职称	学院
100003	杜明杰	男	1978-11-04	教授	计算机学院
100018	严芳	女	1994-09-21	讲师	计算机学院
120032	袁书雅	女	1991-07-18	副教授	外国语学院

讲课关系

教师编号	课程号	上课地点
100003	1004	2-106
120032	1201	4-204

图 1.6 按关系模型组织数据的示例

关系模型建立在严格的数学概念的基础上，数据结构简单、清晰，用户易懂、易用。关系模型是目前应用极为广泛、极为重要的一种数学模型。

1.1.3 关系数据库

关系数据库采用关系模型组织数据,是目前极为流行的数据库。关系数据库管理系统(relational database management system,RDBMS)是支持关系模型的数据库管理系统。

1. 关系数据库的基本概念

- 关系:关系就是表(table)。在关系数据库中,一个关系被存储为一个数据表。
- 元组:表中一行(row)为一个元组(tuple)。一个元组对应数据表中的一条记录(record),元组的各个分量对应关系中的各个属性。
- 属性:表中的列(column)称为属性(property),对应数据表中的字段(field)。
- 域:属性的取值范围。
- 关系模式:对关系的描述称为关系模式。关系模式的格式如下。

关系名(属性名1,属性名2,……,属性名n)

- 候选码:属性或属性组,其值可唯一标识其对应的元组。
- 主关键字(主键):在候选码中选择一个作为主键(primary key)。
- 外关键字(外键):一个关系中的属性或属性组不是该关系的主键,但它是另一个关系的主键,则称它为外键(foreign key)。

在图1.6中,教师的关系模式为:

教师(教师编号,姓名,性别,出生日期,职称,学院)

主键为教师编号。
讲课的关系模式为:

讲课(教师编号,课程号,上课地点)

主键为课程号,外键为教师编号。

2. 关系运算

关系数据的操作称为关系运算,选择、投影、连接都是极为重要的关系运算。关系数据库管理系统支持关系数据库的选择、投影、连接运算。

(1)选择

选择(selection)是指选出满足给定条件的记录。它是从行的角度进行的单目运算,运算对象是一个表,运算结果是一个新表。

【例1.1】从教师关系表中选择学院为计算机学院且职称为教授的行进行选择运算,选择后的新表如表1.1所示。

表1.1 选择后的新表

教师编号	姓名	性别	出生日期	职称	学院
100003	杜明杰	男	1978-11-04	教授	计算机学院

（2）投影

投影（projection）是选择表中满足条件的列，它是从列的角度进行的单目运算。

【例1.2】从教师关系表中选取姓名、性别、职称进行投影运算，投影后的新表如表1.2所示。

表1.2 投影后的新表

姓名	性别	职称
杜明杰	男	教授
严芳	女	讲师
袁书雅	女	副教授

（3）连接

连接（join）是将两个表中的行按照一定的条件横向结合，生成新表。选择和投影都是单目运算，操作对象只是一个表，而连接是双目运算，操作对象是两个表。

【例1.3】教师关系表与讲课关系表通过教师编号相等这一连接条件进行连接运算，连接后的新表如表1.3所示。

表1.3 连接后的新表

教师编号	姓名	性别	出生日期	职称	学院	教师编号	课程号	上课地点
100003	杜明杰	男	1978-11-04	教授	计算机学院	100003	1004	2-106
120032	袁书雅	女	1991-07-18	副教授	外国语学院	120032	1201	4-204

1.2 数据库设计

数据库设计是将业务对象转换为数据库对象的过程，本节介绍数据库设计的基本步骤，并重点介绍概念结构设计和逻辑结构设计的相关内容。

数据库设计

1.2.1 数据库设计的基本步骤

按照规范设计的方法，考虑数据库及其应用系统开发的全过程，数据库设计可分为以下6个阶段：需求分析阶段，概念结构设计阶段，逻辑结构设计阶段，物理结构设计阶段，数据库实施阶段，数据库运行和维护阶段。

（1）需求分析阶段

需求分析是整个数据库设计的基础，在数据库设计中，首先需要准确了解与分析用户的需求，明确系统的目标和需要实现的功能。

（2）概念结构设计阶段

概念结构设计是整个数据库设计的关键，其任务是根据需求分析，形成一个独立于具体数据库管理系统的概念模型，即设计E-R图（entity-relationship diagram，实体-联系图）。

（3）逻辑结构设计阶段

逻辑结构设计是将概念结构转换为某个具体的数据库管理系统所支持的数据模型。

（4）物理结构设计阶段

物理结构设计是为逻辑数据模型选取一个最适合应用环境的物理结构（包括存储结构和存取方法等）。

（5）数据库实施阶段

数据库设计人员运用数据库管理系统所提供的数据库语言和宿主语言，根据逻辑结构设计和物理结构设计的结果建立数据库，编写和调试应用程序，并组织数据入库和试运行。

（6）数据库运行和维护阶段

数据库通过试运行后即可投入正式运行。在数据库运行过程中，还需要不断地对其进行评估、调整和修改。

1.2.2 概念结构设计

为了把现实世界的具体事物抽象、组织为某一数据库管理系统支持的数据模型，首先需要将现实世界的具体事物抽象为信息世界的某一种概念结构（这种结构不依赖于具体的计算机系统）。然后，将这种概念结构转换为某个数据库管理系统所支持的数据模型。

需求分析得到的数据描述是无结构的，概念结构设计是在需求分析的基础上将描述转换为有结构的、易于理解的精确表达。概念结构设计阶段的目标是形成整个数据库的概念结构，它独立于数据库逻辑结构和具体的数据库管理系统，并且可以用E-R图描述。

E-R图的构成要素如下。

- 实体：客观存在并可相互区别的事物称为实体，实体用矩形框表示，框内为实体名。实体可以是具体的人、事、物或抽象的概念。例如，在学生成绩管理系统中，"学生"就是一个实体。
- 属性：实体所具有的某一特性称为属性，属性用椭圆框表示，框内为属性名，并用无向边与其相应实体连接。例如，在学生成绩管理系统中，学生的属性有学号、姓名、性别、出生日期、专业、总学分。
- 实体型：用实体名及其属性名的集合来抽象和刻画同类实体，称为实体型。例如，学生（学号,姓名,性别,出生日期,专业,总学分）就是一个实体型。
- 实体集：同型实体的集合称为实体集。例如，全体学生记录就是一个实体集。
- 联系：实体之间的联系，可分为一对一的联系、一对多的联系、多对多的联系。实体之间的联系用菱形框表示，联系以适当的含义命名，名称写在菱形框中，用无向边将具有该联系的实体矩形框分别与菱形框相连，并在连线上标明联系的类型，即1:1、1:n 或 $m:n$。如果联系也具有属性，则用无向边将属性与菱形框相连。

实体之间的联系如下所示。

1．一对一的联系（1:1）

例如，一个班级只有一个正班长，而一个正班长只属于一个班级，班级与正班长两个实体之间具有一对一的联系。

2．一对多的联系（1:n）

例如，一个班级可有若干学生，一个学生只能属于一个班级，班级与学生两个实体之间具有一对多的联系。

3．多对多的联系（$m:n$）

例如，一个学生可选多门课程，一门课程可被多个学生选修，学生与课程两个实体之间具有多对多的联系。

实体之间的联系如图1.7所示。

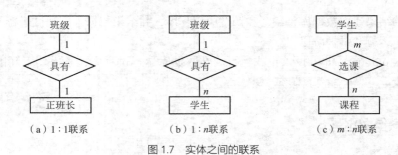

图 1.7 实体之间的联系

【例1.4】假设教学管理系统有专业、学生、课程、教师4个实体。

专业：专业代码、专业名称。

学生：学号、姓名、性别、出生日期、总学分。

课程：课程号、课程名、学分。

教师：教师编号、姓名、性别、出生日期、职称、学院。

上述实体中存在如下联系。

（1）一个学生可选修多门课程，一门课程可由多个学生选修。

（2）一个教师可讲授多门课程，一门课程可由多个教师讲授。

（3）一个专业可拥有多个学生，一个学生只属于一个专业。

假设学生只能选修本专业的课程，教师只能为本学院的学生讲课。要求设计该系统的E-R图。

按上述要求设计的教学管理系统的E-R图如图1.8所示。

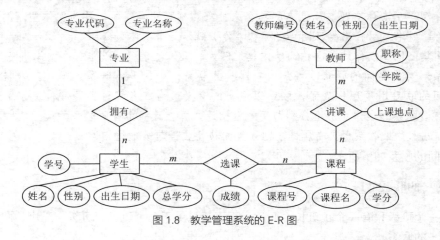

图 1.8 教学管理系统的 E-R 图

1.2.3 逻辑结构设计

为了建立用户所需的数据库，必须将概念结构转换为某个数据库管理系统支持的数据模型。由于当前主流的数据模型是关系模型，所以逻辑结构设计是将概念结构转换为关系模型，即将E-R图转换为一组关系模式。

1．1∶1联系的E-R图到关系模式的转换

以学校和校长之间的联系为例，一个学校只有一个校长，一个校长只在一个学校担任校长，属于一对一的联系(下画线"_"表示该字段为主键)。

(1)每个实体设计一个表。

> 学校(<u>学校编号</u>,名称,地址)
> 校长(<u>校长编号</u>,姓名,职称)

(2)任选一个表,其主键在另一个表中充当外键。
选择校长表中的主键在学校表中充当外键,设计以下关系模式。

> 学校(<u>学校编号</u>,名称,地址,校长编号)
> 校长(<u>校长编号</u>,姓名,职称)

2. 1:n联系的E-R图到关系模式的转换

以班级和学生之间的联系为例,一个班级中有若干名学生,每个学生只在一个班级中学习,属于一对多的联系。

(1)每个实体设计一个表。

> 班级(<u>班级编号</u>,教室号,人数)
> 学生(<u>学号</u>,姓名,性别,出生日期,专业,总学分)

(2)选"1"方表,其主键在"n"方表中充当外键。
选择班级表中的主键在学生表中充当外键,设计以下关系模式。

> 班级(<u>班级编号</u>,教室号,人数)
> 学生(<u>学号</u>,姓名,性别,出生日期,专业,总学分,班级编号)

3. m:n联系的E-R图到关系模式的转换

以学生和课程之间的联系为例,一个学生可以选多门课程,一门课程可以有多个学生选,属于多对多的联系。

(1)每个实体设计一个表。

> 学生(<u>学号</u>,姓名,性别,出生日期,专业,总学分)
> 课程(<u>课程号</u>,课程名,学分)

(2)产生一个新表,"m"端和"n"端的主键在新表中充当外键。
选择学生表中的主键和课程表中的主键在新的选课表中充当外键,设计以下关系模式。

> 学生(<u>学号</u>,姓名,性别,出生日期,专业,总学分)
> 课程(<u>课程号</u>,课程名,学分)
> 选课(<u>学号</u>,<u>课程号</u>,分数)

【例1.5】 将例1.4中教学管理系统的E-R图转换为关系模式。

将专业实体、学生实体、课程实体、教师实体分别设计成一个关系模式,在"拥有"联系(1:n联系)中,选择专业表中的主键在学生表中充当外键,将"选课"联系和"讲课"联系(都是m:n联系)转换为独立的关系模式。

专业(专业代码,专业名称)
学生(学号,姓名,性别,出生日期,总学分,专业代码)
课程(课程号,课程名,学分)
教师(教师编号,姓名,性别,出生日期,职称,学院)
选课(学号,课程号,成绩)
讲课(教师编号,课程号,上课地点)

1.3 SQL Server 2019的组成和安装

1.3.1 SQL Server 2019的组成

SQL Server 2019
的组成和安装

SQL Server 2019主要由4部分组成,分别是数据库引擎、分析服务、报表服务、集成服务。

1. 数据库引擎

数据库引擎(database engine)是SQL Server 2019系统的核心服务,负责完成数据的存储、处理和安全管理,用于存储、处理和保护数据的核心服务。例如,创建数据库、创建表和视图、数据查询、访问数据库等操作。

实例(instances)即SQL Server服务器,多个SQL Server数据库引擎实例可以同时安装在同一台计算机上。例如,可以在同一台计算机上安装两个SQL Server数据库引擎实例,分别管理学生成绩数据和教师上课数据,两者互不影响。实例分为默认实例和命名实例两种类型,安装SQL Server数据库时通常选择默认实例。

- 默认实例:默认实例由运行该实例的计算机的名称唯一标识。SQL Server默认实例的服务名称为MSSQLSERVER,一台计算机上只能有一个默认实例。
- 命名实例:命名实例可以在安装过程中用指定的实例名标识。命名实例的格式为:计算机名\实例名,命名实例的服务名称即为指定的实例名。

2. 分析服务(analysis services)

分析服务通过服务器和客户端技术组合提供联机分析处理(on-line analytical processing,OLAP)和数据挖掘功能。

3. 报表服务(reporting services)

报表服务主要用于创建和发布报表及报表模型的图形工具,也用于管理报表服务器管理工具,并可用作对报表服务对象模型进行编程和扩展的应用程序编程接口。

报表服务是基于服务器的报表平台,可以用来创建和管理包含关系数据源和多维数据源中数据的表格、矩阵报表、图形报表、自由格式报表等。

4．集成服务（integration services）

SQL Server 2019是一个用于生成高性能数据集成和工作流解决方案的平台，负责完成数据的提取、转换和加载等操作。上述3种服务就是通过集成服务进行联系的，集成服务还可以高效处理如SQL Server、Oracle、Excel、XML的文档、文本文件等在内的各种数据源。

1.3.2 SQL Server 2019的安装要求

1．硬件要求

（1）处理器

最低要求：x64处理器，1.4 GHz；推荐2.0 GHz或更快。

（2）内存

最低要求：1 GB；推荐至少4 GB，并且应随着数据库大小的增加而增加，以确保最佳性能。

（3）硬盘空间

最低要求：6 GB的可用硬盘空间。

2．软件要求

（1）操作系统

Windows 10 TH1 1507或更高版本。

Windows Server 2016或更高版本。

（2）.NET Framework

最低版本的操作系统，包括最低版本的.NET框架。

1.3.3 SQL Server 2019的安装步骤

从Microsoft官方网站下载SQL Server 2019免费的专用版本。

SQL Server 2019的安装步骤如下。

（1）进入"SQL Server安装中心"窗口

双击SQL Server安装文件夹中的setup.exe应用程序，屏幕出现"SQL Server安装中心"窗口，单击"安装"选项卡，出现图1.9所示的窗口，单击"全新SQL Server独立安装或向现有安装添加功能"选项。

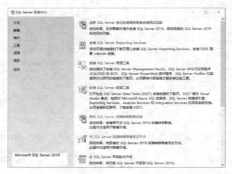

图1.9 "SQL Server 安装中心"窗口

（2）进入"产品密钥"窗口

对于已购买的产品，可以输入产品密钥；对于使用的体验产品，可以在"指定可用版本"下拉列表中选择Evaluation选项，如图1.10所示，单击"下一步"按钮。

图1.10 "产品密钥"窗口

（3）进入"安装规则"窗口

只要可以通过安装程序支持的安装规则，安装程序便能继续进行，如图1.11所示，单击"下一步"按钮。

图1.11 "安装规则"窗口

（4）进入"功能选择"窗口

进入"功能选择"窗口后，如果需要安装某项功能，则可选中其前面的复选框，也可以单击窗口下面的"全选"按钮或"取消全选"按钮，如图1.12所示，单击"下一步"按钮。

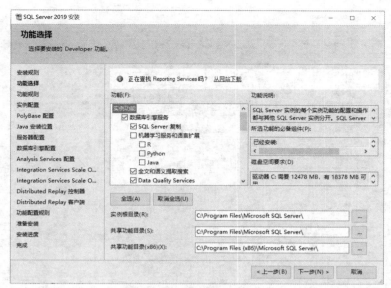

图1.12 "功能选择"窗口

（5）进入"实例配置"窗口

进入"实例配置"窗口，选择"默认实例"单选框，如图1.13所示，单击"下一步"按钮。

图1.13 "实例配置"窗口

（6）进入"PolyBase配置"窗口

进入"PolyBase配置"窗口后，可以指定PolyBase的扩大选项和端口范围，如图1.14所示，单击"下一步"按钮。

（7）进入"服务器配置"窗口

设置使用SQL Server各种服务的用户，如图1.15所示，单击"下一步"按钮。

（8）进入"数据库引擎配置"窗口

选择"混合模式"单选框，单击"添加当前用户"按钮，在"输入密码"和"确认密码"文本框中设置用户密码，如图1.16所示，单击"下一步"按钮。

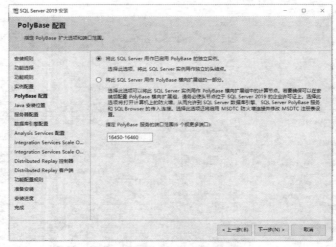

图 1.14 "PolyBase 配置"窗口

图 1.15 "服务器配置"窗口

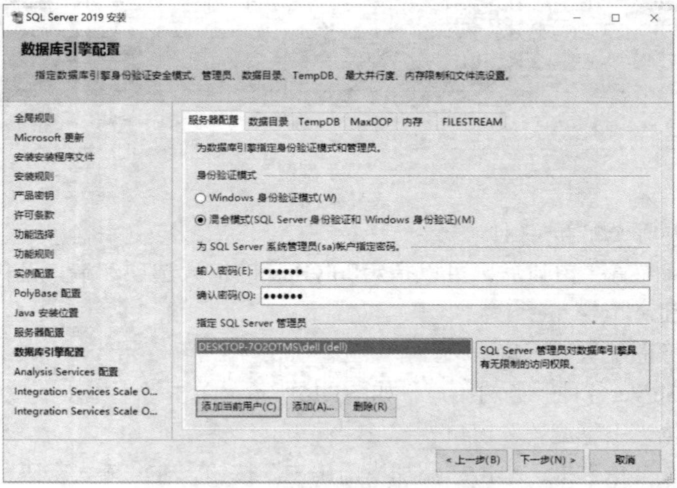

图 1.16 "数据库引擎配置"窗口

(9) 进入 "Analysis Services配置" 窗口

在 "Analysis Services配置" 窗口，选择 "表格模式" 单选框，单击 "添加当前用户" 按钮，如图1.17所示，单击 "下一步" 按钮。

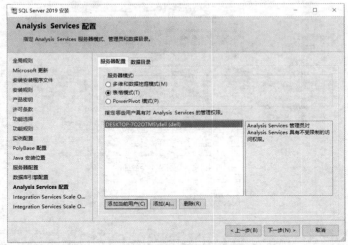

图 1.17 "Analysis Services 配置" 窗口

(10) 进入 "准备安装" 窗口

在 "Integration Services Scale Out配置-主节点" 窗口、"Integration Services Scale Out配置-辅助角色节点" 窗口，都单击 "下一步" 按钮。进入 "Distributed Reply控制器" 窗口，单击 "添加当前用户" 按钮，再单击 "下一步" 按钮，进入 "Distributed Reply客户端" 窗口，为Distributed Reply客户端指定相应的控制器和数据目录，单击 "下一步" 按钮。

进入 "准备安装" 窗口后，单击 "安装" 按钮，如图1.18所示，进入安装过程。

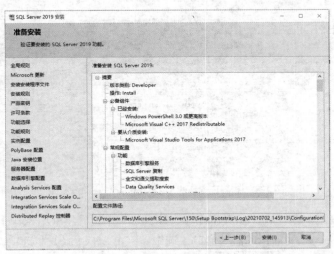

图 1.18 "准备安装" 窗口

(11) "完成" 窗口

安装完成后，进入 "完成" 窗口，如图1.19所示，单击 "关闭" 按钮。

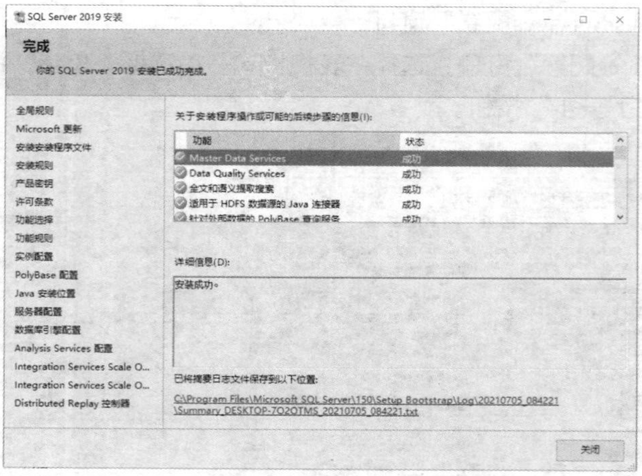

图 1.19 "完成"窗口

1.4 SQL Server 2019服务器的启动和停止

安装完成后,单击"开始"按钮,即可查看已安装的Microsoft SQL Server 2019,如图1.20所示。

图 1.20 查看已安装的 Microsoft SQL Server 2019

单击"开始"按钮,在"Microsoft SQL Server 2019"中选择"SQL Server 2019 配置管理器"命令,出现"SQL Server 配置管理器"窗口,选中"SQL Server服务"选项,在右边的列表区中选择所需要的服务,这里选择SQL Server(MSSQLSERVER)。接着用鼠标右键单击(下文统称右击),在弹出的快捷菜单中选择相应的命令,即可进行SQL Server服务的启动、停止、暂停、重启等操作,如图1.21所示。

在SQL Server正常运行后,启动SQL Server Management Studio并连接到SQL Server服务器时,如果出现不能连接到SQL Server服务器的错误,应检查SQL Server配置管理器中的SQL

Server服务是否正在运行。

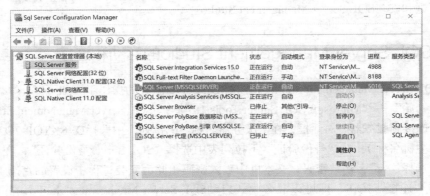

图 1.21 "SQL Server 配置管理器"窗口

1.5 SQL Server Management Studio环境

SQL Server Management Studio（SSMS）为数据库管理人员和开发人员提供了数据库开发和管理工具的图形界面。它是一种集成开发环境，可以访问、配置、控制、管理和开发SQL Server的所有组件，便于各种开发人员和管理人员对SQL Server的访问和使用。

SQL Server Management Studio 环境

1.5.1 SQL Server Management Studio的安装

SQL Server 2019安装完毕后，还必须安装SQL Server Management Studio，下面介绍其安装步骤。

（1）进入"SQL Server安装中心"窗口

单击"开始"按钮，在"Microsoft SQL Server 2019"中选择"SQL Server 2019 Installation Center（64-bit）"命令，出现"SQL Server安装中心"窗口，单击"安装"选项卡，再单击"安装SQL Server管理工具"选项，如图1.22所示。

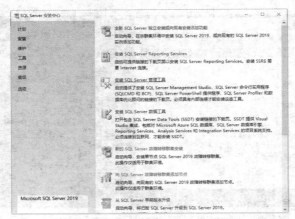

图 1.22 "SQL Server 安装中心"窗口

（2）出现"下载SQL Server Management Studio（SSMS）"页面后，单击"下载SSMS"的链接，即可下载和安装SQL Server Management Studio。

1.5.2 SQL Server Management Studio的启动和连接

启动SQL Server Management Studio并连接SQL Server服务的操作步骤如下。

选择"开始"→"Microsoft SQL Server Tools 18"→"SQL Server Management Studio 18"命令，出现"连接到服务器"对话框，在"服务器名称"下拉列表中选择DESKTOP-7O2OTMS（这里是作者的主机名称），在"身份验证"下拉列表中选择"SQL Server身份验证"，在"登录名"下拉列表中选择"sa"，在"密码"文本框中输入密码（此为安装过程中设置的密码），如图1.23所示。单击"连接"按钮，即可以混合模式启动SQL Server Management Studio，并连接到SQL Server服务器。

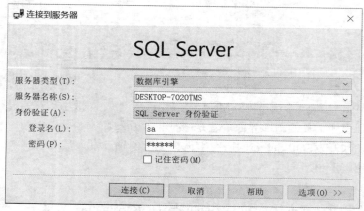

图 1.23 "连接到服务器"对话框

屏幕出现"Microsoft SQL Server Management Studio"窗口，如图1.24所示，其中包括对象资源管理器、模板资源管理器、已注册的服务器、查询编辑器等。

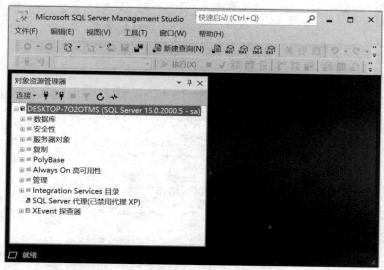

图 1.24 "Microsoft SQL Server Management Studio"窗口

1. 对象资源管理器

"对象资源管理器"窗口包括数据库、安全性、服务器对象、复制、PolyBase、Always On高可用性、管理、Integration Services目录、SQL Server代理（已禁用代理XP）、XEvent探查器等对象。选择"数据库"→"系统数据库"→"master"对象，即出现表、视图、同义词、可编程性、Service Broker、存储、安全性等子对象，如图1.25所示。

2. 模板资源管理器

在"Microsoft SQL Server Management Studio"窗口的菜单栏中，选择"视图"→"模板资源管理器"命令，该窗口右侧出现"模板浏览器"窗口，如图1.26所示。在"模板浏览器"窗口中可以找到100多个对象。

图1.25 "对象资源管理器"窗口

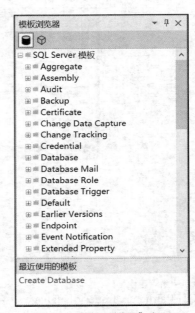

图1.26 "模板浏览器"窗口

3. 已注册的服务器

在"Microsoft SQL Server Management Studio"窗口的菜单栏中，选择"视图"→"已注册的服务器"命令，该窗口左侧出现"已注册的服务器"窗口。如图1.27所示，在数据库引擎中，已注册的服务器分成本地服务器组和中央管理服务器。其中本地服务器组包括DESKTOP-7O2OTMS服务器。

图1.27 "已注册的服务器"窗口

除了可以注册数据库引擎服务器外，还可以注册Analysis Services服务器、Reporting Services服务器、Integration Services服务器等。

4．查询编辑器

SQL Server Management Studio中的查询编辑器是用于编写T-SQL语句的工具。T-SQL语句可以直接在查询编辑器中执行，用于查询和操纵数据。单击SQL Server Management Studio工具栏中的"新建查询"按钮，或选择"文件"→"新建"→"数据库引擎查询"命令后，"对象资源管理器"右边即可出现"查询编辑器"窗口，如图1.28所示。

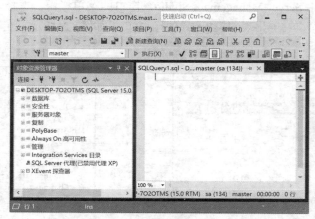

图 1.28 "查询编辑器"窗口

1.6 SQL和T-SQL

SQL（structured query language，结构化查询语言）是关系数据库管理的标准语言。不同的数据库管理系统都可以在标准的SQL基础上进行扩展，T-SQL（transact-SQL）就是Microsoft SQL Server在SQL基础上增加控制语句和系统函数的扩展。

SQL 和 T-SQL

1.6.1 SQL

SQL是应用于数据库的结构化查询语言，是一种不能脱离数据库而存在的非过程性语言。一般高级语言在存取数据库时要按照程序顺序处理许多动作，而使用SQL只需简单的几行命令，便可以由数据库系统来完成具体的内部操作。

1．SQL的分类

通常将SQL分为以下4类。

（1）数据定义语言

数据定义语言（data definition language，DDL）用于定义数据库对象，可以建立和删除数据库及数据库中的表、视图、索引等数据库对象。DDL包括CREATE、ALTER、DROP等语句。

（2）数据操纵语言

数据操纵语言（data manipulation language，DML）用于对数据库中的数据进行插入、修改、删除等操作。DML包括INSERT、UPDATE、DELETE等语句。

（3）数据查询语言

数据查询语言（data query language，DQL）用于对数据库中的数据进行查询操作，例如使用SELECT语句查询数据库中的数据。

（4）数据控制语言

数据控制语言（data control language，DCL）用于控制用户对数据库的操作权限。DCL包括GRANT、REVOKE等语句。

2．SQL的特点

SQL具有高度非过程化、应用于数据库的语言、面向集合的操作方式、既是自含式语言又是嵌入式语言、综合统一、语言简洁和易学易用等特点。

（1）高度的非过程化

SQL是非过程化语言。在进行数据操作时，只要提出"做什么"，而无须指明"怎么做"，因此SQL无须说明具体的处理过程和存取路径，处理过程和存取路径均可由系统自动完成。

（2）应用于数据库的语言

SQL本身不能独立于数据库而存在，它是应用于数据库和表的语言。在使用SQL时，应熟悉数据库中的表结构和样本数据。

（3）面向集合的操作方式

SQL采用集合操作方式，操作对象、查找结果可以是记录的集合，一次插入、删除、更新操作的对象也可以是记录的集合。

（4）既是自含式语言又是嵌入式语言

SQL作为自含式语言，能够用于联机交互方式，用户可以在终端键盘上直接输入SQL命令对数据库进行操作。同时，作为嵌入式语言，SQL语句能够嵌入高级语言（例如C、C++、Java）程序中，供程序员设计程序时使用。在两种不同的使用方式下，SQL的语法结构基本上是一致的，这为使用SQL提供了极大的灵活性与方便性。

（5）综合统一

SQL集数据查询（data query）、数据操纵（data manipulation）、数据定义（data definition）和数据控制（data control）等功能于一体，语言风格统一，可以独立完成数据库生命周期的全部功能。

（6）语言简洁，易学易用

SQL接近英语口语，易学使用，功能很强，并且由于设计巧妙，语言十分简洁，完成核心功能只需要9个动词，如表1.4所示。

表1.4　SQL的动词

SQL的功能	动词
数据定义	CREATE、ALTER、DROP
数据操纵	INSERT、UPDATE、DELETE
数据查询	SELECT
数据控制	GRANT、REVOKE

1.6.2 T-SQL的预备知识

本节介绍T-SQL的预备知识,包括T-SQL的语法约定、在SQL Server Management Studio中执行T-SQL语句。

1. T-SQL的语法约定

T-SQL的语法约定如表1.5所示,在T-SQL中不区分大写和小写。

表1.5 T-SQL的语法约定

语法约定	说明
大写	SQL关键字
|	分隔括号或大括号中的语法项,只能选择其中一项
[ ]	可选项
{ }	必选项
[,...n]	指示前面的项可以重复n次,各项由逗号分隔
[...n]	指示前面的项可以重复n次,各项由空格分隔
<label> ::=	语法块的名称。此约定用于分组和标记可在语句中的多个位置使用的过长语法段或语法单元。可使用的语法块的每个位置用在尖括号内的标签指示:<label>

2. 在SQL Server Management Studio中执行T-SQL语句

在SQL Server Management Studio中,用户可以在查询编辑器的编辑窗口中输入或粘贴T-SQL语句、执行T-SQL语句,并且可以在查询编辑器的结果窗口中查看结果。

在SQL Server Management Studio中执行T-SQL语句的步骤如下。

(1)启动SQL Server Management Studio。

(2)在"对象资源管理器"窗口中展开"数据库"节点,展开teachmanage数据库,单击左上方工具栏中的"新建查询"按钮,或选择"文件"→"新建"→"数据库引擎查询"命令。这样,右边出现查询编辑器的编辑窗口后,便可输入或粘贴T-SQL语句。例如,在窗口中输入命令。

```
USE teachmanage
SELECT *
FROM teacher
```

查询编辑器的编辑窗口如图1.29所示。

(3)单击左上方工具栏中的"执行"按钮或按F5键后,查询编辑器的窗口会一分为二,上半部分仍为编辑窗口,下半部分出现结果窗口。结果窗口有两个选项卡,"结果"选项卡用于显示T-SQL语句的执行结果,如图1.30所示,"消息"选项卡用于显示T-SQL语句的执行情况。

> **提示**
>
> 在查询编辑器的编辑窗口中执行T-SQL语句,有单击工具栏中的"执行"按钮、在编辑窗口的右键菜单中单击"执行"按钮、按F5键3种方法。

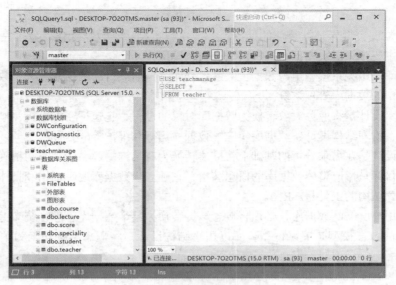

图 1.29　查询编辑器的编辑窗口

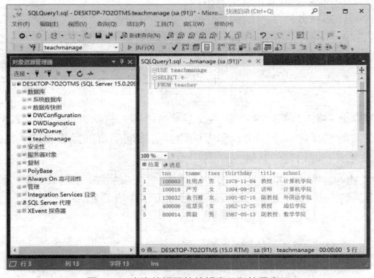

图 1.30　查询编辑器的编辑窗口和结果窗口

本章小结

本章主要介绍了以下内容。

（1）数据库是长期存放在计算机内的有组织的可共享的数据集合。数据库中的数据按一定的数据模型组织、描述和存储，具有尽可能小的冗余度、较高的数据独立性和易扩展性。

数据库管理系统是数据库系统的核心组成部分，它是在操作系统支持下的系统软件，是对数据进行管理的大型系统软件。用户在数据库系统中的一些操作都是由数据库管理系统实现的。

数据库系统是在计算机系统中引入数据库后的系统构成，数据库系统由数据库、数据库管理系统、应用界面、初级用户、应用程序员、数据分析员、数据库管理员等组成。

数据模型是现实世界数据特征的抽象，一般由数据结构、数据操作、数据完整性三要素组成。数据模型主要分为层次模型、网状模型、关系模型。

关系数据库采用关系模型组织数据。关系数据库是目前流行的数据库，关系数据库管理系统是支持关系模型的数据库管理系统。

（2）数据库设计是将业务对象转换为数据库对象的过程，它包括需求分析、概念结构设计、逻辑结构设计、物理结构设计、数据库实施、数据库运行和维护等6个阶段。

概念结构设计是在需求分析的基础上将描述转换为有结构的、易于理解的精确表达。概念结构设计阶段的目标是形成整体数据库的概念结构，它独立于数据库逻辑结构和具体的数据库管理系统，描述概念结构的工具是E-R图。

为了建立用户所需的数据库，必须将概念结构转换为某个数据库管理系统支持的数据模型。由于当前主流的数据模型是关系模型，所以逻辑结构设计是将概念结构转换为关系模型，即将E-R图转换为一组关系模式。

（3）SQL Server 2019主要由4部分组成，分别是数据库引擎、分析服务、报表服务、集成服务。

（4）SQL Server 2019的安装要求和安装步骤。

（5）SQL Server 2019服务器的启动和停止。

（6）SQL Server Management Studio的安装、启动和连接，SQL Server Management Studio中对象资源管理器、已注册的服务器、模板资源管理器和查询编辑器的介绍。

（7）SQL是关系数据库管理的标准语言，T-SQL是SQL Server在SQL基础上增加控制语句和系统函数的扩展。

SQL通常分为以下4类：数据定义语言、数据操纵语言、数据查询语言、数据控制语言。

SQL具有高度的非过程化、应用于数据库的语言、面向集合的操作方式、既是自含式语言又是嵌入式语言、综合统一、语言简洁和易学易用等特点。

在SQL Server Management Studio中，用户可以在查询编辑器的编辑窗口中输入或粘贴T-SQL语句、执行T-SQL语句，并可以在查询编辑器的结果窗口中查看结果。

习题 1

一、选择题

1. 下面不属于数据模型要素的是（　　）。
    A. 数据结构　　　　　　　　　　　B. 数据操作
    C. 数据控制　　　　　　　　　　　D. 数据完整性
2. 数据库、数据库系统和数据库管理系统的关系是（　　）。
    A. 数据库管理系统包括数据库系统和数据库
    B. 数据库系统包括数据库管理系统和数据库
    C. 数据库包括数据库系统和数据库管理系统
    D. 数据库系统就是数据库管理系统，也就是数据库

3. 如果关系中某一属性组的值能唯一地标识一个元组，则称之为（　　）。
   A. 候选码　　　　　B. 外键　　　　　C. 联系　　　　　D. 主键
4. 以下对关系性质的描述中，错误的是（　　）。
   A. 关系中每个属性值都是不可分解的
   B. 关系中允许出现相同的元组
   C. 定义关系模式时可随意指定属性的排列顺序
   D. 关系中元组的排列顺序可任意交换
5. 在数据库设计中，概念结构设计的主要工具是（　　）。
   A. E-R图　　　　　B. 概念模型　　　C. 数据模型　　　D. 范式分析
6. SQL Sever是（　　）。
   A. 数据库　　　　　　　　　　　　B. 数据库管理系统
   C. 数据库管理员　　　　　　　　　D. 数据库系统
7. SQL Sever为数据库管理员和开发人员提供的图形化和集成开发环境是（　　）。
   A. SQL Server配置管理器
   B. SQL Server Profiler
   C. SQL Server Management Studio
   D. SQL Server Profiler
8. SQL Server服务器组件不包括（　　）。
   A. 数据库引擎　　　　　　　　　　B. 分析服务
   C. 报表服务　　　　　　　　　　　D. SQL Server配置管理器

二、填空题

1. 数据模型由数据结构、数据操作和＿＿＿＿组成。
2. 实体之间的联系分为一对一、一对多和＿＿＿＿3类。
3. 数据库的特性包括共享性、独立性、完整性和＿＿＿＿。
4. SQL Server 2019服务器组件包括数据库引擎、分析服务、报表服务和＿＿＿＿。
5. SQL Server 2019配置管理器用于管理与SQL Server相关联的服务，管理服务器和客户端＿＿＿＿配置设置。

三、问答题

1. 什么是数据库？
2. 数据库管理系统有哪些功能？
3. 什么是关系数据库？简述关系运算。
4. 数据库设计分为哪几个阶段？
5. SQL Server 2019有哪些服务器组件？
6. SQL Server 2019具有哪些新功能？
7. SQL Server 2019的安装要求有哪些？
8. 简述SQL Server 2019的安装步骤。
9. SQL Server 2019配置管理器有哪些功能？
10. SQL Server Management Studio有哪些功能？
11. 简述启动SQL Server Management Studio的操作步骤。

12. 什么是SQL？什么是T-SQL？
13. 简述SQL的分类和特点。
14. 简述在SQL Server Management Studio中执行T-SQL语句的步骤。

四、应用题

1. 假设学生成绩信息管理系统在需求分析阶段搜集到以下信息。

学生信息：学号、姓名、性别、出生日期。

课程信息：课程号、课程名、学分。

该业务系统有以下规则。

Ⅰ．一名学生可选修多门课程，一门课程可被多名学生选修；

Ⅱ．学生选修的课程要在数据库中记录课程成绩。

（1）根据以上信息画出合适的E-R图。

（2）将E-R图转换为关系模式，并用下画线标出每个关系的主键，并说明外键。

2. 假设图书借阅系统在需求分析阶段搜集到以下信息。

图书信息：书号、书名、作者、价格、复本量、库存量。

学生信息：借书证号、姓名、专业、借书量。

该业务系统有以下约束。

Ⅰ．一个学生可以借阅多种图书，一种图书可被多个学生借阅；

Ⅱ．学生借阅的图书要在数据库中记录索书号、借阅时间。

（1）根据以上信息画出合适的E-R图。

（2）将E-R图转换为关系模式，并用下画线标出每个关系的主键，并说明外键。

实验 1　E-R图的设计与SQL Server 2019的安装、启动和停止

实验1.1　E-R图的设计

1. 实验目的及要求

（1）了解E-R图的构成要素。

（2）掌握E-R图的绘制方法。

（3）掌握概念模型向逻辑模型的转换原则和方法。

2. 验证性实验

（1）某同学需要设计开发班级信息管理系统，希望能够管理班级与学生信息的数据库。其中学生信息包括学号、姓名、年龄、性别，班级信息包括班号、班主任、班级人数。

① 确定班级实体和学生实体的属性。

学生：学号、姓名、年龄、性别。

班级：班号、班主任、班级人数。

② 确定班级和学生之间的联系,给联系命名并指出联系的类型。
一个学生只能属于一个班级,一个班级可以有很多个学生,所以班级和学生之间是一对多的联系,即 $1:n$。
③ 确定联系名称和属性。
联系名称:属于。
④ 画出班级与学生关系的E-R图。
班级和学生关系的E-R图如图1.31所示。

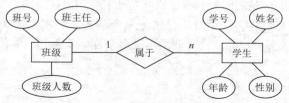

图 1.31 班级和学生关系的 E-R 图

⑤ 将E-R图转化为关系模式,写出关系模式并标明各自的主键。
学生(<u>学号</u>,姓名,年龄,性别,班号),主键:学号。
班级(<u>班号</u>,班主任,班级人数),主键:班号。

(2) 假设图书借阅系统在需求分析阶段搜集到的图书信息为书号、书名、作者、价格、复本量、库存量,学生信息为借书证号、姓名、专业、借书量。
① 确定图书和学生实体的属性。
图书信息:书号,书名,作者,价格,复本量,库存量。
学生信息:借书证号,姓名,专业,借书量。
② 确定图书和学生之间的联系,为联系命名并指出联系的类型。
一个学生可以借阅多种图书,一种图书可被多个学生借阅。学生借阅的图书要在数据库中记录索书号、借阅时间,因此图书和学生之间是多对多的联系,即 $m:n$。
③ 确定联系名称和属性。
联系名称:借阅。
属性:索书号,借阅时间。
④ 画出图书和学生关系的E-R图。
图书和学生关系的E-R图如图1.32所示。

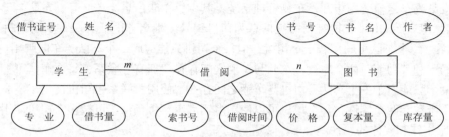

图 1.32 图书和学生关系的 E-R 图

⑤ 将E-R图转换为关系模式,写出表的关系模式并标明各自的主键。
学生(<u>借书证号</u>,姓名,专业,借书量),主键:借书证号。
图书(<u>书号</u>,书名,作者,价格,复本量,库存量),主键:书号。

借阅(书号,借书证号,索书号,借阅时间),主键:书号,借书证号。

(3)在商场销售系统中,搜集到的顾客信息为顾客号、姓名、地址、电话,订单信息为订单号、单价、数量、总金额,商品信息为商品号、商品名称。

① 确定顾客、订单、商品实体的属性。

顾客信息:顾客号、姓名、地址、电话。

订单信息:订单号、单价、数量、总金额。

商品信息:商品号、商品名称。

② 确定顾客、订单、商品之间的联系,给联系命名并指出联系的类型。

一个顾客可拥有多个订单,一个订单只属于一个顾客,顾客和订单之间是一对多的联系,即 $1:n$。一个订单可购买多种商品,一种商品可被多个订单购买,订单和商品之间是多对多的联系,即 $m:n$。

③ 确定联系名称和属性。

联系名称:订单明细。

属性:单价,数量。

④ 画出顾客、订单、商品之间联系的E-R图。

顾客、订单、商品之间联系的E-R图如图1.33所示。

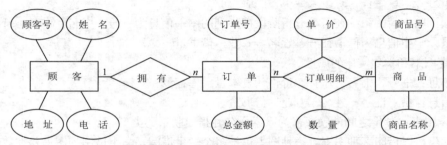

图 1.33 顾客、订单、商品之间联系的 E-R 图

⑤ 将E-R图转换为关系模式,写出表的关系模式并标明各自的主键。

顾客(顾客号,姓名,地址,电话),主键:顾客号。

订单(订单号,总金额,顾客号),主键:订单号。

订单明细(订单号,商品号,单价,数量),主键:订单号,商品号。

商品(商品号,商品名称),主键:商品号。

(4)设某汽车运输公司想开发车辆管理系统,其中,车队信息为车队号、车队名等;车辆信息为牌照号、厂家、出厂日期等;司机信息为司机编号、姓名、电话等。车队与司机之间存在"聘用"联系,每个车队可聘用若干个司机,但每个司机只能应聘一个车队,车队聘用司机有"聘用开始时间"和"聘期"两个属性;车队与车辆之间存在"拥有"联系,每个车队可拥有若干车辆,但每辆车只能属于一个车队;司机与车辆之间存在"使用"联系,司机使用车辆有"使用日期"和"千米数"两个属性,每个司机可以使用多辆汽车,每辆汽车可被多个司机使用。

① 确定实体和实体的属性。

车队信息:车队号、车队名。

车辆信息:牌照号、厂家、出厂日期。

司机信息:司机编号、姓名、电话、车队号。

② 确定实体之间的联系,给联系命名并指出联系的类型。

车队与车辆的联系类型是1∶n，联系名称为拥有；车队与司机的联系类型是1∶n，联系名称为聘用；车辆和司机的联系类型为m∶n，联系名称为使用。

③ 确定联系名称和属性。

联系"聘用"有"聘用开始时间"和"聘期"两个属性；联系"使用"有"使用日期"和"千米数"两个属性。

④ 画出E-R图。

车队、车辆和司机之间联系的E-R图如图1.34所示。

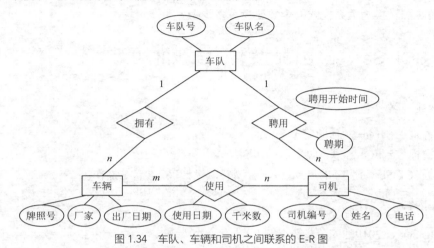

图1.34　车队、车辆和司机之间联系的 E-R 图

⑤ 将E-R图转换为关系模式，写出表的关系模式并标明各自的主键。

车队（<u>车队号</u>，车队名），主键：车队号。

车辆（<u>牌照号</u>，厂家，出厂日期，车队号），主键：牌照号。

司机（<u>司机编号</u>，姓名，电话，车队号），主键：司机编号。

使用（<u>司机编号</u>，<u>牌照号</u>，使用日期，千米数），主键：司机编号，牌照号。

聘用（<u>司机编号</u>，<u>车队号</u>，聘用开始时间，聘期），主键：司机编号，车队号。

3．设计性实验

（1）设计存储生产厂商和产品信息的数据库，生产厂商信息包括厂商名称、地址、电话；产品信息包括品牌、型号、价格；生产厂商生产某产品的数量和日期。

① 确定产品和生产厂商实体的属性。

② 确定产品和生产厂商之间的联系，为联系命名并指出联系的类型。

③ 确定联系名称和属性。

④ 画出产品与生产厂商之间联系的E-R图。

⑤ 将E-R图转换为关系模式，写出表的关系模式并标明各自的主键。

（2）某房地产交易公司需要存储房地产交易中客户、业务员和合同三者信息的数据库，其中，客户信息主要为客户编号、购房地址；业务员信息为员工号、姓名、年龄；合同信息为客户编号、员工号、合同有效时间。其中，一个业务员可以接待多个客户，每个客户只签署一个合同。

① 确定客户实体、业务员实体和合同的属性。

② 确定客户、业务员和合同三者之间的联系，为联系命名并指出联系类型。

③ 确定联系名称和属性。
④ 画出客户、业务员和合同三者之间联系的E-R图。
⑤ 将E-R图转换为关系模式，写出表的关系模式并标明各自的主键。

4．观察与思考

如果有10个不同的实体集，它们之间存在12个不同的二元联系（二元联系是指两个实体集之间的联系），其中3个1∶1联系、4个1∶n联系、5个m∶n联系，那么根据E-R图转换为关系模型的规则，这个E-R图转换为关系模式的个数至少有多少个？

实验1.2　SQL Server 2019的安装、启动和停止

1．实验目的及要求

（1）掌握SQL Server 2019的安装步骤。
（2）掌握连接到SQL Server服务器的步骤。
（3）掌握SQL Server服务的启动、停止、暂停、继续、重启等操作。

2．实验内容

（1）SQL Server 2019的安装步骤参见1.3节。
（2）连接到SQL Server服务器的步骤如下。
选择"开始"→"Microsoft SQL Server Tools 18"→"SQL Server Management Studio 18"命令，出现"连接到服务器"对话框。

- 在"服务器类型"下拉列表中选择"数据库引擎"；
- 在"服务器名称"下拉列表中选择DESKTOP-7O2OTMS；
- 在"身份验证"下拉列表中选择SQL Server身份验证；
- 在"登录名"下拉列表中选择sa；
- 在"密码"文本框中输入密码（这里为安装过程中设置的密码）。

单击"连接"按钮，即可以使用混合模式启动SQL Server Management Studio，并连接到SQL Server服务器。

（3）SQL Server服务的启动、停止、暂停、继续、重启等操作，有以下两种常用的方法。
① 使用操作系统中的"服务"命令。

选择"控制面板"→"管理工具"→"服务"命令，出现"服务"对话框，在右边的下拉列表中选择所需要的服务，这里选择SQL Server（MSSQLSERVER）。接着右击，在弹出的快捷菜单中选择相应的命令，即可启动、停止、暂停、继续、重启SQL Server服务。

② 使用"SQL Server配置管理器"。

单击"开始"按钮，选择"Microsoft SQL Server 2019"→"SQL Server 2019配置管理器"命令，出现"SQL Server 配置管理器"窗口，在右边的列表区中选择所需要的服务，这里选择SQL Server（MSSQLSERVER）。随后右击，在弹出的快捷菜单中选择相应的命令，即可启动、停止、暂停、继续、重启SQL Server服务。

第 2 章 数据定义

在SQL Server中，数据库是SQL Server用于组织和管理数据库对象的容器，包含数据表（简称表）、视图、索引、存储过程、触发器等数据库对象。表是最重要的数据库对象，数据库的数据存放在表中，而其他数据库对象都是为更有效地使用和管理表中数据提供服务的。数据完整性指数据库中数据的正确性和一致性；约束是一种强制数据完整性的标准机制。

本章介绍数据定义语言，SQL Server数据库概述，SQL Server数据库的创建、修改和删除，数据类型，数据表概述，表的创建、修改和删除，完整性约束等内容。本章内容是学习SQL Server应用的基础。

2.1 数据定义语言

数据定义语言用于对数据库及数据库中的各种对象进行创建、删除、修改等操作。数据库对象主要包括表、默认约束、规则、视图、触发器、存储过程等。

数据定义语言主要包括如下SQL语句。

（1）CREATE语句

CREATE语句用于创建数据库或数据库对象。不同数据库对象，其CREATE语句的语法形式不同。

（2）ALTER语句

ALTER语句用于修改数据库或数据库对象。不同数据库对象，其ALTER语句的语法形式不同。

（3）DROP语句

DROP语句用于删除数据库或数据库对象。不同数据库对象，其DROP语句的语法形式不同。

2.2 SQL Server数据库概述

本节介绍SQL Server系统数据库、SQL Server数据库文件和存储空间分配、数据库文件组等内容。

2.2.1 SQL Server系统数据库

从数据库的管理和应用的角度，SQL Server数据库可分为两大类：系统数据库和用户数据库。

系统数据库用于存储SQL Server的相关系统信息。当系统数据库受到破坏时，SQL Server将无法正常启动和工作。

用户数据库是由用户创建的数据库，用于保存某些特定信息。本书所创建的数据库都是用户数据库。用户数据库和系统数据库在结构上是相同的。

系统数据库由SQL Server系统预设。在SQL Server安装完成后，系统就会默认创建5个系统数据库：master、model、msdb、tempdb和Resource。

（1）master数据库

master数据库是SQL Server系统中最重要的系统数据库，是整个数据库服务器的核心。master数据库记录了SQL Server的系统信息，例如所有用户的登录信息、用户所在的组、所有系统的配置选项、服务器中本地数据库的名称和信息、SQL Server的初始化方式等。master数据库还用于控制用户数据库和SQL Server的运行。

作为一个数据库管理员，应该定期备份master数据库。需要注意的是：用户不能直接修改master数据库，如果损坏了该数据库，那么整个SQL Server服务器将不能工作。

（2）model数据库

model数据库是模板数据库。在SQL Server中创建用户数据库时，都会以model数据库为模板，创建拥有相同对象和结构的数据库。

如果修改model数据库，那么以后创建的所有数据库都将继承这些修改。例如，若用户希望创建的数据库有相同的初始化文件大小，则可以在model数据库中保存文件大小信息；若用户希望所有的数据库中都有一个相同的数据表，同样可以将该数据表保存在model数据库中。

（3）msdb数据库

msdb数据库是代理服务数据库。如作业运行的时间、频率、操作步骤、警报等SQL Server代理服务运行所需的作业信息都保存在msdb数据库中。

msdb数据库还用于提供运行SQL Server Agent工作的信息。SQL Server Agent是SQL Server中的一个Windows服务，该服务用于执行已制定的计划任务。

用户在使用SQL Server时不可以直接修改msdb数据库，因为SQL Server中的其他程序会自动使用该数据库。

（4）tempdb数据库

tempdb数据库是一个临时数据库，用于存放临时对象或中间结果。SQL Server关闭后，tempdb数据库中的内容被清空；重启服务器后，tempdb数据库将被重建。

（5）Resource数据库

Resource数据库是一个只读数据库，用于存储可执行的系统对象，这些可执行的系统对象是指不存储数据的系统对象，包括系统存储过程、系统视图、系统函数、系统触发器等。系统对象在物理上存储在Resource数据库中，但在逻辑上显示在每个数据库的sys架构中。因此，在对象资源管理器的系统数据库下，用户看不到Resource数据库，这样既避免该数据库被错误修改，又便于管理升级。

2.2.2 SQL Server数据库文件和存储空间分配

SQL Server使用操作系统文件来存放数据库，在存储空间分配中使用了较小的数据存储单元，即页和盘区。

1．数据库文件

SQL Server存放数据库使用的操作系统文件可分为两类：数据文件和事务日志文件。数据文件存储数据；事务日志文件记录对数据库的操作。其中数据文件又可分为主数据文件和辅助数据文件。

（1）主数据文件

主数据文件（primary data file）的扩展名为mdf，它是SQL Server数据库中最重要的文件。主数据文件可以保存SQL Server数据库中的所有数据，包括数据库的系统信息和用户数据。每个SQL Server数据库有且仅有一个主数据文件。

（2）辅助数据文件

辅助数据文件（secondary data file）又称为次数据文件，其扩展名为ndf。辅助数据文件用于保存用户数据，例如用户数据表、用户视图等，但是不能保存系统数据。一个数据库可以创建多个辅助数据文件，也可以不创建辅助数据文件。辅助数据文件可以创建在同一个磁盘上，也可以分别创建在不同的磁盘上。

（3）事务日志文件

事务日志文件（log file）的扩展名为ldf，它是SQL Server数据库中用于记录操作事务的文件。每个数据库至少创建一个事务日志文件，也可以创建多个事务日志文件。

2．存储空间分配

SQL Server在存储空间分配中使用的数据存储单元为页和盘区。

（1）页

页是SQL Server中用于存储数据的基本单位，每个页的大小是8 KB。根据页保存数据类型的不同，页可以划分为数据页、全局分配图页、索引页、索引分配图页、页面自由空间页和文本/图像页。

（2）盘区

一个盘区由8个连接的页组成，盘区的大小是64 KB。盘区用于控制表和索引的存储。

2.2.3 SQL Server数据库文件组

为了便于管理和分配数据，多个文件可以组织在一起，组成文件组。文件组的概念类似于操作系统中的文件夹,通过对文件组进行整体管理,可以提高管理效率。在SQL Server数据库中,数据库文件组可以划分为主文件组、次文件组和默认文件组。

(1)主文件组

主文件组(primary file group)是每个数据库默认提供的文件组,该文件组不能被删除,并且主数据文件只能放在主文件组中。

(2)次文件组

次文件组(secondary file group)是由用户创建的文件组,又称为用户定义文件组(user-defined file group)。在一个数据库中,用户可以根据管理需求创建多个次文件组。

(3)默认文件组

在新增数据库文件时,如果未明确指定该数据库文件所属的文件组,那么该数据库文件就会被放置在默认文件组(default file group)中。

2.3 SQL Server数据库的创建、修改和删除

SQL Server提供两种创建、修改和删除数据库的方法,一种方法是使用T-SQL语句,另一种方法是使用SQL Server Management Studio图形界面,使用T-SQL语句更为灵活、方便。下面对这两种创建、修改和删除数据库的方法分别进行介绍。

SQL Server 数据库的创建、修改和删除

2.3.1 创建数据库

1. 使用T-SQL语句创建数据库

创建数据库使用CREATE DATABASE语句。
语法格式如下。

```
CREATE DATABASE database_name
    [ ON
        [ PRIMARY ] [ <filespec> [ ,...n ]
        [ , <filegroup>  [ ,...n ] ]
        [ LOG ON { <filespec>   [ ,...n ] } ]
    ]

<filespec>::=
{
(
    NAME = logical_file_name ,
    FILENAME = { ' os_file_name ' | 'filestream_path' }
     [, SIZE = size [ KB | MB | GB | TB ] ]
        [, MAXSIZE = {max_size [ KB | MB | GB | TB ] | UNLIMITED }]
    [, FILEGROWTH = growth_increament [ KB | MB | GB | TB | % ] ]
) [ ,...n ]
}
```

```
<filegroup>::=
{
FILEGROUP filegroup_name [ CONTAINS FILESTREAM ] [ DEFAULT ]
    <filespec> [ ,...n ]
}
```

各参数说明如下。
- database_name：创建的数据库名称，命名必须唯一且符合SQL Server的命名规则，最多为128个字符。
- ON：指定数据库文件和文件组的属性。
- LOG ON：指定事务日志文件的属性。
- filespec：指定数据文件的属性，给出文件的逻辑名、存储路径、大小及增长特性。
- NAME：为filespec定义的文件指定逻辑文件名。
- FILENAME：为filespec定义的文件指定操作系统文件名，指出定义物理文件时使用的路径和文件名。
- SIZE：指定filespec定义的文件的初始大小。
- MAXSIZE：指定filespec定义的文件的最大容量。
- FILEGROWTH：指定filespec定义的文件的增量。

使用T-SQL语句创建数据库，最简单的方法是省略所有参数，全部使用默认值。若使用CREATE DATABASE database_name语句而不带参数，创建的数据库大小将与model数据库的大小相等。

【例2.1】使用T-SQL语句，创建全部使用默认值的教学管理数据库teachmanage。

在SQL Server查询编辑器的编辑窗口中输入以下语句：

```
CREATE DATABASE teachmanage
```

在查询编辑器的编辑窗口中单击"执行"按钮或按F5键，系统提示"命令已成功完成"，SQL Server会自动创建一个主数据文件和一个事务日志文件，其逻辑文件名分别为teachmanage.mdf和teachmanage_log.ldf。

【例2.2】使用T-SQL语句，创建指定数据文件和事务日志文件的数据库。使用T-SQL语句创建smpl1数据库，主数据文件的初始大小为12 MB，最大文件大小为110 MB，增量为4 MB，事务日志文件的初始大小为2 MB，最大文件无限制，增量为14%。

在SQL Server查询编辑器的编辑窗口中输入以下语句：

```
CREATE DATABASE smpl1
    ON
    (
        NAME='smpl1',
        FILENAME='C:\Program Files\Microsoft SQL Server\MSSQL15.MSSQLSERVER\MSSQL\DATA\ smpl1.mdf',
        SIZE=12MB,
        MAXSIZE=110MB,
        FILEGROWTH=4MB
    )
    LOG ON
    (
```

```
            NAME=' smpl1_log',
            FILENAME='C:\Program Files\Microsoft SQL Server\MSSQL15.MSSQLSERVER\
            MSSQL\DATA\smpl1_log.ldf',
            SIZE=2MB,
            MAXSIZE=UNLIMITED,
            FILEGROWTH=14%
        )
```

【例2.3】使用T-SQL语句,创建一个具有两个文件组的数据库smpl2,主文件组包括文件smpl2_dat1,文件初始大小为15 MB,最大无限制,按3 MB增长;另有一个文件组名为smpl2group,包括文件smpl2_dat2,文件初始大小为7 MB,最大为125 MB,按8%增长。

在SQL Server查询编辑器的编辑窗口中输入以下语句:

```
CREATE DATABASE smpl2
    ON
    PRIMARY
    (
        NAME = ' smpl2_dat1',
        FILENAME = 'D:\data\ smpl2_dat1.mdf',
        SIZE =15MB,
        MAXSIZE = UNLIMITED,
        FILEGROWTH = 3MB
    ),
    FILEGROUP smpl2group
    (
        NAME = ' smpl2_dat2',
        FILENAME = 'D:\data\ smpl2_dat2.ndf',
        SIZE = 7MB,
        MAXSIZE = 125MB,
        FILEGROWTH = 8%
    )
```

创建数据库后要使用数据库,可使用USE语句,语法格式如下。

```
USE database_name
```

其中,database_name是使用的数据库名称。

!说明

USE语句只在第一次打开数据库时使用,后续都是作用在该数据库中。如果要使用另一个数据库,需要重新使用USE语句打开另一个数据库。

2. 使用SQL Server Management Studio图形界面创建数据库

使用图形界面创建数据库,最简单的方法是采用默认值,即在"数据库属性"窗口的"文件"选项卡中输入数据库名称后,单击"确定"按钮。下面的例题详细介绍其操作步骤。

【例2.4】使用图形界面,创建采用默认值的数据库smpl。

创建数据库smpl的操作步骤如下。

(1)单击"开始"按钮,选择"Microsoft SQL Server Tools 18"→"SQL Server Management

Studio 18"命令,出现"连接到服务器"对话框,在"服务器名称"下拉列表中选择DESKTOP-7O2OTMS,在"身份验证"下拉列表中选择"SQL Server身份验证",在"登录名"下拉列表中选择"sa",在"密码"文本框中输入密码,单击"连接"按钮,即可启动SQL Server Management Studio,并连接到SQL Server服务器。

(2)屏幕出现"Microsoft SQL Server Management Studio"窗口,在左边"对象资源管理器"窗口中选中"数据库"节点,右击,在弹出的快捷菜单中选择"新建数据库"命令,如图2.1所示。

图 2.1 选择"新建数据库"命令

(3)进入"新建数据库"窗口,在"新建数据库"窗口的左上方有3个选项卡:"常规"选项卡、"选项"选项卡和"文件组"选项卡,首先配置"常规"选项卡。

在"数据库名称"文本框中输入创建的数据库名称smpl,"所有者"文本框使用系统默认值,系统将自动在"数据库文件"列表中生成一个主数据文件smpl.mdf和一个事务日志文件smpl_log.ldf。主数据文件smpl.mdf初始大小为8 MB,增量为64 MB,存放的路径为C:\Program Files\Microsoft SQL Server\MSSQL15.MSSQLSERVER\MSSQL\DATA\;事务日志文件smpl_log.ldf初始大小为8 MB,增量为64 MB,存放的路径与主数据文件的路径相同,如图2.2所示。

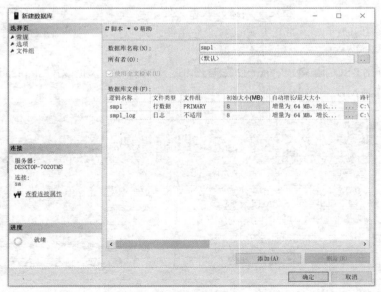

图 2.2 "新建数据库"窗口

这里只配置"常规"选项卡,其他选项卡采用系统默认设置。

(4)单击"确定"按钮,smpl数据库创建完成。此时,在C:\Program Files\Microsoft SQL Server\MSSQL15.MSSQLSERVER\MSSQL\DATA\文件夹中,增加了两个数据文件smpl.mdf和smpl_log.ldf。

2.3.2 修改数据库

在数据库创建后,用户可以根据需要对数据库进行以下修改。
- 增加或删除数据文件,改变数据文件的大小和增长方式。
- 增加或删除事务日志文件,改变事务日志文件的大小和增长方式。
- 增加或删除文件组。

1. 使用T-SQL语句修改数据库

修改数据库使用ALTER DATABASE语句。
语法格式如下。

```
ALTER DATABASE database
{ ADD FILE filespec
| ADD LOG FILE filespec
| REMOVE FILE logical_file_name
| MODIFY FILE filespec
| MODIFY NAME = new_dbname
}
```

各参数说明如下。
- database:需要更改的数据库名称。
- ADD FILE子句:指定要增加的数据文件。
- ADD LOG FILE子句:指定要增加的事务日志文件。
- REMOVE FILE子句:指定要删除的数据文件。
- MODIFY FILE子句:指定要更改的文件属性。
- MODIFY NAME子句:重命名数据库。

【例2.5】使用T-SQL语句,在smpl2数据库中,增加一个数据文件smpl2add.ndf,大小为16 MB,最大为140 MB,按10%增长。

```
ALTER DATABASE smpl2
    ADD FILE
    (
        NAME = 'smpl2add',
        FILENAME = 'C:\Program Files\Microsoft SQL Server\MSSQL15.MSSQLSERVER\MSSQL\DATA\smpl2add.ndf',
        SIZE = 16MB,
        MAXSIZE = 140MB,
        FILEGROWTH = 10%
    )
```

2．使用SQL Server Management Studio图形界面修改数据库

【例2.6】使用图形界面，为已有的数据库增加数据文件和事务日志文件。设ab数据库已创建，在该数据库中增加数据文件abbk.ndf和事务日志文件abbk_log.ldf。

操作步骤如下。

（1）启动SQL Server Management Studio，在左边"对象资源管理器"窗口中展开"数据库"节点，选中数据库"ab"，右击，在弹出的快捷菜单中选择"属性"命令。

（2）在"数据库属性–ab"窗口中，单击"选择页"中的"文件"选项，进入文件设置页面，如图2.3所示。通过本窗口可增加数据文件和事务日志文件。

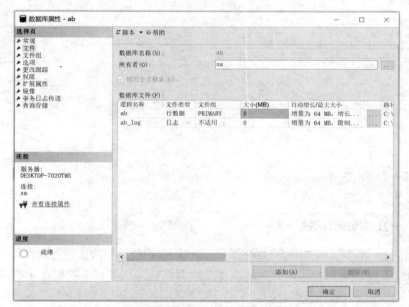

图 2.3 "数据库属性-ab"窗口的"文件"选项卡

（3）增加数据文件。单击"添加"按钮，在"数据库文件"列表中出现一个新的文件位置，单击"逻辑名称"文本框并输入名称"abbk"，单击"大小"文本框，使用该框后的微调按钮将大小设置为16 MB。单击"自动增长"文本框中的…按钮，出现"更改abbk的自动增长设置"对话框，将文件增长设置为10%，最大文件大小无限制，"文件类型"文本框、"文件组"文本框和"路径"文本框都选择默认值。

（4）增加事务日志文件。单击"添加"按钮，在"数据库文件"列表中出现一个新的文件位置，单击"逻辑名称"文本框并输入名称"abbk_log"，单击"文件类型"文本框，通过该框后的下拉箭头设置为"日志"。单击"大小"文本框，使用该框后的微调按钮将大小设置为14 MB。单击"自动增长"文本框中的…按钮，出现"更改abbk_log的自动增长设置"对话框，将文件增长设置为3 MB，最大文件大小设置为140 MB。"文件组"文本框和"路径"文本框都选择默认值，如图2.4所示，单击"确定"按钮。

在完成上述操作后，在C:\Program Files\Microsoft SQL Server\MSSQL15.MSSQLSERVER\MSSQL\DATA文件夹中，增加了辅助数据文件abbk.ndf和事务日志文件abbk_log.ldf。

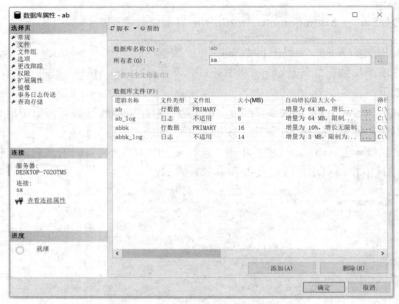

图 2.4 增加数据文件和事务日志文件

2.3.3 删除数据库

1．使用T-SQL语句删除数据库

数据库运行后，需要消耗资源，往往会降低系统的运行效率，因此通常可以将不再需要的数据库删除，释放资源。删除数据库后，其文件及数据都会从服务器上的磁盘中删除，并永久删除，除非用户可以使用以前的备份，因此用户删除数据库时应谨慎。

删除数据库使用DROP DATABASE语句。

语法格式如下。

```
DROP DATABASE database_name
```

其中，database_name是要删除的数据库名称。

【例2.7】使用T-SQL语句，删除smpl2数据库。

```
DROP DATABASE smpl2
```

2．使用SQL Server Management Studio图形界面删除数据库

【例2.8】使用图形界面，删除ab数据库。

删除ab数据库的操作步骤如下。

（1）启动SQL Server Management Studio，在左边"对象资源管理器"窗口中展开"数据库"节点，选中数据库"ab"，右击，在弹出的快捷菜单中选择"删除"命令。

（2）出现"删除对象"窗口，单击"确定"按钮，ab数据库即可被删除。

2.4 数据类型

创建数据库最重要的一步是创建其中的数据表，创建数据表必须定义表结构和设置列的数据类型、长度等。本节将介绍SQL Server系统的数据类型，包括整数型、精确数值型、浮点型、货币型、位型、字符型、Unicode字符型、文本型、二进制型、日期时间类型、时间戳型、图像型、其他数据类型等，如表2.1所示。

表2.1　SQL Server系统的数据类型

数据类型	符号标志
整数型	bigint , int , smallint , tinyint
精确数值型	decimal , numeric
浮点型	float , real
货币型	money , smallmoney
位型	bit
字符型	char , varchar、varchar(MAX)
Unicode字符型	nchar , nvarchar、nvarchar(MAX)
文本型	text , ntext
二进制型	binary , varbinary、varbinary(MAX)
日期时间类型	datetime , smalldatetime, date, time, datetime2, datetimeoffset
时间戳型	timestamp
图像型	image
其他数据类型	cursor , sql_variant , table , uniqueidentifier ,xml, hierarchyid

（1）整数型

整数型包括bigint、int、smallint和tinyint这4类。

- bigint（大整数）

精度为19位，长度为8字节，数值范围为$-2^{63} \sim 2^{63-1}$。

- int（整数）

精度10位，长度为4字节，数值范围为$-2^{31} \sim 2^{31-1}$。

- smallint（短整数）

精度为5位，长度为2字节，数值范围为$-2^{15} \sim 2^{15-1}$。

- tinyint（微短整数）

精度为3位，长度为1字节，数值范围为0～255。

（2）精确数值型

精确数值型包括decimal和numeric两类，这两种数据类型在SQL Server中，功能上是完全等价的。

精确数值型数据由整数部分和小数部分构成，可存储$-10^{38}+1 \sim 10^{38}-1$的固定精度和小数位的数字数据，它的存储长度最少为5字节，最多为17字节。

精确数值型数据的格式是：

```
numeric | decimal(p[,s])
```

其中,p为精度,s为小数位数,s的默认值为0。

例如,指定某列为精确数值型,精度为7,小数位数为2,则为 decimal(7,2)。

(3)浮点型

浮点型又称为近似数值型,包括float[(n)]和real两类,这两类通常都使用科学记数法表示数据。科学记数法的格式为:

```
尾数E阶数
```

其中,阶数必须为整数。

例如,4.804 E9、3.682-E6、78594E-8等都是浮点型数据。

- real

精度为7位,长度为4字节,数值范围为$-3.40E+38 \sim 3.40E+38$。

- float[(n)]

当n在1~24之间时,精度为7位,长度为4字节,数值范围为$-3.40E+38 \sim 3.40E+38$。

当n在25~53之间时,精度为15位,长度为8字节,数值范围为$-1.79E+308 \sim 1.79E+308$。

(4)货币型

货币型包括money和smallmoney两类,可以用十进制数表示货币值。

- money

精度为19,小数位数为4,长度为8字节,数值范围为$-2^{63} \sim 2^{63}-1$。

- smallmoney

精度为10,小数位数为4,长度为4字节,数值范围为$-2^{31} \sim 2^{31}-1$。

(5)位型

SQL Server中的位(bit)型数据只存储0和1,长度为1字节,相当于其他语言中的逻辑型数据。当一个表中有小于8位的bit列,则这些列将作为1字节存储。如果表中有9~16位bit列,则这些列将作为2字节存储,依此类推。

当为位型数据赋0时,其值为0;而赋非0时,其值为1。

字符串值TRUE和FALSE可以转换为bit值:TRUE转换为1,FALSE转换为0。

(6)字符型

字符型数据用于存储字符串,字符串中可以包括字母、数字和其他特殊符号。在输入字符串时,必须将字符串中的符号用单引号或双引号括起来,如'def'、"Def<Ghi"。

字符型包括两类:固定长度字符数据类型(char)、可变长度(varchar)字符数据类型。

- char[(n)]

固定长度字符数据类型,其中n定义字符型数据的长度,n在1~8000之间,默认值为1。若输入字符串的长度小于n时,则系统自动在它的后面添加空格以达到长度n。例如某列的数据类型为char(100),而输入的字符串为"NewYear2013",则存储的是字符NewYear2013和89个空格。若输入字符串的长度大于n,则截断超出的部分。当列值的字符数基本相同时可采用数据类型char[(n)]。

- varchar[(n)]

可变长度字符数据类型,其中n的定义与固定长度字符数据类型char[(n)]中n的定义完全相同,与char[(n)]不同的是,varchar(n)数据类型的存储空间随列值的字符数而变化。例如,表中某列的数据类型为varchar(100),而输入的字符串为"NewYear2013",则存储的字符NewYear2013的长度为11字节，其后不添加空格。因此varchar(n)数据类型可以节省存储空间，特别是在列值的字符数显著不同时。

（7）Unicode字符型

Unicode是"统一字符编码标准"，用于支持国际上非英语语种的字符数据的存储和处理。Unicode字符型包括nchar[(n)]和nvarchar[(n)]两类。nchar[(n)]、nvarchar[(n)]和char[(n)]、varchar[(n)]类似，只是前者使用Unicode字符集，后者使用ASCII字符集。

- nchar[(n)]

固定长度Unicode数据的数据类型，n的取值为1~4000，长度为2n字节，若输入字符串的长度不足n，将以空白字符补足。

- nvarchar[(n)]

可变长度Unicode数据的数据类型，n的取值为1~4000，长度是所输入字符个数的2倍。

（8）文本型

由于字符型数据的最大长度为8000个字符，当存储超出上述长度的字符数据（如较长的备注、日志等）时，字符型数据不能满足应用需求，此时需要使用文本型数据。

文本型包括text和ntext两类，分别对应ASCII字符和Unicode字符。

- text

最大长度为$2^{31}-1$（2 147 483 647）个字符，存储字节数与实际字符个数相同。

- ntext

最大长度为$2^{30}-1$（1 073 741 823）个Unicode字符，存储字节数是实际字符个数的2倍。

（9）二进制型

二进制数据类型表示的是位数据流，包括binary（固定长度）和varbinary（可变长度）两种。

- binary[(n)]

固定长度的n字节二进制数据，n的取值范围为1~8000，默认值为1。

binary(n)数据的存储长度为n+4字节。若输入数据的长度小于n，则不足部分用0填充；若输入数据的长度大于n，则多余部分被截断。

输入二进制值时，在数据前面要加上0x，可以使用的数字符号为0~9、A~F（字母大小写均可）。例如0xBE、0x5F0C分别表示值BE和5F0C。由于每字节的数最大为FF，故在"0x"格式中数据每两位占1字节，二进制数据有时也被称为十六进制数据。

- varbinary[(n)]

n字节变长二进制数据，n的取值范围为1~8000，默认值为1。

varbinary(n)数据的存储长度为实际输入数据的长度+4字节。

（10）日期时间类型

日期时间类型数据用于存储日期和时间信息，共有6种符号标志，分别是datetime、smalldatetime、date、time、datetime2、datetimeoffset。

- datetime

datetime类型可表示从1753年1月1日到9999年12月31日的日期和时间数据，精确度为百分之三秒（3.33毫秒或0.00333秒）。

datetime类型数据长度为8字节，日期和时间分别使用4字节存储。前4字节用于存储1900年1月1日之前或之后的天数，正数表示日期在1900年1月1日之后，负数表示日期在1900年1月1日之前。后4字节用于存储距12:00（24小时制）的毫秒数。

默认的日期时间是January 1, 1900 12:00 A.M.。可以接收的输入格式有：January 10 2012、

Jan 10 2012、JAN 10 2012、January 10, 2012等。

- smalldatetime

smalldatetime与datetime类型类似，但日期和时间范围较小，它可以表示从1900年1月1日到2079年6月6日的日期和时间，存储长度为4字节。

- date

date类型可表示从公元元年1月1日到9999年12月31日的日期，表示形式与datetime数据类型的日期部分相同，但date类型只存储日期数据，不存储时间数据，存储长度为3字节。

- time

time类型只存储时间数据，表示格式为"hh:mm:ss[.nnnnnnn]"。hh表示小时，取值范围为0~23。mm表示分钟，取值范围为0~59；ss表示秒数，取值范围为0~59；n是0~7位数字，取值范围为0~9999999，表示秒的小数部分，即微秒数。所以，time数据类型的取值范围为00:00:00.0000000~23:59:59.9999999。time类型的存储大小为5字节。另外，还可以自定义time类型微秒数的位数，例如time(1)表示小数位数为1，若无设置则默认为7。

- datetime2

新的datetime2类型和datetime类型一样，也用于存储日期和时间信息。但是datetime2类型的取值范围更广，日期部分的取值范围为公元元年1月1日到9999年12月31日，时间部分的取值范围为00:00:00.0000000~23:59:59.999999。另外，用户还可以自定义datetime2数据类型中微秒数的位数，例如datetime2(2)表示小数位数为2。datetime2类型的存储大小随着微秒数的位数（精度）而改变，精度小于3时为6字节，精度为4或5时为7字节，其他所有精度时为8字节。

- datetimeoffset

datetimeoffset类型也用于存储日期和时间信息，取值范围与datetime2类型相同。但datetimeoffset类型具有时区偏移量，此偏移量指定时间相对于协调世界时（UTC）偏移的小时和分钟数。datetimeoffset的格式为"YYYY-MM-DD hh:mm:ss[.nnnnnnn] [{+|-}hh:mm]"，其中hh为时区偏移量中的小时数，取值范围为00~14；mm为时区偏移量中的额外分钟数，取值范围为00~59。时区偏移量中必须包含"+"（加）或"−"（减）号。这两个符号表示是在UTC时间的基础上加上或减去时区偏移量以得出本地时间。时区偏移量的有效范围为-14:00~+14:00。

（11）时间戳型

时间戳型反映系统对该记录修改的相对顺序（相对于其他记录），标识符是timestamp。timestamp类型数据的值是二进制格式的数据，其长度为8字节。

若创建表时定义一个列的数据类型为时间戳型，那么每当对该表加入新行或修改已有行时，系统会自动将一个计数器值加到该列，即将原来的时间戳值加上一个增量。

（12）图像型

图像型用于存储图片、照片等，标识符为image。image类型实际存储的是可变长度二进制数据，介于0与$2^{31}-1(2,147,483,647)$字节之间。

（13）其他数据类型

SQL Server还提供其他几种数据类型，分别是cursor、sql_variant、table、uniqueidentifier、xml和hierarchyid。

- cursor

cursor类型又称为游标数据类型，用于创建游标变量或定义存储过程的输出参数。

- sql_variant

sql-variant类型是一种存储SQL Server支持的各种数据类型（除text、ntext、image、timestamp

和sql_variant外）值的数据类型，sql_variant的最大长度可达8016字节。

- table

table类型是用于存储结果集的数据类型，结果集可以供后续处理。

- uniqueidentifier

uniqueidentifier类型，系统将为这种类型的数据产生唯一的标识值，它是一个16字节长的二进制数据。

- xml

xml类型是用来在数据库中保存xml文档和片段的一种类型，文件大小不能超过2 GB。

- hierarchyid

hierarchyid类型是SQL Server新增加的一种长度可变的系统数据类型，hierarchyid可以表示层次结构中的位置。

2.5 数据表概述

本节首先介绍数据库对象，再介绍表的概念、表结构设计。

2.5.1 数据库对象

SQL Server的数据库对象包括表（table）、视图（view）、索引（index）、存储过程（stored procedure）、触发器（trigger）等，下面介绍常用的数据库对象。

（1）表：表是包含数据库中所有数据的数据库对象。表由行和列构成，是最重要的数据库对象。

（2）视图：视图是由一个表或多个表导出的表，又称为虚拟表。

（3）索引：索引是加快数据检索速度并可以保证数据唯一性的数据结构。

（4）存储过程：存储过程是完成特定功能的T-SQL语句的集合，编译后存放在服务器端的数据库中。

（5）触发器：触发器是一种特殊的存储过程，当某个规定的事件发生时，该存储过程自动执行。

2.5.2 表的概念

表是SQL Server中最基本的数据库对象，是用于存储数据的一种逻辑结构，由行和列组成，又称为二维表。例如，教学管理数据库teachmanage中的教师表（teacher），如表2.2所示。

表2.2 教师表（teacher）

教师编号	姓名	性别	出生日期	职称	学院
100003	杜明杰	男	1978-11-04	教授	计算机学院
100018	严芳	女	1994-09-21	讲师	计算机学院
120032	袁书雅	女	1991-07-18	副教授	外国语学院
400006	范慧英	女	1982-12-25	教授	通信学院
800014	简毅	男	1987-05-13	副教授	数学学院

（1）表

表是数据库中存储数据的数据库对象，每个数据库包含若干个表，表由行和列组成。例如，表2.2由5行6列组成。

（2）表结构

每个表具有一定的结构，表结构包含一组固定的列，列由数据类型、长度、允许NULL值等组成。

（3）记录

每个表包含若干行数据，表中一行称为一个记录（record）。表2.2有5个记录。

（4）字段

表中每列称为字段（field），每个记录由若干个数据项（列）构成，构成记录的每个数据项称为字段。表2.2有6个字段。

（5）空值

空值（NULL）通常表示未知、不可用或将在以后添加的数据。

（6）关键字

关键字用于唯一标识记录，如果表中记录的某一字段或字段组合能唯一标识记录，则该字段或字段组合称为候选键（candidate key）。如果一个表有多个候选键，则选定其中的一个为主关键字（primary key），又称为主键。表2.2的主键为"教师编号"。

2.5.3 表结构设计

创建表的核心是定义表结构及设置表和列的属性。创建表之前，首先要确定表名和表的属性，表所包含的列名、列的数据类型、长度、是否为空、是否主键等，这些属性构成了表结构。

教学管理数据库teachmanage（下文统称为teachmanage数据库）中的专业表（speciality）、学生表（student）、课程表（course）、成绩表（score）、教师表（teacher）、讲课表（lecture）的表结构，参见书末"附录B 教学管理数据库teachmanage的表结构和样本数据"。其中，教师表的表结构设计介绍如下。

（1）tno列是教师编号，该列的数据类型选字符型char[(n)]，n的值为6，不允许NULL值，无默认值。在教师表中，只有tno列能唯一标识一个学生，所以将tno列设为主键。

（2）tname列是教师的姓名，姓名一般不超过4个中文字符，所以选字符型char[(n)]，n的值为8，不允许NULL值，无默认值。

（3）tsex列是教师的性别，选字符型char[(n)]，n的值为2，不允许NULL值，默认值为"男"。

（4）tbirthday列是教师的出生日期，选date数据类型，不允许NULL值，无默认值。

（5）title列是教师的职称，选字符型char[(n)]，n的值为12，允许NULL值，无默认值。

（6）school列是教师所在的学院，选字符型char[(n)]，n的值为12，不允许NULL值，无默认值。

教师表的表结构设计如表2.3所示。

表2.3 教师表的表结构

列名	数据类型	允许NULL值	是否主键	说明
tno	char(6)	×	主键	教师编号
tname	char(8)	×		姓名
tsex	char(2)	×		性别

续表

列名	数据类型	允许NULL值	是否主键	说明
tbirthday	date	×		出生日期
title	char(12)	√		职称
school	char(12)	×		学院

2.6 表的创建、修改和删除

可以使用T-SQL语句或使用SQL Server Management Studio图形界面创建、修改和删除表，下面分别进行介绍。

2.6.1 创建表

1．使用T-SQL语句创建表

使用CREATE TABLE语句创建表。
语法格式如下。

```
CREATE TABLE  [ database_name . [ schema_name ] . | schema_name . ] table_name
(
    {   <column_definition>
        | column_name AS computed_column_expression [PERSISTED [NOT NULL]]
    }
    [ <table_constraint> ] [ ,...n ]
)
[ ON { partition_schema_name ( partition_column_name ) | filegroup | "default" } ]
    [ { TEXTIMAGE_ON { filegroup | "default" } ]
[ FILESTREAM_ON { partition_schema_name | filegroup | "default" } ]
    [ WITH ( <table_option> [ ,...n ] ) ]
[ ; ]

<column_definition> ::=
column_name data_type
    [ FILESTREAM ]
    [ COLLATE collation_name ]
    [ NULL | NOT NULL ]
    [
      [ CONSTRAINT constraint_name ]
      [ DEFAULT constant_expression ]
    | [ IDENTITY [ ( seed ,increment ) ] [ NOT FOR REPLICATION ]
    ]
    [ ROWGUIDCOL ]
[ <column_constraint> [ ...n ] ]
    [ SPARSE ]
```

各参数说明如下。

（1）database_name是数据库名，schema_name是表所属架构名，table_name是表名。如果省

略数据库名,则默认在当前数据库中创建表,如果省略架构名,则默认是"dbo"。

(2) <column_definition>:列定义。
- column_name 为列名,data_type为列的数据类型。
- FILESTREAM:SQL Server引进的一项新特性,允许以独立文件的形式存放大对象数据。
- NULL | NOT NULL:确定列是否可取NULL。
- DEFAULT constant_expression:为所在列指定默认值。
- IDENTITY:表示该列是标识符列。
- ROWGUIDCOL:表示新列是行的全局唯一标识符列。
- <column_constraint>:列的完整性约束,指定主键、外键等。
- SPARSE:指定列为稀疏列。

(3) column_name AS computed_column_expression [PERSISTED [NOT NULL]]:用于定义计算字段。

(4) <table_constraint>:表的完整性约束。

(5) ON 子句:filegroup | "default"指定存储表的文件组。

(6) TEXTIMAGE_ON {filegroup | "default"}:TEXTIMAGE_ON指定存储text、ntext、image、xml、varchar(MAX)、nvarchar(MAX)、varbinary(MAX)和CLR用户定义类型数据的文件组。

(7) FILESTREAM_ON子句:filegroup | "default"指定存储FILESTREAM数据的文件组。

【例2.9】在teachmanage数据库中,使用T-SQL语句创建教师表。

在teachmanage数据库中创建教师表的语句如下。

```
USE teachmanage
CREATE TABLE teacher
    (
        tno char (6) NOT NULL PRIMARY KEY,
        tname char(8) NOT NULL,
        tsex char (2) NOT NULL,
        tbirthday date NOT NULL,
        title char (12) NULL,
        school char (12) NULL
    )
GO
```

上面的T-SQL语句,首先指定teachmanage数据库为当前数据库,然后使用CREATE TABLE语句在teachmanage数据库中创建教师表。

> **提示**
>
> 由一条或多条T-SQL语句组成一个程序,通常以.sql为扩展名存储该程序,称为sql脚本文件。双击sql脚本文件,其T-SQL语句即出现在查询编辑器的编辑窗口内。查询编辑器的编辑窗口内的T-SQL语句,可用"文件"菜单的"另存为"命令命名并存入指定目录。

> **注意**
>
> 批处理是将包含一条或多条T-SQL语句的组作为一个批发送到SQL Server的实例来执行。SQL Server管理控制器使用GO命令作为结束批处理的信号,详见第6章。

2. 由其他表创建新表

使用SELECT…INTO语句创建一个新表，并用SELECT的结果集填充该表。
语法格式如下。

```
SELECT 列名表 INTO 表1
FROM 表2
……                          /*其他行为过滤、分组等子句*/
```

该语句的功能是由"表2"的"列名表"来创建新表"表1"，并将查询结果插入新表中。

【例2.10】在teachmanage数据库中，由教师表创建teacher1表。

```
USE teachmanage
SELECT tno, tname, tsex, tbirthday, title, school INTO teacher1
FROM teacher
```

3. 使用SQL Server Management Studio图形界面创建表

【例2.11】在teachmanage数据库中，使用图形界面创建teacher2表。

操作步骤如下。

（1）启动SQL Server Management Studio，在"对象资源管理器"中展开"数据库"节点，选中"teachmanage"数据库，展开该数据库，选中"表"后右击，在弹出的快捷菜单中选择"新建"→"表"命令，如图2.5所示。

图 2.5 选择"新建"→"表"命令

（2）屏幕出现表设计器窗口，根据已经设计好的teacher2的表结构分别输入或选择各列的数据类型、长度、允许NULL值，并且可以根据需要在每列的"列属性"表格中填入相应内容，输入完成后的结果如图2.6所示。

（3）在"tno"行上右击，在弹出的快捷菜单中选择"设置主键"命令，如图2.7所示。设置完成后，"tno"左边会出现一个钥匙图标表示"tno"已设置为主键。

> **注意**
>
> 　　如果主键由两个或两个以上的列组成，需要按住Ctrl键选择多个列，再右击，在快捷菜单中选择"设置主键"命令。

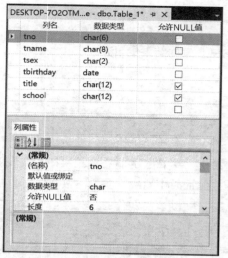
图 2.6 输入或选择各列的数据类型、长度、允许 NULL 值

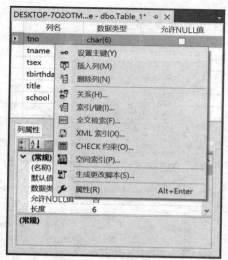
图 2.7 选择"设置主键"命令

（4）单击工具栏中的"保存"按钮，出现"选择名称"对话框，输入表名"teacher2"，如图2.8所示。单击"确定"按钮即可创建teacher2表，如图2.9所示。

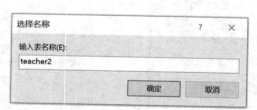
图 2.8 设置表的名称

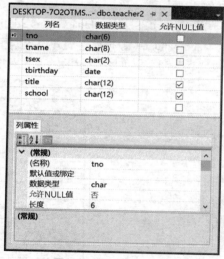
图 2.9 创建 teacher2 表

2.6.2 修改表

1. 使用T-SQL语句修改表

使用ALTER TABLE语句修改表的结构。
语法格式如下。

```
ALTER TABLE table_name
{
  ALTER COLUMN column_name
```

```
{
        new_data_type [ (precision,[,scale])] [NULL | NOT NULL]
        | {ADD | DROP } { ROWGUIDCOL | PERSISTED | NOT FOR REPLICATION | SPARSE }
}
| ADD {[<colume_definition>]}[,...n]
| DROP {[CONSTRAINT] constraint_name | COLUMN column}[,...n]
}
```

各参数说明如下。

（1）table_name：表名。

（2）ALTER COLUMN子句：修改表中指定列的属性。

（3）ADD子句：增加表中的列。

（4）DROP子句：删除表中的列或约束。

【例2.12】使用T-SQL语句，在teacher1表中添加telephone列，然后删除该列。

```
USE teachmanage
ALTER TABLE teacher1
ADD telephone char(15) NULL
GO

ALTER TABLE teacher1
DROP COLUMN telephone
GO
```

2．使用SQL Server Management Studio图形界面修改表

在SQL Server中，当用户使用SQL Server Management Studio修改表的结构（如增加列、删除列、修改已有列的属性等）时，必须要删除原表，再创建新表才能完成表的修改。如果强行更改会弹出不允许保存更改的对话框。为了在修改表时不出现此对话框，需要进行的操作如下。

在"Microsoft SQL Server Management Studio"窗口中，单击"工具"主菜单，选择"选项"命令，在出现的"选项"对话框中展开"设计器"，选择"表设计器和数据库设计器"选项卡，将右侧窗格的"阻止保存要求重新创建表的更改"复选框前的对钩去掉，如图2.10所示，单击"确定"按钮，就可进行表的修改了。

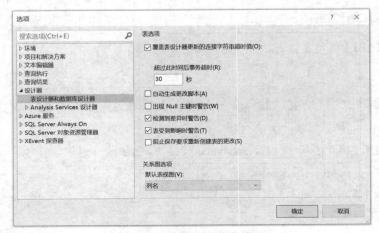

图2.10　解除阻止保存的选项

【例2.13】使用图形界面，在teacher2表的school列之前，增加一列email，然后删除该列。

（1）启动SQL Server Management Studio，在"对象资源管理器"中展开"数据库"节点，选中"teachmanage"数据库，展开该数据库，选中"表"，将其展开。选中表"dbo.teacher2"，右击，在弹出的快捷菜单中选择"设计"命令，打开"表设计器"窗口。为了在school列之前加入新列，需要右击school列，在弹出的快捷菜单中选择"插入列"命令，如图2.11所示。

（2）在"表设计器"窗口的school列前出现的空白行中输入列名"email"。选择数据类型"char(20)"，允许NULL值，如图2.12所示，完成插入新列的操作。

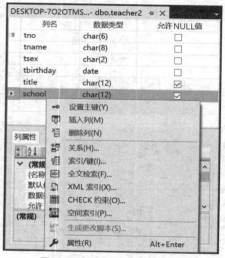

图 2.11 选择"插入列"命令

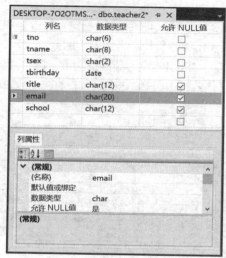

图 2.12 插入新列

（3）为删除email列，则需要右击该列，在弹出的快捷菜单中选择"删除列"命令，即可完成删除该列的操作。

2.6.3 删除表

删除表时，表结构、表中的所有数据以及表的索引、触发器、约束等都会被删除，因此删除表时一定要谨慎小心。

1. 使用T-SQL语句删除表

使用DROP TABLE语句删除表。
语法格式如下。

```
DROP TABLE table_name
```

其中，table_name是要删除的表的名称。

【例2.14】使用T-SQL语句，删除teachmanage数据库中的teacher1表。

```
USE teachmanage
DROP TABLE teacher1
```

2．使用SQL Server Management Studio图形界面删除表

【例2.15】使用图形界面，删除teacher2表。

（1）启动SQL Server Management Studio，在"对象资源管理器"中展开"数据库"节点，选中"teachmanage"数据库，展开该数据库，选中"表"，将其展开。选中表"dbo.teacher2"，右击，在弹出的快捷菜单中选择"删除"命令。

（2）系统弹出"删除对象"对话框，单击"确定"按钮，即可删除teacher2表。

2.7 完整性约束

数据完整性要求数据库中的数据正确和保持一致，数据完整性可以通过设计表的行、列、表与表之间的约束来实现，下面介绍数据完整性的分类和约束机制。

2.7.1 数据完整性的分类

数据完整性有以下类型：实体完整性、参照完整性、域完整性、用户定义完整性。

1．实体完整性

实体完整性又称为行完整性，要求表中有一个主键，其值不能为空且能唯一地标识对应的行。通过PRIMARY KEY约束、UNIQUE约束等可以强制实现实体完整性。

例如，对于teachmanage数据库中的教师表，tno列作为主键，每一个教师的tno列能唯一地标识该教师对应行的记录信息，即通过tno列建立PRIMARY KEY约束可强制实现teacher表的实体完整性。

PRIMARY KEY约束与UNIQUE约束都不允许对应列存在重复值。

2．参照完整性

参照完整性又称为引用完整性，可以保证参照表中的数据与被参照表中的数据一致。在SQL Server中，通过定义外键与主键之间的对应关系实现参照完整性，参照完整性可确保键值在所有表中一致。参照完整性可通过FOREIGN KEY约束、PRIMARY KEY约束强制实现。

对两个相关联的表（被参照表与参照表）进行数据插入和删除时，参照完整性用于保证它们之间数据的一致性。

使用PRIMARY KEY约束（或UNIQUE约束）来定义被参照表的主键（或唯一键），使用FOREIGN KEY约束来定义参照表的外键，可强制实现参照表与被参照表之间的参照完整性。

- 主键：表中能唯一标识每个行的一列或多列。
- 外键：一个表中的一列或多列的组合是另一个表的主键。
- 被参照表：对于两个具有关联关系的表，相关联列中主键所在的表称为被参照表，又称为主表。
- 参照表：对于两个具有关联关系的表，相关联列中外键所在的表称为参照表，又称为从表。

例如，将教师表作为被参照表，表中的tno列作为主键。讲课表作为参照表，表中的tno列作为外键，从而建立被参照表与参照表之间的联系以实现参照完整性，如图2.13所示。

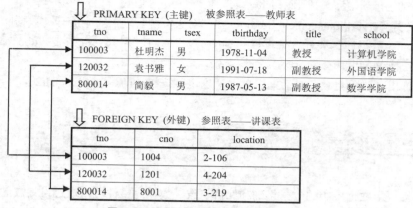

图2.13 建立被参照表与参照表之间的联系

如果定义了两个表之间的参照完整性，则必须满足以下要求。
- 参照表不能引用不存在的键值。
- 如果被参照表中的键值更改了，那么在整个数据库中，对参照表中该键值的所有引用也要进行更改。
- 如果要删除被参照表中的某一记录，应先删除参照表中与该记录匹配的相关记录。

在SQL Server中，被参照表又称为主键表，参照表又称为外键表。

定义表间参照关系的步骤如下。

（1）定义主键表的主键（或唯一键）。

（2）定义外键表的外键。

3．域完整性

域完整性又称为列完整性，指列数据输入的有效性，通过CHECK约束、DEFAULT约束、NOT NULL约束等可实现域完整性。

CHECK约束可通过显示列中的值实现域完整性。例如，对于teachmanage数据库中的课程表，可用CHECK约束表示，grade为0～100分。

4．用户定义完整性

用户定义完整性可以定义不属于其他任何完整性类别的特定业务规则，所有完整性类别都支持用户定义完整性，包括CREATE TABLE中所有列级约束和表级约束、规则、默认值、存储过程以及触发器。

实体完整性、参照完整性、域完整性均可通过约束强制实现，介绍如下。
- PRIMARY KEY约束即主键约束，用于实现实体完整性。
- UNIQUE KEY约束即唯一性约束，用于实现实体完整性。
- FOREIGN KEY约束即外键约束，用于实现参照完整性。
- CHECK约束即检查约束，用于实现域完整性。
- DEFAULT约束即默认值约束，用于实现域完整性。
- NOT NULL约束即非空约束，用于实现域完整性。

2.7.2 PRIMARY KEY约束

表的一列或多列组合的值在表中唯一地确定一行记录，这样的一列或多列称为表的主键（primary key, PK），通过它可强制实现表的实体完整性。表中可以有不止一个键唯一标识行，每个键都称为候选键。只可以选其中一个候选键作为表的主键，其他候选键称为备用键。

PRIMARY KEY 约束

PRIMARY KEY约束（主键约束）用于实现实体完整性。通过PRIMARY KEY约束定义主键，一个表只能有一个PRIMARY KEY约束，且PRIMARY KEY约束不能取NULL。SQL Server会为主键自动创建唯一性索引，实现数据的唯一性。

如果一个表的主键由单列组成，则该PRIMARY KEY约束可定义为该列的列级约束或表级约束。如果主键由两个以上的列组成，则该PRIMARY KEY约束必须定义为表级约束。

创建PRIMARY KEY约束可以使用CREATE TABLE语句或ALTER TABLE语句，其方式可为列级完整性约束或表级完整性约束，并且用户可对PRIMARY KEY约束命名。

1. 在创建表时创建PRIMARY KEY约束

定义列级PRIMARY KEY约束，语法格式如下。

```
[CONSTRAINT constraint_name]
PRIMARY KEY [CLUSTERED|NONCLUSTERED]
```

定义表级PRIMARY KEY约束，语法格式如下。

```
[CONSTRAINT constraint_name]
PRIMARY KEY [CLUSTERED|NONCLUSTERED]
{ (column_name [, ...n ] )}
```

各参数说明如下。
- PRIMARY KEY：定义PRIMARY KEY约束的关键字。
- constraint_name：指定的约束名称。如果不指定，系统会自动生成约束名称。
- CLUSTERED | NONCLUSTERED：定义约束的索引类型。CLUSTERED表示聚集索引；NONCLUSTERED表示非聚集索引，这与CREATE INDEX语句中的选项相同。

【例2.16】在teachmanage数据库中创建teacher1表，要求以列级完整性约束方式定义主键。

```
USE teachmanage
CREATE TABLE teacher1
    (
        tno char (6) NOT NULL PRIMARY KEY,    /* 在列级定义PRIMARY KEY约束，未指定约束名称 */
        tname char(8) NOT NULL,
        tsex char (2) NOT NULL,
        tbirthday date NOT NULL,
        title char (12) NULL,
        school char (12) NULL
    )
```

在tno列定义后加上关键字PRIMARY KEY，即列级定义PRIMARY KEY约束。若未指定约束名称,系统将自动创建约束名称。

【例2.17】在teachmanage数据库中创建teacher2表,要求以表级完整性约束方式定义主键。

```
USE teachmanage
CREATE TABLE teacher2
    (
        tno char (6) NOT NULL,
        tname char(8) NOT NULL,
        tsex char (2) NOT NULL,
        tbirthday date NOT NULL,
        title char (12) NULL,
        school char (12) NULL,
        PRIMARY KEY(tno)      /* 在表级定义PRIMARY KEY约束,未指定约束名称 */
    )
```

在表中所有列定义的后面加上一条PRIMARY KEY(tno)子句,即表级定义PRIMARY KEY约束。若未指定约束名称,系统将自动创建约束名称。如果主键由表中一列构成,PRIMARY KEY约束采用列级定义或表级定义均可。如果主键由表中多列构成,PRIMARY KEY约束必须用表级定义。

【例2.18】在teachmanage数据库中创建teacher3表,要求以表级完整性约束方式定义主键,并指定PRIMARY KEY约束名称。

```
USE teachmanage
CREATE TABLE teacher3
    (
        tno char (6) NOT NULL,
        tname char(8) NOT NULL,
        tsex char (2) NOT NULL,
        tbirthday date NOT NULL,
        title char (12) NULL,
        school char (12) NULL,
        CONSTRAINT PK_teacher3 PRIMARY KEY(tno, tname)
        /* 在表级定义PRIMARY KEY约束,指定约束名称为PK_teacher3 */
    )
```

在表级定义PRIMARY KEY约束,指定约束名称为PK_teacher3。指定约束名称后,在需要对完整性约束进行修改或删除时,引用更为方便。在本例中主键由两列构成,必须用表级定义。

2. 删除PRIMARY KEY约束

删除PRIMARY KEY约束使用ALTER TABLE语句的DROP子句。
语法格式如下。

```
ALTER TABLE table_name
DROP CONSTRAINT constraint_name [,...n]
```

【例2.19】删除例2.18创建的teacher3表的PRIMARY KEY约束。

```
USE teachmanage
ALTER TABLE teacher3
```

```
   DROP CONSTRAINT PK_teacher3
```

3．在修改表时创建PRIMARY KEY约束

在修改表时创建PRIMARY KEY约束，使用ALTER TABLE的ADD子句。
语法格式如下。

```
ALTER TABLE table_name
ADD[ CONSTRAINT constraint_name ] PRIMARY KEY
   [ CLUSTERED | NONCLUSTERED]
   ( column [ ,…n ] )
```

【例2.20】重新在teacher3表上定义PRIMARY KEY约束。

```
USE teachmanage
ALTER TABLE teacher3
ADD CONSTRAINT PK_teacher3 PRIMARY KEY(tno, tname)
```

2.7.3 UNIQUE约束

UNIQUE约束（唯一性约束）指定一列或多列的组合值具有唯一性，以防止在列中输入重复的值。UNIQUE为表中的一列或者多列提供实体完整性。UNIQUE约束指定的列可以有NULL值，但PRIMARY KEY约束的列值不允许为NULL值，故PRIMARY KEY约束的强度大于UNIQUE约束。

UNIQUE 约束

若为了保证一个表的非主键列中不输入重复值，应在该列定义UNIQUE约束。
PRIMARY KEY约束与UNIQUE约束的主要区别如下。
- 一个表只能创建一个PRIMARY KEY约束，但可以创建多个UNIQUE约束。
- PRIMARY KEY约束的列值不允许为NULL值，UNIQUE约束的列值可以取NULL值。
- 创建PRIMARY KEY约束时，系统自动创建聚集索引，创建UNIQUE约束时，系统自动创建非聚集索引。

PRIMARY KEY约束与UNIQUE约束都不允许对应列存在重复值。
创建UNIQUE约束可以使用CREATE TABLE语句或ALTER TABLE语句，其方式可为列级完整性约束或表级完整性约束，而且用户可对UNIQUE约束命名。

1．在创建表时创建UNIQUE约束

定义列级UNIQUE约束，语法格式如下。

```
[CONSTRAINT constraint_name]
UNIQUE [CLUSTERED|NONCLUSTERED]
```

UNIQUE约束应用于多列时，必须定义表级约束，语法格式如下。

```
[CONSTRAINT constraint_name]
UNIQUE [CLUSTERED|NONCLUSTERED]
(column_name [, …n ])
```

各参数说明如下。
- UNIQUE：定义唯一性约束的关键字。
- constraint_name：指定的约束名称。如果不指定，系统会自动生成约束名称。
- CLUSTERED | NONCLUSTERED：定义约束的索引类型。CLUSTERED表示聚集索引；NONCLUSTERED表示非聚集索引，这与CREATE INDEX语句中的选项相同。

【例2.21】在teachmanage数据库中创建teacher4表，要求以列级完整性约束方式定义UNIQUE约束。

```
USE teachmanage
CREATE TABLE teacher4
    (
        tno char (6) NOT NULL PRIMARY KEY,
        tname char(8) NOT NULL UNIQUE,
        tsex char (2) NOT NULL,
        tbirthday date NOT NULL,
        title char (12) NULL,
        school char (12) NULL
    )
```

在tname列定义的后面加上关键字UNIQUE，即列级定义UNIQUE约束。若未指定约束名称，系统将自动创建约束名称。

【例2.22】在teachmanage数据库中创建teacher5表，要求以表级完整性约束方式定义UNIQUE约束。

```
USE teachmanage
CREATE TABLE teacher5
    (
        tno char (6) NOT NULL PRIMARY KEY,
        tname char(8) NOT NULL,
        tsex char (2) NOT NULL,
        tbirthday date NOT NULL,
        title char (12) NULL,
        school char (12) NULL,
        CONSTRAINT UQ_teacher5 UNIQUE(tname)
    )
```

在表中所有列定义的后面加上一条CONSTRAINT子句，即表级定义唯一性约束，并指定约束名称为UQ_teacher5。

2．删除UNIQUE约束

删除UNIQUE约束，可以使用ALTER TABLE的DROP子句。
语法格式如下。

```
ALTER TABLE table_name
DROP CONSTRAINT constraint_name [,...n]
```

【例2.23】 删除例2.22在teacher5表创建的UNIQUE约束。

```
USE teachmanage
ALTER TABLE teacher5
DROP CONSTRAINT UQ_teacher5
```

3．在修改表时创建UNIQUE约束

在修改表时创建UNIQUE约束。

语法格式如下。

```
ALTER TABLE table_name
ADD[ CONSTRAINT constraint_name ] UNIQUE
      [ CLUSTERED | NONCLUSTERED]
      ( column [ ,…n ] )
```

【例2.24】 重新在teacher5表上定义UNIQUE约束。

```
USE teachmanage
ALTER TABLE teacher5
ADD CONSTRAINT UQ_teacher5 UNIQUE(tname)
```

2.7.4　FOREIGN KEY约束

创建FOREIGN KEY约束（外键约束）可以使用CREATE TABLE语句或ALTER TABLE语句，其方式可为列级完整性约束或表级完整性约束，且用户可对FOREIGN KEY约束命名。

FOREIGN KEY 约束

1．在创建表时创建FOREIGN KEY约束

在创建表时创建FOREIGN KEY约束使用CREATE TABLE语句。

定义列级FOREIGN KEY约束，语法格式如下。

```
[CONSTRAINT constraint_name]
[FOREIGN KEY]
REFERENCES ref_table
[ NOT FOR REPLICATION ]
```

定义表级FOREIGN KEY约束，语法格式如下。

```
[CONSTRAINT constraint_name]
FOREIGN KEY (column_name [, …n ])
REFERENCES ref_table [(ref_column [, …n] )]
[ ON DELETE { CASCADE|NO ACTION } ]
[ ON UPDATE { CASCADE|NO ACTION } ] ]
[ NOT FOR REPLICATION ]
```

各参数说明如下。

- FOREIGN KEY：定义FOREIGN KEY约束的关键字。

- constraint_name：指定约束名称。如果不指定，系统会自动生成约束名称。
- ON DELETE { CASCADE|NO ACTION }：指定参照动作用DELETE语句进行删除操作，删除动作如下。
  - ◆ CASCADE：当删除主键表中某行时，外键表中所有的相应行自动被删除，即进行级联删除。
  - ◆ NO ACTION：当删除主键表中某行时，删除语句终止，即拒绝执行删除。NO ACTION是默认值。
- ON UPDATE { CASCADE|NO ACTION }：指定参照动作用UPDATE语句进行更新操作，更新动作如下。
  - ◆ CASCADE：当更新主键表中某行时，外键表中所有的相应行自动被更新，即进行级联更新。
  - ◆ NO ACTION：当更新主键表中某行时，更新语句终止，即拒绝执行更新。NO ACTION是默认值。

【例2.25】在teachmanage数据库中创建lecture1表，在tno列以列级完整性约束方式定义外键。

```
USE teachmanage
CREATE TABLE lecture1
    (
        tno char (6) NOT NULL REFERENCES teacher1(tno),
        cno char(4) NOT NULL,
        location char(10) NULL,
        PRIMARY KEY(tno,cno)
    )
```

由于已在teacher1表的tno列定义主键，因此可以在lecture1表的tno列定义外键，其值参照被参照表teacher1的tno列。列级定义FOREIGN KEY约束，若未指定约束名称，系统将自动创建约束名称。

【例2.26】在teachmanage数据库中创建lecture2表，在tno列以表级完整性约束方式定义外键，并定义相应的参照动作。

```
USE teachmanage
CREATE TABLE lecture2
    (
        tno char (6) NOT NULL,
        cno char(4) NOT NULL,
        location char(10) NULL,
        PRIMARY KEY(tno,cno),
        CONSTRAINT FK_lecture2 FOREIGN KEY(tno) REFERENCES teacher2(tno)
        ON DELETE CASCADE
        ON UPDATE NO ACTION
    )
```

在表级定义FOREIGN KEY约束，指定约束名称为FK_lecture2。这里定义了两个参照动作，ON DELETE CASCADE表示当删除teacher中某个教师编号的记录时，如果讲课表中有该教师编号的记录，级联删除该记录。ON UPDATE NO ACTION表示当修改teacher中某个教师编号时，如果讲课表中有该教师编号的记录，不允许修改教师表中该教师编号。

> **注意**
> 外键只能引用PRIMARY KEY约束或UNIQUE约束。

2．删除FOREIGN KEY约束

使用ALTER TABLE语句的ADD子句可以删除FOREIGN KEY约束。
语法格式如下。

```
ALTER TABLE table_name
DROP CONSTRAINT constraint_name [,...n]
```

【例2.27】删除例2.26在lecture2表上定义的FOREIGN KEY约束。

```
USE teachmanage
ALTER TABLE lecture2
DROP CONSTRAINT FK_lecture2
```

3．在修改表时创建FOREIGN KEY约束

使用ALTER TABLE语句的ADD子句可以定义FOREIGN KEY约束。
语法格式如下。

```
ALTER TABLE table_name
ADD[ CONSTRAINT constraint_name ] FOREIGN KEY
     [ CLUSTERED | NONCLUSTERED]
     ( column [ ,...n ] )
```

【例2.28】重新在lecture2表上定义FOREIGN KEY约束。

```
USE teachmanage
ALTER TABLE lecture2
ADD CONSTRAINT FK_lecture2 FOREIGN KEY(tno) REFERENCES teacher2(tno)
```

2.7.5 CHECK约束

CHECK约束（检查约束）对输入列或整个表中的值设置检查条件，以限制输入值，保证数据库的数据完整性。下面介绍使用T-SQL语句创建CHECK约束和删除CHECK约束。

CHECK 约束

1．创建CHECK约束

在创建表时创建CHECK约束。
语法格式如下。

```
[CONSTRAINT constraint_name]
CHECK [NOT FOR REPLICATION]
```

```
(logical_expression)
```

各参数说明如下。
- constraint_name：指定约束名称。
- NOT FOR REPLICATION：指定CHECK约束在用户把从其他表中复制的数据插入当前创建的表时不发生作用。
- logical_expression：指定CHECK约束的逻辑表达式。

【例2.29】在teachmanage数据库中创建表score1，并在grade列要求以列级完整性约束方式定义CHECK约束。

```
USE teachmanage
CREATE TABLE score1
    (
        sno char (6) NOT NULL ,
        cno char(4) NOT NULL,
        grade tinyint NULL CHECK(grade>=0 AND grade<=100),
        PRIMARY KEY(sno,cno)
    )
```

在grade列定义的后面加上关键字CHECK，约束表达式为grade>=0 AND grade<=100，即列级定义CHECK约束，若未指定约束名称，系统将自动创建约束名称。

【例2.30】在teachmanage数据库中创建表score2，在grade列要求以表级完整性约束方式定义CHECK约束。

```
USE teachmanage
CREATE TABLE score2
    (
        sno char (6) NOT NULL ,
        cno char(4) NOT NULL,
        grade tinyint NULL,
        PRIMARY KEY(sno,cno),
        CONSTRAINT CK_score2 CHECK(grade>=0 AND grade<=100)
    )
```

在表中所有列定义的后面加上一条CONSTRAINT子句，表级定义CHECK约束，指定约束名称为CK_score2。

2．删除CHECK约束

使用ALTER TABLE语句的DROP子句删除CHECK约束。
语法格式如下。

```
ALTER TABLE table_name
DROP CONSTRAINT check_name
```

【例2.31】删除例2.30在score2表上定义的CHECK约束。

```
USE teachmanage
```

```
ALTER TABLE score2
DROP CONSTRAINT CK_score2
```

3．在修改表时创建CHECK约束

使用ALTER TABLE 的ADD子句在修改表时创建CHECK约束。
语法格式如下。

```
ALTER TABLE table_name
    ADD [<column_definition>]
        [CONSTRAINT constraint_name] CHECK (logical_expression)
```

【例2.32】重新在score2表上定义CHECK约束。

```
USE teachmanage
ALTER TABLE score2
ADD CONSTRAINT CK_score2 CHECK(grade>=0 AND grade<=100)
```

2.7.6 DEFAULT约束

DEFAULT约束

DEFAULT约束对列定义默认值，当没有为某列指定数据时，自动指定该列的值。

在创建表时，可以使用CREATE TABLE语句创建DEFAULT约束，作为表定义的一部分。如果某个表已经存在，则可以使用ALTER TABLE语句为其添加DEFAULT约束。表中的每一列都可以包含一个DEFAULT约束。

DEFAULT约束定义的默认值可以是常量，也可以是表达式，还可以是NULL值。
创建表时建立DEFAULT约束。
语法格式如下。

```
[CONSTRAINT constraint_name]
DEFAULT constant_expression [FOR column_name]
```

【例2.33】在teachmanage数据库中创建teacher6表时建立DEFAULT约束。

```
USE teachmanage
CREATE TABLE teacher6
    (
        tno char (6) NOT NULL PRIMARY KEY,
        tname char(8) NOT NULL,
        tsex char (2) NOT NULL DEFAULT('男'),    /* 定义 tsex列的DEFAULT约
束值为'男' */
        tbirthday date NOT NULL,
        title char (12) NULL,
        school char (12) NULL
    )
```

执行该语句后，为验证DEFAULT约束的作用，向teacher6表插入一条记录('800021','乐松',

'1992-09-28','讲师','数学学院')。

```
USE teachmanage
INSERT INTO teacher6(tno, tname, tbirthday, title, school)
VALUES('800021','乐松','1992-09-28','讲师','数学学院');
GO
```

通过以下SELECT语句进行查询。

```
USE teachmanage
SELECT *
FROM teacher6
GO
```

查询结果如下。

tno	tname	tsex	tbirthday	title	school
800021	乐松	男	1992-09-28	讲师	数学学院

由于已创建tsex列的DEFAULT约束的值为'男'，因此，虽然在插入记录中未指定tsex列，SQL Server也会自动为tsex列插入'男'。

2.7.7 NOT NULL约束

NOT NULL约束即非空约束，用于实现用户定义完整性。

非空约束指字段值不能为NULL值，NULL值指"不知道""不存在"或"无意义"的值。

在SQL Server中，可以使用CREATE TABLE语句或ALTER TABLE语句定义非空约束。在某个列定义的后面，加上关键字NOT NULL作为限定词，以约束该列的取值不能为空。例如，在例2.9创建teacher表时，在tno、tname和tsex等列的后面，都添加了关键字NOT NULL作为非空约束，以确保这些列不能取NULL值。

本章小结

本章主要介绍了以下内容。

（1）数据定义语言用于对数据库及数据库中的各种对象进行创建、删除、修改等操作。数据定义语言包括的主要SQL语句有：创建数据库或数据库对象语句CREATE、修改数据库或数据库对象语句ALTER、删除数据库或数据库对象语句DROP。

（2）SQL Server数据库是存储数据库对象的容器，是SQL Server用于组织和管理数据的基本对象。

SQL Server系统数据库有master、model、msdb、tempdb和Resource。SQL Server存放数据库采用的操作系统文件可分为两类：数据文件和事务日志文件。数据文件存储数据，事务日志文件记录对数据库的操作。数据文件又可分为主数据文件和辅助数据文件。在SQL Server数据库中，数据库文件组可以划分为主文件组、次文件组和默认文件组。

（3）可以使用T-SQL语句或SQL Server Management Studio图形界面分别创建、修改、删除数据库。其中，创建数据库使用CREATE DATABASE语句，修改数据库使用ALTER DATABASE语句，删除数据库使用DROP DATABASE语句。

（4）SQL Server支持的系统数据类型包括整数型、精确数值型、浮点型、货币型、位型、字符型、Unicode字符型、文本型、二进制型、日期时间型、时间戳型、图像型、其他数据类型等。

（5）表是SQL Server中最基本的数据库对象，是用于存储数据的一种逻辑结构，由行和列组成。表结构包含一组固定的列，列由数据类型、长度、允许NULL值等组成。创建表之前，首先要确定表名和表的属性，表所包含的列名、列的数据类型、长度、是否为空、是否主键等，再进行表结构设计。

（6）可以使用T-SQL语句或SQL Server Management Studio分别创建、修改、删除表。其中，创建表用CREATE TABLE语句，修改表用ALTER TABLE语句，删除表用DROP TABLE语句。

（7）数据完整性指数据库中数据的正确性和一致性，约束是一种强制数据完整性的标准机制。数据完整性有以下类型：实体完整性、参照完整性、域完整性、用户定义完整性。

可以使用CREATE TABLE语句分别创建PRIMARY KEY约束、UNIQUE约束、FOREIGN KEY约束、CHECK约束、DEFAULT约束，使用ALTER TABLE语句分别创建或删除PRIMARY KEY约束、UNIQUE约束、FOREIGN KEY约束、CHECK约束、DEFAULT约束。

习题 2

一、选择题

1. 在SQL Server中创建用户数据库，其主要数据文件的大小必须大于（　　）。
   A. master数据库的大小　　　　　B. model数据库的大小
   C. msdb数据库的大小　　　　　　D. 3 MB

2. 在SQL Server中创建用户数据库，实际就是定义数据库所包含的文件及文件的属性。下列不属于数据文件属性的是（　　）。
   A. 初始大小　　B. 物理文件名　　C. 文件结构　　D. 最大容量

3. 出生日期字段不宜选择（　　）。
   A. datetime　　B. bit　　C. char　　D. date

4. 性别字段不宜选择（　　）。
   A. char　　B. tinyint　　C. int　　D. float

5. （　　）字段可以采用默认值。
   A. 出生日期　　B. 姓名　　C. 专业　　D. 学号

6. 域完整性通过（　　）来实现。
   A. PRIMARY KEY约束　　　　　B. FOREIGN KEY约束
   C. CHECK约束　　　　　　　　D. 触发器

7. 参照完整性通过（　　）来实现。
   A. PRIMARY KEY约束　　　　　B. FOREIGN KEY约束
   C. CHECK约束　　　　　　　　D. 规则

8. 限制性别字段中只能输入"男"或"女",采用的约束是（   ）。
   A. UNIQUE约束   B. PRIMARY KEY约束
   C. FOREIGN KEY约束   D. CHECK约束
9. 关于FOREIGN KEY约束的叙述正确的是（   ）。
   A. 需要与另外一个表的主键相关联
   B. 自动创建聚集索引
   C. 可以参照其他数据库的表
   D. 一个表只能有一个FOREIGN KEY约束
10. 在SQL Server中,设某数据库应用系统中有商品类别表(商品类别号,类别名称,类别描述信息)和商品表(商品号,商品类别号,商品名称,生产日期,单价,库存量)。该系统要求增加每种商品在入库的时候自动检查其类别,禁止未归类商品入库的约束。下列实现此约束的语句中,正确的是（   ）。
    A. ALTER TABLE 商品类别表 ADD CHECK(商品类别号 IN
       (SELECT 商品类别号 FROM 商品表))
    B. ALTER TABLE 商品表 ADD CHECK(商品类别号 IN (SELECT 商品类别号 FROM 商品类别表))
    C. ALTER TABLE 商品表 ADD
       FOREIGN KEY(商品类别号) REFERENCES 商品类别表(商品类别号)
    D. ALTER TABLE 商品类别表 ADD
       FOREIGN KEY(商品类别号) REFERENCES 商品表(商品类别号)

二、填空题

1. SQL Server数据库是存储数据库对象的_____。
2. SQL Server的数据库对象包括表、_____、索引、存储过程、触发器等。
3. SQL Server使用的数据库文件有主数据文件、辅助数据文件、_____3类。
4. 表结构包含一组固定的列,列由列名、_____、长度、允许NULL值等组成。
5. NULL通常表示未知、_____或将在以后添加的数据。
6. 创建表之前,首先要确定表名和表的属性,表所包含的_____、数据类型、长度、是否为空、是否主键等,进行表结构设计。
7. 整数型包括bigint、int、smallint和_____4类。
8. 字符型包括固定长度字符数据类型和_____两类。
9. Unicode字符型用于支持国际上_____的字符数据的存储和处理。
10. 修改某数据库的员工表,增加性别列的默认约束,使默认值为'男',请补全下面的语句。

ALTER TABLE 员工表
ADD CONSTRAINT DF_员工表_性别_____

11. 修改某数据库的成绩表,增加成绩列的CHECK约束,使成绩限定在0~100分,请补全下面的语句。

ALTER TABLE 成绩表
ADD CONSTRAINT CK_成绩表_成绩_____

12. 修改某数据库的商品表,增加商品号的PRIMARY KEY约束,请补全下面的语句。

```
ALTER TABLE 商品表
ADD CONSTRAINT PK_商品表_商品号_____
```

13. 修改某数据库的订单表,将它的商品号列定义为外键,假设引用表为商品表,其商品号列已定义为主键,请补全下面的语句。

```
ALTER TABLE 订单表
ADD CONSTRAINT FK_订单表_商品号_____
```

三、问答题

1. SQL Server有哪些系统数据库?
2. SQL Server数据库中包含哪几种文件?
3. 简述使用图形界面创建SQL Server数据库的步骤。
4. 使用T-SQL语句创建数据库包含哪些语句?
5. 什么是表?什么是表结构?
6. 简述SQL Server常用的数据类型。
7. 分别写出教师表、课程表、成绩表的表结构。
8. 可以使用哪些方法创建数据表?
9. 简述使用T-SQL语句创建SQL Server表的语句。
10. 简述使用图形界面进行SQL Server表数据的插入、删除和修改。
11. 什么是数据完整性?SQL Server的数据完整性有哪几种类型?
12. 什么是PRIMARY KEY约束?什么是UNIQUE约束?两者有什么区别?
13. 什么是FOREIGN KEY约束?
14. 怎样定义CHECK约束和DEFAULT约束?

四、应用题

1. 使用T-SQL语句创建pq1数据库,主数据文件为pq1.mdf,初始大小为12 MB,增量8%,增长无限制,事务日志文件为pq1_log.ldf,初始大小为4 MB,增量为2 MB,最大文件为100 MB。
2. 使用SQL Server Management Studio图形界面创建pq2数据库,主数据文件的初始大小、增量、增长及事务日志文件的初始大小、增量、增长与上题相同。
3. 在teachmanage数据库中,使用T-SQL语句分别创建专业表、学生表、课程表、成绩表、教师表和讲课表,表结构参见附录B。
4. 在teachmanage数据库中,使用SQL Server Management Studio图形界面分别创建专业表、学生表、课程表、成绩表、教师表和讲课表,表结构参见附录B。
5. 删除课程表中cno列的PRIMARY KEY约束,然后在该列添加PRIMARY KEY约束。
6. 在成绩表的cno列添加FOREIGN KEY约束。
7. 在课程表的credit列添加CHECK约束,限制credit列的值为0~8。
8. 在学生表的ssex列添加DEFAULT约束,使ssex列的默认值为"男"。

实验2 数据定义

实验2.1 创建数据库

1. 实验目的及要求

（1）理解SQL Server数据库的基本概念。

（2）掌握使用T-SQL语句创建数据库、修改数据库、删除数据库的命令和方法，具备编写和调试创建数据库、修改数据库、删除数据库的代码的能力。

2. 验证性实验

使用T-SQL语句创建商店实验数据库shopexpm（下文统称为数据库shopexpm）。在实验中，将多次使用数据库shopexpm，其主数据文件为shopexpm.mdf，初始大小为16 MB，增量8%，增长无限制；日志文件为shopexpm_log.ldf，初始大小为4 MB，增量为2 MB，最大文件为120 MB。

（1）创建数据库shopexpm。

```
CREATE DATABASE shopexpm
    ON
    (
        NAME='shopexpm',
        FILENAME='C:\Program Files\Microsoft SQL Server\MSSQL15.MSSQLSERVER\MSSQL\DATA\shopexpm.mdf',
        SIZE=16MB,
        MAXSIZE=UNLIMITED,
        FILEGROWTH=8%
    )
    LOG ON
    (
        NAME='shopexpm_log',
        FILENAME='C:\Program Files\Microsoft SQL Server\MSSQL15.MSSQLSERVER\MSSQL\DATA\shopexpm_log.ldf',
        SIZE=4MB,
        MAXSIZE=120MB,
        FILEGROWTH=2MB
    )
```

（2）修改数据库shopexpm。该实验首先需要增加数据文件shopexpmadd.ndf，再删除数据文件shopexpmadd.ndf。

```
ALTER DATABASE shopexpm
    ADD FILE
    (
        NAME = 'shopexpmadd',
        FILENAME='C:\Program Files\Microsoft SQL Server\MSSQL15.MSSQLSERVER\MSSQL\DATA\shopexpmadd.ndf',
```

```
            SIZE=8MB,
            MAXSIZE=120MB,
            FILEGROWTH=4MB
    )
ALTER DATABASE shopexpm
    REMOVE FILE shopexpmadd
```

（3）删除数据库shopexpm。

```
DROP DATABASE shopexpm
```

3．设计性实验

使用T-SQL语句创建图书借阅实验数据库libraryexpm（下文统称为数据库libraryexpm）。数据库libraryexpm的主数据文件为libraryexpm.mdf，初始大小为12 MB，增量为3 MB，最大文件为160 MB；日志文件为libraryexpm_log.ldf，初始大小为4 MB，增量为8%，最大文件为100 MB。

（1）创建数据库libraryexpm。

（2）修改数据库libraryexpm。首先需要增加数据文件libraryexpmbk.ndf和日志文件libraryexpmbk_log.ldf，接着删除数据文件libraryexpmbk.ndf和日志文件libraryexpmbk_log.ldf。

（3）删除数据库libraryexpm。

4．观察与思考

（1）在数据库shopexpm已存在的情况下，使用CREATE DATABASE语句创建数据库libraryexpm，查看错误信息。

（2）思考如何避免数据库已存在又再创建的错误？能够删除系统数据库吗？

实验2.2　创建表

1．实验目的及要求

（1）理解数据定义语言的概念和CREATE TABLE语句、ALTER TABLE语句、DROP TABLE语句的语法格式。

（2）理解表的基本概念。

（3）掌握使用数据定义语言创建表、修改表、删除表的命令和方法，具备编写和调试创建表、修改表、删除表的代码的能力。

2．验证性实验

数据库shopexpm是实验中多次用到的数据库，包含部门表（DeptInfo表）、员工表（EmplInfo表）、订单表（OrderInfo表）、订单明细表（DetailInfo表）和商品表（GoodsInfo表），它们的表结构分别如表2.4、表2.5、表2.6、表2.7和表2.8所示。

表2.4　DeptInfo表的表结构

列名	数据类型	允许NULL值	是否主键	说明
DeptID	varchar(4)	×	主键	部门号
DeptName	varchar(20)	×		部门名称

表2.5　EmplInfo表的表结构

列名	数据类型	允许NULL值	是否主键	说明
EmplID	varchar(4)	×	主键	员工号
EmplName	varchar(8)	×		姓名
Sex	varchar(2)	×		性别
Birthday	date	×		出生日期
Native	varchar(20)	√		籍贯
Wages	decimal(8, 2)	×		工资
DeptID	varchar(4)	√		部门号

表2.6　OrderInfo表的表结构

列名	数据类型	允许NULL值	是否主键	说明
OrderID	varchar(6)	×	主键	订单号
EmplID	varchar(4)	√		员工号
CustID	varchar(4)	√		客户号
Saledate	date	×		销售日期
Cost	decimal(10, 2)	×		总金额

表2.7　DetailInfo表的表结构

列名	数据类型	允许NULL值	是否主键	说明
OrderID	varchar(6)	×	主键	订单号
GoodsID	varchar(4)	×	主键	商品号
Sunitprice	decimal(8,2)	×		销售单价
Quantity	int	×		数量
Total	decimal(10,2)	×		总价
Discount	float	×		折扣率
Disctotal	decimal(10,2)	×		折扣总价

表2.8 GoodsInfo表的表结构

列名	数据类型	允许NULL值	是否主键	说明
GoodsID	varchar(4)	×	主键	商品号
GoodsName	varchar(30)	×		商品名称
Classification	varchar(20)	×		商品类型
Unitprice	decimal(8,2)	√		单价
Stockqty	int	√		库存量

在数据库shopexpm中，验证和调试创建表、修改表、删除表的代码。

（1）创建GoodsInfo表。

```
USE shopexpm
CREATE TABLE GoodsInfo
    (
        GoodsID varchar(4) NOT NULL PRIMARY KEY,
        GoodsName varchar(30) NOT NULL,
        Classification varchar(20) NOT NULL,
        Unitprice decimal(8, 2) NULL,
        Stockqty int NULL
    )
```

（2）使用GoodsInfo表创建GoodsInfo1表。

```
SELECT GoodsID, GoodsName, Classification, Unitprice, Stockqty INTO GoodsInfo1
FROM GoodsInfo
```

（3）在GoodsInfo1表中增加一列Gno，不为NULL值。

```
ALTER TABLE GoodsInfo1
ADD Gno varchar(4) NOT NULL
```

（4）将GoodsInfo1表中列Classification的数据类型改为char，可取NULL值。

```
ALTER TABLE GoodsInfo1
ALTER COLUMN Classification char(20) NULL
```

（5）在GoodsInfo1表中删除列Gno。

```
ALTER TABLE GoodsInfo1
DROP COLUMN Gno
```

（6）删除GoodsInfo1表。

```
DROP TABLE GoodsInfo1
```

3．设计性实验

在数据库shopexpm中，设计、编写和调试创建表、修改表、删除表的代码。具体如下。

（1）创建OrderInfo表。
（2）使用OrderInfo表创建OrderInfo1表。
（3）在OrderInfo1表中增加一列Ono，不为NULL值。
（4）将OrderInfo1表的列CustID的数据类型改为char，不为NULL值。
（5）在OrderInfo1表中删除列Ono。
（6）删除OrderInfo1表。

4．观察与思考

（1）在创建表的语句中，NOT NULL的作用是什么？
（2）一个表可以设置几个主键？
（3）主键列能否修改为NULL值？

实验2.3 完整性约束

1．实验目的及要求

（1）理解数据完整性和实体完整性、参照完整性、用户定义完整性的概念。
（2）掌握通过完整性约束实现数据完整性的方法和操作。
（3）具备编写PRIMARY KEY约束、UNIQUE约束、FOREIGN KEY约束、CHECK约束的代码，进而实现数据完整性的能力。

2．验证性实验

对数据库shopexpm中的GoodsInfo表和DetailInfo表，验证和调试实现完整性约束的代码。

（1）在数据库shopexpm中，创建GoodsInfo1表，以列级完整性约束方式定义主键。

```
USE shopexpm
CREATE TABLE GoodsInfo1
    (
        GoodsID varchar(4) NOT NULL PRIMARY KEY,
        GoodsName varchar(30) NOT NULL,
        Classification varchar(20) NOT NULL,
        Unitprice decimal(8, 2) NULL,
        Stockqty int NULL
    )
```

（2）在数据库shopexpm中，创建GoodsInfo2表，以表级完整性约束方式定义主键，并指定PRIMARY KEY约束名称。

```
USE shopexpm
CREATE TABLE GoodsInfo2
    (
        GoodsID varchar(4) NOT NULL,
        GoodsName varchar(30) NOT NULL,
        Classification varchar(20) NOT NULL,
        Unitprice decimal(8,2) NULL,
```

```
        Stockqty int NULL,
        CONSTRAINT PK_GoodsInfo2 PRIMARY KEY(GoodsID)
    )
```

（3）删除上例创建的GoodsInfo2表中的PRIMARY KEY约束。

```
USE shopexpm
ALTER TABLE GoodsInfo2
DROP CONSTRAINT PK_GoodsInfo2
```

（4）重新在GoodsInfo2表上定义PRIMARY KEY约束。

```
USE shopexpm
ALTER TABLE GoodsInfo2
ADD CONSTRAINT PK_GoodsInfo2 PRIMARY KEY(GoodsID)
```

（5）在数据库shopexpm中，创建GoodsInfo3表，以列级完整性约束方式定义UNIQUE约束。

```
USE shopexpm
CREATE TABLE GoodsInfo3
    (
        GoodsID varchar(4) NOT NULL PRIMARY KEY,
        GoodsName varchar(30) NOT NULL UNIQUE,
        Classification varchar(20) NOT NULL,
        Unitprice decimal(8,2) NULL,
        Stockqty int NULL
    )
```

（6）在数据库shopexpm中，创建GoodsInfo4表，以表级完整性约束方式定义UNIQUE约束，并指定UNIQUE约束名称。

```
USE shopexpm
CREATE TABLE GoodsInfo4
    (
        GoodsID varchar(4) NOT NULL PRIMARY KEY,
        GoodsName varchar(30) NOT NULL,
        Classification varchar(20) NOT NULL,
        Unitprice decimal(8,2) NULL,
        Stockqty int NULL,
        CONSTRAINT UQ_GoodsInfo4 UNIQUE(GoodsName)
    )
```

（7）删除上例创建的GoodsInfo4表中的UNIQUE约束。

```
USE shopexpm
ALTER TABLE GoodsInfo4
DROP CONSTRAINT UQ_GoodsInfo4
```

（8）重新在GoodsInfo4表上定义UNIQUE约束。

```
USE shopexpm
ALTER TABLE GoodsInfo4
```

```
ADD CONSTRAINT UQ_GoodsInfo4 UNIQUE(GoodsName)
```

（9）在数据库shopexpm中，创建DetailInfo1表，以列级完整性约束方式定义FOREIGN KEY约束。

```
USE shopexpm
CREATE TABLE DetailInfo1
    (
        OrderID varchar(6) NOT NULL,
        GoodsID varchar(4) NOT NULL REFERENCES GoodsInfo1(GoodsID) ,
        Sunitprice decimal(8,2) NOT NULL,
        Quantity int NOT NULL,
        Total decimal(10,2) NOT NULL,
        Discount float NOT NULL,
        Disctotal decimal(10,2) NOT NULL,
        PRIMARY KEY(OrderID,GoodsID)
    )
```

（10）在数据库shopexpm中，创建DetailInfo2表，以表级完整性约束方式定义FOREIGN KEY约束，指定外键约束名称，并定义相应的参照动作。

```
USE shopexpm
CREATE TABLE DetailInfo2
    (
        OrderID varchar(6) NOT NULL,
        GoodsID varchar(4) NOT NULL,
        Sunitprice decimal(8,2) NOT NULL,
        Quantity int NOT NULL,
        Total decimal(10,2) NOT NULL,
        Discount float NOT NULL,
        Disctotal decimal(10,2) NOT NULL,
        PRIMARY KEY(OrderID,GoodsID),
        CONSTRAINT FK_DetailInfo2 FOREIGN KEY(GoodsID) REFERENCES GoodsInfo2
(GoodsID)
        ON DELETE CASCADE
        ON UPDATE NO ACTION
    )
```

（11）删除上例创建的DetailInfo2表中的FOREIGN KEY约束。

```
USE shopexpm
ALTER TABLE DetailInfo2
DROP CONSTRAINT FK_DetailInfo2
```

（12）重新在DetailInfo2表中定义FOREIGN KEY约束。

```
USE shopexpm
ALTER TABLE DetailInfo2
ADD CONSTRAINT FK_DetailInfo2 FOREIGN KEY(GoodsID) REFERENCES GoodsInfo2
(GoodsID)
```

（13）在数据库shopexpm中，创建DetailInfo3表，以列级完整性约束方式定义CHECK约束。

```
USE shopexpm
CREATE TABLE DetailInfo3
    (
        OrderID varchar(6) NOT NULL,
        GoodsID varchar(4) NOT NULL,
        Sunitprice decimal(8,2) NOT NULL,
        Quantity int NOT NULL,
        Total decimal(10,2) NOT NULL,
        Discount float NOT NULL CHECK(Discount>=0 AND Discount<=0.2),
        Disctotal decimal(10,2) NOT NULL,
        PRIMARY KEY(OrderID,GoodsID)
    )
```

（14）在数据库shopexpm中，创建DetailInfo4表，以表级完整性约束方式定义CHECK约束，并指定CHECK约束名称。

```
USE shopexpm
CREATE TABLE DetailInfo4
    (
        OrderID varchar(6) NOT NULL,
        GoodsID varchar(4) NOT NULL,
        Sunitprice decimal(8,2) NOT NULL,
        Quantity int NOT NULL,
        Total decimal(10,2) NOT NULL,
        Discount float NOT NULL,
        Disctotal decimal(10,2) NOT NULL,
        PRIMARY KEY(OrderID,GoodsID),
        CONSTRAINT CK_DetailInfo4 CHECK(Discount>=0 AND Discount<=0.2)
    )
```

3．设计性实验

对数据库shopexpm的订单表OrderInfo、订单明细表DetailInfo，设计、编写和调试实现完整性约束的代码。

（1）在数据库shopexpm中，创建OrderInfo1表，以列级完整性约束方式定义主键。

（2）在数据库shopexpm中，创建OrderInfo2表，以表级完整性约束方式定义主键，并指定PRIMARY KEY约束名称。

（3）删除上例创建的OrderInfo2表中的PRIMARY KEY约束。

（4）重新在OrderInfo2表中定义PRIMARY KEY约束。

（5）在数据库shopexpm中，创建OrderInfo3表，以列级完整性约束方式定义UNIQUE约束。

（6）在数据库shopexpm中，创建OrderInfo4表，以表级完整性约束方式定义UNIQUE约束，并指定UNIQUE约束名称。

（7）删除上例创建的OrderInfo4表中的UNIQUE约束。

（8）重新在OrderInfo4表中定义UNIQUE约束。

（9）在数据库shopexpm中，创建DetailInfo1表，以列级完整性约束方式定义FOREIGN KEY约束。

（10）在数据库shopexpm中，创建DetailInfo2表，以表级完整性约束方式定义FOREIGN KEY

约束，指定FOREIGN KEY约束名称，并定义相应的参照动作。

（11）删除上例创建的DetailInfo2表中的FOREIGN KEY约束。

（12）重新在DetailInfo2表中定义FOREIGN KEY约束。

（13）在数据库shopexpm中，创建DetailInfo3表，以列级完整性约束方式定义CHECK约束。

（14）在数据库shopexpm中，创建DetailInfo4表，以表级完整性约束方式定义CHECK约束，并指定CHECK约束名称。

4．观察与思考

（1）一个表可以设置几个PRIMARY KEY约束，几个UNIQUE约束？

（2）UNIQUE约束的列能不能设置为NULL值？

（3）如果被参照表无数据，在参照表中能输入数据吗？

（4）如果未指定动作，当删除被参照表的数据时，若违反完整性约束，该操作能否被禁止？

（5）定义外键时有哪些参照动作？

（6）能否先创建参照表，再创建被参照表？

（7）能否先删除被参照表，再删除参照表？

（8）设置FOREIGN KEY约束时应注意哪些问题？

第 3 章 数据操纵

数据操纵

数据操纵语言用于操纵数据库中的数据库对象（如表和视图），进行数据的插入、修改、删除等操作。插入、修改和删除数据有两种方式：一种方式是使用T-SQL语句，另一种方式是使用SQL Server Management Studio图形界面。本章介绍数据操纵语言、插入数据、修改数据、删除数据等内容。

3.1 数据操纵语言

数据操纵语言用于操纵数据库中的表和视图，进行数据的插入、修改、删除等操作。数据操纵语言包括的主要SQL语句如下。

（1）INSERT语句，用于将数据插入表或视图中。

（2）UPDATE语句，用于修改表或视图中的数据，既可修改表或视图的一行数据，也可修改表或视图的一组或全部数据。

（3）DELETE语句，用于从表或视图中删除数据，可根据条件删除指定的数据。

3.2 插入数据

SQL Server提供两种方法插入数据，一种方法是使用T-SQL语句，另一种方法是使用SQL Server Management Studio图形界面，下面分别介绍这两种方法。

3.2.1 使用T-SQL语句插入数据

INSERT语句用于向数据库的表或视图插入由VALUES指定的各列值的行。

语法格式如下。

```
INSERT [ TOP ( expression ) [ PERCENT ] ]
    [ INTO ]
```

```
{   table_name                                    /*表名*/
  | view_name                                     /*视图名*/
  | rowset_function_limited                       /*可以是OPENQUERY 或 OPENROWSET
                                                    函数*/
  [WITH (<table_hint_limited>[...n])]             /*指定表提示,可省略*/
}
{
  [ ( column_list ) ]                             /*列名表*/
  {    VALUES ( ( { DEFAULT | NULL | expression } [ ,...n ] ) [ ,...n ] )
                                                  /*指定列值的VALUES子句*/
  | derived_table                                 /*结果集*/
  | execute_statement                             /*有效的EXECUTE语句*/
  | DEFAULT VALUES                                /*强制新行包含为每个列定义的默认值*/
  }
}
```

各参数说明如下。
- table_name: 需要插入数据的表名。
- view_name: 视图名。
- column_list: 列名表,包含了新插入数据行的各列的名称。如果只向表的部分列插入数据,需要用column_list指出这些列。
- VALUES子句: 包含各列需要插入的数据,插入数据的顺序要与列的顺序相对应。若在插入数据时省略colume_list,则VALUES子句给出每一列(除IDENTITY属性和timestamp类型以外的列)的值。VALUES子句的取值有以下3种。
  ◆ DEFAULT: 指定该列为默认值,这要求在定义表时必须指定该列的默认值。
  ◆ NULL: 指定该列为空值。
  ◆ expression: 可以是一个常量、变量或一个表达式,其值的数据类型要与列的数据类型一致。注意表达式中不能有SELECT或EXECUTE语句。

1. 向表中的所有列插入数据

(1)省略列名表
必须为每个列都插入数据,值的顺序必须与表定义的列的顺序一一对应,而且数据类型相同。
设教师表、teacher1表已创建,其表结构参见附录B。
【例3.1】使用省略列名表的插入语句,向teacher1表中插入一条记录('100003','杜明杰','男','1978-11-04','教授','计算机学院')。

```
INSERT INTO teacher1
    VALUES('100003','杜明杰','男','1978-11-04','教授','计算机学院')
```

由于插入的数据包含各列的值并与表中各列的顺序一一对应,所以此处可以省略列名表。
(2)不省略列名表
如果插入值的顺序和表定义的列的顺序不同,在插入全部列的数据时,不能省略列名表。
【例3.2】使用不省略列名表的插入语句,向teacher1表中插入一条记录,姓名为严芳,教师编号为100018,性别为女,出生日期为1994-09-21,学院为计算机学院,职称为讲师。

```
INSERT INTO teacher1 (tname, tno, tsex, tbirthday, school, title)
    VALUES('严芳', '100018','女','1994-09-21','计算机学院','讲师')
```

2. 向表中的指定列插入数据

在插入语句中，如果只给出了部分列的值，其他列的值为表定义时的默认值，或允许该列取NULL，则不能省略列名表。

【例3.3】只给出部分列的值，向teacher1表中插入一条记录，教师编号为400017，学院为通信学院，姓名为俞兰，性别为女，出生日期为1990-08-05，职称为NULL。

```
INSERT INTO teacher1 (tno, school, tname, tsex, tbirthday)
    VALUES('400017','通信学院','俞兰','女','1990-08-05')
```

3. 向表中插入多条记录

在插入语句中，若指定多个插入值列表，插入值列表之间须用逗号隔开。

【例3.4】分别向教师表和学生表中插入样本数据，具体样本数据参见附录B。

向teacher表插入样本数据的语句如下。

```
USE teachmanage
INSERT INTO teacher
    VALUES('100003','杜明杰','男','1978-11-04','教授','计算机学院'),
    ('100018','严芳','女','1994-09-21','讲师','计算机学院'),
    ('120032','袁书雅','女','1991-07-18','副教授','外国语学院'),
    ('400006','范慧英','女','1982-12-25','教授','通信学院'),
    ('800014','简毅','男','1987-05-13','副教授','数学学院');
GO
```

向学生表中插入样本数据的语句如下。

```
USE teachmanage
INSERT INTO student
    VALUES('221001','成远博','男','2002-04-17',52,'080901'),
    ('221002','傅春华','女','2001-10-03',50,'080901'),
    ('221003','路勇','男','2002-03-15',50,'080901'),
    ('226001','卫婉如','女','2001-08-21',52,'080701'),
    ('226002','孟茜','女','2002-12-19',48,'080701'),
    ('226004','夏志强','男','2001-09-08',52,'080701');
GO
```

> **注意**
> 将多行数据插入表中时，若提供了所有列的值并与表中各列的顺序一一对应，则不必在column_list中指定列名，并且VALUES子句后所接的多行数据的值须用逗号隔开。

3.2.2 使用SQL Server Management Studio图形界面插入数据

本节介绍使用SQL Server Management Studio图形界面进行SQL Server表数据的插入。

【例3.5】使用SQL Server Management Studio图形界面向teachmanage数据库插入与teacher2表有关的记录。

（1）启动Microsoft SQL Server Management Studio窗口，在"对象资源管理器"中展开"数据库"节点，选中"teachmanage"数据库，展开该数据库，选中"表"，将其展开，选中表"dbo.teacher2"，右击，在弹出的快捷菜单中选择"编辑前200行"命令，如图3.1所示。

图 3.1　选择"编辑前 200 行"命令

（2）屏幕出现"dbo.teacher2表"编辑窗口，此时可以在各个字段输入或编辑有关数据，这里向teacher2表插入5条记录，如图3.2所示。

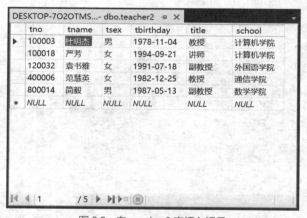

图 3.2　向 teacher2 表插入记录

3.3　修改数据

下面分别介绍使用T-SQL语句或使用SQL Server Management Studio图形界面插入数据的方法。

3.3.1 使用T-SQL语句修改数据

UPDATE语句用于修改数据库中表或视图的特定记录或列的数据。

语法格式如下。

```
UPDATE { table_name | view_name }
    SET column_name = {expression | DEFAULT | NULL } [,...n]
    [WHERE <search_condition>]
```

该语句的功能是：若table_name指定的表或view_name指定的视图中的记录满足<search_condition>条件，则该记录中由SET指定的各列的列值均设置为SET指定的新值。若该语句不使用WHERE子句，则更新table_name指定的表或view_name指定的视图中所有记录的指定列值。

1．修改指定记录

修改指定记录需要通过WHERE子句指定要修改的记录需要满足的条件。

【例3.6】在teacher1表中，将教师俞兰的职称修改为副教授。

```
USE teachmanage
UPDATE teacher1
SET title='副教授'
WHERE tname='俞兰'
```

2．修改全部记录

修改全部记录可以不指定WHERE子句。

【例3.7】将学生表中所有学生的学分增加2分。

```
USE teachmanage
UPDATE student
SET tc=tc+2
```

3.3.2 使用SQL Server Management Studio图形界面修改数据

以teacher2表为例，使用SQL Server Management Studio图形界面修改数据的方法如下。

如图3.2所示，在"dbo.teacher2表编辑"窗口中，将光标定位到需要修改的字段，对该字段进行修改，然后将光标移到下一个字段即可保存修改的内容。

3.4 删除数据

下面介绍使用T-SQL语句和使用SQL Server Management Studio图形界面删除数据的方法。

3.4.1 使用T-SQL语句删除数据

删除数据可以使用DELETE语句或TRUNCATE语句，DELETE语句可以删除表中的指定记录或全部记录，TRUNCATE语句用于删除表中的全部记录。

1．删除指定记录

DELETE语句用于删除表或视图中的一行或多行记录。

语法格式如下。

```
DELETE [FROM] { table_name | view_name }
[WHERE <search_condition>]
```

该语句的功能为：从table_name指定的表或view_name指定的视图中删除满足<search_condition>条件的行，若省略该条件，则删除所有行。

【例3.8】使用DELETE语句删除teacher1表中教师编号为400017的记录。

```
USE teachmanage
DELETE teacher1
WHERE tno='400017'
```

2．删除全部记录

（1）DELETE语句

【例3.9】使用DELETE语句，删除teacher1表中的全部记录。

```
USE teachmanage
DELETE teacher1
```

（2）TRUNCATE语句

TRUNCATE语句用于删除表中的全部记录。

语法格式如下。

```
TRUNCATE TABLE table_name
```

TRUNCATE语句和DELETE语句均可用于删除表中的全部记录，但相比于DELETE语句，TRUNCATE语句的速度更快，消耗的资源更少。

【例3.10】使用TRUNCATE语句，删除教师表中的全部记录。

```
USE teachmanage
TRUNCATE TABLE teacher
```

3.4.2 使用SQL Server Management Studio图形界面删除数据

使用SQL Server Management Studio图形界面删除数据的举例如下。

【例3.11】使用SQL Server Management Studio图形界面在teacher2表中删除记录。

（1）在"dbo.teacher2表编辑"窗口中，选择需要删除的记录，右击，在弹出的快捷菜单中选择"删除"命令，如图3.3所示。

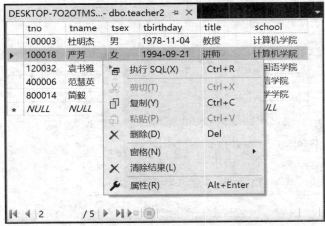

图 3.3　选择"删除"命令

（2）此时出现一个确认对话框，单击"是"按钮，即可删除该记录。

本章小结

本章主要介绍了以下内容。
（1）数据操纵语言用于操纵数据库中的表和视图，进行数据的插入、修改、删除等操作。数据操纵语言包括的主要SQL语句有：INSERT语句、UPDATE语句和DELETE语句。
（2）插入数据可以使用INSERT语句或SQL Server Management Studio图形界面。
（3）修改数据可以使用UPDATE语句或SQL Server Management Studio图形界面。
（4）删除数据可以使用DELETE语句或SQL Server Management Studio图形界面。

习题3

一、选择题

1. 表数据操作的基本语句不包括（　　）。
   A. INSERT　　　　B. DELETE　　　　C. UPDATE　　　　D. DROP
2. 删除表中的全部记录使用（　　）。
   A. DROP　　　　B. ALTER　　　　C. DELETE　　　　D. INSERT
3. 修改记录的内容不能使用（　　）。
   A. UPDATE　　　　B. ALTER　　　　C. DELETE和INSERT　　　　D. 图形界面方式

二、填空题

1. 以命令方式操作SQL Server表数据的语句有：INSERT、_____和DELETE。

2. 当插入的数据包含各列的值并按表中各列的_____列出这些值，可以省略列名表。
3. 在UPDATE语句中，如果不使用WHERE子句，则更新_____的指定列值。
4. 在DELETE语句中，若省略WHERE子句，则删除_____。

三、问答题

1. 简述以命令方式创建SQL Server表的语句。
2. 简述如何以图形界面方式进行SQL Server表数据的插入、删除和修改。

四、应用题

1. 在teachmanage数据库中，使用T-SQL语句分别向专业表、学生表、课程表、成绩表、教师表和讲课表插入样本数据，样本数据参见附录B。
2. 在teachmanage数据库中，使用图形界面方式分别向专业表、学生表、课程表、成绩表、教师表和讲课表插入样本数据，样本数据参见附录B。

实验3　数据操纵

1. 实验目的及要求

（1）理解数据操纵语言的概念，以及INSERT语句、UPDATE语句、DELETE语句的语法格式。

（2）掌握使用数据操纵语言的INSERT语句、UPDATE语句、DELETE语句进行表数据的插入、修改、删除操作。

（3）具备编写和调试插入数据、修改数据和删除数据的代码的能力。

2. 验证性实验

在数据库shopexpm中，包含DeptInfo表、EmplInfo表、OrderInfo表、DetailInfo表和GoodsInfo表的样本数据，分别如表3.1、表3.2、表3.3、表3.4和表3.5所示。

表3.1　DeptInfo表的样本数据

部门号	部门名称	部门号	部门名称
D001	销售部	D004	经理办
D002	人事部	D005	物资部
D003	财务部		

表3.2　EmplInfo表的样本数据

员工号	姓名	性别	出生日期	籍贯	工资	部门号
E001	向浩然	男	1987-06-17	北京	4200.00	D001
E002	齐雨佳	女	1991-03-25	上海	3700.00	D003
E003	穆映雪	女	1992-10-04	NULL	3600.00	D001

续表

员工号	姓名	性别	出生日期	籍贯	工资	部门号
E004	沈飞	男	1985-09-16	北京	4600.00	D001
E005	计海翔	男	1979-12-09	上海	7100.00	D004
E006	欧莉	女	1994-08-23	四川	3500.00	D002

表3.3 OrderInfo表的样本数据

订单号	员工号	客户号	销售日期	总金额
S00001	E004	C001	2022-05-08	21677.40
S00002	E001	C002	2022-05-08	30294.00
S00003	E003	C003	2022-05-08	15978.60
S00004	NULL	C004	2022-05-08	5659.20

表3.4 DetailInfo表的样本数据

订单号	商品号	销售单价	数量	总价	折扣率	折扣总价
S00001	1001	6288.00	1	6288.00	0.1	5659.20
S00001	3001	8899.00	2	17798.00	0.1	16018.20
S00002	1002	8877.00	3	26631.00	0.1	23967.90
S00002	2001	7029.00	1	7029.00	0.1	6326.10
S00003	1002	8877.00	2	17754.00	0.1	15978.60
S00004	1001	6288.00	1	6288.00	0.1	5659.20

表3.5 GoodsInfo表的样本数据

商品号	商品名称	商品类型	单价	库存量
1001	Microsoft Surface Pro 7	笔记本电脑	6288.00	5
1002	DELL XPS13-7390	笔记本电脑	8877.00	5
2001	Apple iPad Pro	平板电脑	7029.00	5
3001	DELL PowerEdgeT140	服务器	8899.00	5
4001	EPSON L565	打印机	1959.00	10

设商品表GoodsInfo、GoodsInfo2的表结构已创建，验证和调试表数据的插入、修改和删除的代码，完成以下操作。

（1）向GoodsInfo表中插入样本数据。

```
INSERT INTO GoodsInfo
    VALUES ('1001','Microsoft Surface Pro 7','笔记本电脑',6288.00,5),
    ('1002','DELL XPS13-7390','笔记本电脑',8877.00,5),
    ('2001','Apple iPad Pro','平板电脑',7029.00,5),
    ('3001','DELL PowerEdgeT140','服务器',8899.00,5),
    ('4001','EPSON L565','打印机',1959.00,10);
```

```
GO
```

(2) 使用INSERT INTO…SELECT…语句,将GoodsInfo表的记录快速插入GoodsInfo1表中。

```
SELECT GoodsID, GoodsName, Classification, Unitprice,Stockqty INTO GoodsInfo1
FROM GoodsInfo
```

(3) 采用3种不同的方法,向GoodsInfo2表中插入数据。

① 省略列名表,插入记录('1001','Microsoft Surface Pro 7','笔记本电脑',6288.00,5)。

```
INSERT INTO GoodsInfo2 VALUES('1001','Microsoft Surface Pro 7','笔记本电脑',
6288.00,5)
```

② 不省略列名表,插入商品名称为Apple iPad Pro,单价为7029.00,商品类型为平板电脑,库存量为5,商品号为2001的记录。

```
INSERT INTO GoodsInfo2(GoodsName, Unitprice, Classification, Stockqty, GoodsID)
VALUES('Apple iPad Pro ', 7029.00,'平板电脑',5, '2001')
```

③ 插入商品名称为HP LaserJet Pro M405d,商品类型为打印机,商品号为4002,库存量为7,单价为空的记录。

```
INSERT INTO GoodsInfo2(GoodsName, Classification, GoodsID, Stockqty)
VALUES('HP LaserJet Pro M405d ','打印机','4002',7)
```

(4) 在GoodsInfo1表中,将商品名称为Microsoft Surface Pro 7的类型改为笔记本平板电脑二合一。

```
UPDATE GoodsInfo1
SET Classification='笔记本平板电脑二合一'
WHERE GoodsName='Microsoft Surface Pro 7'
```

(5) 在GoodsInfo1表中,将商品名称为EPSON L565的库存量改为4。

```
UPDATE GoodsInfo1
SET Stockqty=4
WHERE GoodsName='EPSON L565'
```

(6) 在GoodsInfo1表中,删除商品类型为笔记本平板电脑二合一的记录。

```
DELETE FROM GoodsInfo1
WHERE Classification='笔记本平板电脑二合一'
```

(7) 采用2种不同的方法,删除表中的全部记录。
① 使用DELETE语句,删除GoodsInfo1表中的全部记录。

```
DELETE FROM GoodsInfo1
```

② 使用TRUNCATE语句,删除GoodsInfo2表中的全部记录。

```
TRUNCATE TABLE GoodsInfo2
```

3．设计性实验

在shopexpm中，设OrderInfo表、OrderInfo2的表结构已创建，设计、编写和调试表数据的插入、修改和删除的代码，完成以下操作。

（1）向OrderInfo表中插入样本数据。

（2）使用INSERT INTO…SELECT…语句，将OrderInfo表中的记录快速插入OrderInfo1表中。

（3）采用3种不同的方法，向OrderInfo2表中插入数据。

① 省略列名表，插入记录('S00001','E004','C001','2022-05-08',21677.40)。

② 不省略列名表，插入销售日期为2022-05-08，订单号为S00002，员工号为E001，客户号为C002，总金额为30294.00的记录。

③ 插入销售日期为2022-05-08，客户号为C005，员工号为空，订单号为S00005，总金额为7989.30的记录。

（4）在OrderInfo1表中，将订单号为S00003的客户号改为C007。

（5）在OrderInfo1表中，将订单号为S00004的总金额改为6326.10。

（6）在OrderInfo1表中，删除订单号为S00004的记录。

（7）采用2种不同的方法，删除表中的全部记录。

① 使用DELETE语句，删除OrderInfo1表中的全部记录。

② 使用TRUNCATE语句，删除OrderInfo2表中的全部记录。

4．观察与思考

（1）省略列名表插入记录需要满足什么条件？

（2）将已有表的记录快速插入到当前表中，使用什么语句？

（3）比较DELETE语句和TRUNCATE语句的异同。

（4）DROP语句与DELETE语句有何区别？

第4章 数据查询

数据查询是数据库管理系统中一个非常重要的功能。数据查询主要是通过T-SQL的数据查询语言中的SELECT语句完成的。SELECT语句可以按用户要求查询数据,并将查询的结果以表的形式返回。本章介绍数据查询语言、单表查询、多表查询、查询结果处理等内容。

4.1 数据查询语言

数据查询语言包括的主要SQL语句是SELECT语句,用于从表或视图中查询数据,是使用最频繁的SQL语句之一。

SELECT语句的功能强大,使用灵活方便,可以从数据库的表或视图(一个或多个)中查询数据,其基本语法格式如下。

```
SELECT select_list                          /*SELECT子句,指定要选择的列*/
  FROM table_source                         /*FROM子句,指定表或视图*/
  [ WHERE search_condition ]                /*WHERE子句,指定查询条件*/
  [ GROUP BY group_by_expression ]          /*GROUP BY子句,指定分组表达式*/
  [ HAVING search_condition ]               /*HAVING子句,指定分组统计条件*/
  [ ORDER BY order_expression [ ASC | DESC ]] /*ORDER BY子句,指定排序
表达式和顺序*/
```

4.2 单表查询

单表查询包括SELECT子句、WHERE子句、GROUP BY子句、HAVING子句、ORDER BY子句等的使用,下面分别介绍。

单表查询

4.2.1 SELECT子句的使用

SELECT子句可用于进行投影查询，返回结果由选择表中的部分列或全部列组成。

语法格式如下。

```
SELECT [ ALL | DISTINCT ] [ TOP n [ PERCENT ] [ WITH TIES ] ] <select_list>
```

select_list指出了结果的形式，其格式如下。

```
{   *                                                      /*选择当前表或视图的所有列*/
  | { table_name | view_name | table_alias } .  /*选择指定的表或视图的所有列*/
  | { colume_name | expression | $IDENTITY | $ROWGUID }
       /*选择指定的列并更改列标题，为列指定别名，还可用于为表达式结果指定名称*/
       [ [ AS ] column_alias ]
  | column_alias = expression
} [ , ...n ]
```

1．投影指定的列

使用SELECT子句可选择表中的一个列或多个列。如果选择多个列，各列名中间要用逗号隔开。

语法格式如下。

```
SELECT column_name [ , column_name...]
FROM table_name
WHERE search_condition
```

其中，FROM子句用于指定表，WHERE子句在该表中用于查询满足search_condition条件的列。

【例4.1】在teachmanage数据库的教师表中，查询所有教师的教师编号、姓名和职称。

```
USE teachmanage
SELECT tno, tname, title
FROM teacher
```

查询结果如下。

```
tno           tname          title
-----------   ------------   ------------
100003        杜明杰         教授
100018        严芳           讲师
120032        袁书雅         副教授
400006        范慧英         教授
800014        简毅           副教授
```

2．投影全部列

在SELECT子句指定列的位置上使用*号时，表示查询表中的所有列。

【例4.2】在教师表中，查询所有列。

```
USE teachmanage
SELECT *
FROM teacher
```

该语句与下面的语句等价。

```
USE teachmanage
SELECT tno, tname, tsex, tbirthday, title, school
FROM teacher
```

查询结果如下。

```
tno       tname      tsex     tbirthday         title        school
--------  ---------  -------  ----------------  -----------  ------------
100003    杜明杰     男       1978-11-04        教授         计算机学院
100018    严芳       女       1994-09-21        讲师         计算机学院
120032    袁书雅     女       1991-07-18        副教授       外国语学院
400006    范慧英     女       1982-12-25        教授         通信学院
800014    简毅       男       1987-05-13        副教授       数学学院
```

3. 修改查询结果的列标题

改变查询结果中显示的列标题，可以在列名后使用AS子句。
语法格式如下。

```
AS column_alias
```

其中，column_alias为指定显示的列标题。

【例4.3】在教师表中，查询所有教师的tno、tname、school列的数据，并将结果中各列的标题分别修改为教师编号、姓名、学院。

```
USE teachmanage
SELECT tno AS '教师编号', tname AS '姓名', school AS '学院'
FROM teacher
```

查询结果如下。

```
教师编号        姓名         学院
--------------  -----------  ------------------
100003          杜明杰       计算机学院
100018          严芳         计算机学院
120032          袁书雅       外国语学院
400006          范慧英       通信学院
800014          简毅         数学学院
```

4. 去掉重复行

去掉结果集中的重复行可使用DISTINCT关键字。

语法格式如下。

```
SELECT DISTINCT column_name [ ,. column_name...]
```

【例4.4】在教师表中，查询title列，清除结果中的重复行。

```
USE teachmanage
SELECT DISTINCT title
FROM teacher
```

查询结果如下。

```
title
------------
副教授
讲师
教授
```

4.2.2 WHERE子句的使用

WHERE子句用于指定查询条件，该子句必须紧跟FROM子句。通过WHERE子句可以实现选择行的查询，即选择查询。

语法格式如下。

```
WHERE <search_condition>
```

其中，search_condition为查询条件。<search_condition>的语法格式如下。

```
{ [ NOT ] <predicate> | (<search_condition> ) }
    [ { AND | OR } [ NOT ] { <predicate> | (<search_condition>) } ]
} [ ,...n ]
```

其中，predicate为判定运算。<predicate>的语法格式如下。

```
{ expression { = | < | <= | > | >= | <> | != | !< | !> } expression
    /*比较运算*/
  | string_expression [ NOT ] LIKE string_expression [ ESCAPE 'escape_character' ]   /*字符串模式匹配*/
  | expression [ NOT ] BETWEEN expression AND expression       /*指定范围*/
  | expression IS [ NOT ] NULL                                 /*是否空值判断*/
  | CONTAINS ( { column | * },'<contains_search_condition>') /*包含式查询*/
  | FREETEXT ({ column | * },'freetext_string')                /*自由式查询*/
  | expression [ NOT ] IN ( subquery | expression [,...n] )    /*IN子句*/
  | expression { = | < | <= | > | >= | <> | != | !< | !> } { ALL | SOME | ANY } ( subquery )                                           /*比较子查询*/
  | EXISTS ( subquery )                                        /*EXISTS子查询*/
}
```

WHERE子句的常用查询条件如表4.1所示。

表4.1 WHERE子句的常用查询条件

查询条件	谓词
比较	<=, <, =, >=, >, !=, <>, !>, !<
指定范围	BETWEEN AND, NOT BETWEEN AND, IN
确定集合	IN, NOT IN
字符匹配	LIKE, NOT LIKE
空值	IS NULL, IS NOT NULL
多重条件	AND, OR

> **说明**
>
> 在SQL中，返回逻辑值的运算符或关键字都称为谓词。

1. 表达式比较

比较运算符用于比较两个表达式的值。

语法格式如下。

```
expression { = | < | <= | > | >= | <> | != | !< | !> } expression
```

其中，expression是除text、ntext和image类型之外的表达式。

【例4.5】在教师表中，查询职称为副教授或性别为女的教师。

```
USE teachmanage
SELECT *
FROM teacher
WHERE title='副教授' OR tsex='女'
```

查询结果如下。

```
tno        tname      tsex    tbirthday        title          school
--------   --------   -----   -------------   -----------    ----------------
100018     严芳        女      1994-09-21       讲师           计算机学院
120032     袁书雅      女      1991-07-18       副教授         外国语学院
400006     范慧英      女      1982-12-25       教授           通信学院
800014     简毅        男      1987-05-13       副教授         数学学院
```

2. 范围比较

BETWEEN、NOT BETWEEN、IN是用于范围比较的3个关键字，用于查找字段值在（或不在）指定范围的行。

【例4.6】在教师表中，查询所在学院为外国语学院、通信学院的教师。

```
USE teachmanage
```

```
SELECT *
FROM teacher
WHERE school IN('外国语学院','通信学院')
```

查询结果如下。

```
tno        tname       tsex    tbirthday        title       school
---------- ----------- ------- ---------------- ----------- ----------------
120032     袁书雅      女      1991-07-18       副教授      外国语学院
400006     范慧英      女      1982-12-25       教授        通信学院
```

3. 模式匹配

字符串模式匹配使用LIKE谓词。

语法格式如下。

```
string_expression [ NOT ] LIKE string_expression [ ESCAPE 'escape_character']
```

其含义是查找指定列的值中与匹配串匹配的行。在字符串模式匹配中,匹配串(即string_expression)可以是一个完整的字符串,也可以是含有通配符的字符串。通配符有以下两种。

- %: 代表0个或多个字符。
- _: 代表一个字符。

LIKE匹配中使用通配符的查询也称为模糊查询。

【例4.7】在教师表中,查询姓严的教师。

```
USE teachmanage
SELECT *
FROM teacher
WHERE tname LIKE '严%'
```

查询结果如下。

```
tno        tname       tsex    tbirthday        title       school
---------- ----------- ------- ---------------- ----------- ----------------
100018     严芳        女      1994-09-21       讲师        计算机学院
```

4. 空值使用

空值是指未知的值。判定一个表达式的值是否为空值时,使用IS NULL关键字。

语法格式如下。

```
expression IS [ NOT ] NULL
```

【例4.8】查询成绩未知的学生。

```
USE teachmanage
SELECT *
FROM score
WHERE grade IS NULL
```

查询结果如下。

```
sno          cno        grade
----------   --------   -----------
226002       1201       NULL
```

4.2.3 聚合函数、GROUP BY子句、HAVING子句的使用

本节介绍聚合函数GROUP BY子句和HAVING子句，聚合函数常用于统计计算，经常与GROUP BY子句一起使用。

1. 聚合函数

T-SQL提供聚合函数，实现数据统计与计算，可用于计算表中的数据并返回单个计算结果。除了COUNT函数外，聚合函数忽略NULL。

语法格式如下。

```
( [ ALL | DISTINCT ] expression )
```

其中，ALL表示对所有值进行聚合函数运算，ALL为默认值；DISTINCT表示去除重复值；expression指定进行聚合函数运算的表达式。

SQL Server中常用的聚合函数如表4.2所示。

表4.2 聚合函数

函数名	功能
AVG	求组中数值的平均值
COUNT	求组中的项数
MAX	求最大值
MIN	求最小值
SUM	返回表达式中数值的总和
STDEV	返回给定表达式中所有数值的统计标准偏差
STDEVP	返回给定表达式中所有数值的填充统计标准偏差
VAR	返回给定表达式中所有数值的统计方差
VARP	返回给定表达式中所有数值的填充统计方差

【例4.9】在教师表中，计算教师的总人数。

```
USE teachmanage
SELECT COUNT(*) AS '总人数'
FROM teacher
```

该语句采用COUNT(*)计算总人数。

查询结果如下。

```
总人数
-----------
5
```

2．GROUP BY子句

GROUP BY子句用于按指定列对查询结果进行分组。

语法格式如下。

```
[ GROUP BY [ ALL ] group_by_expression [,...n]
    [ WITH { CUBE | ROLLUP } ] ]
```

其中，group_by_expression为分组表达式，通常包含字段名；ALL表示显示所有分组；WITH用于指定CUBE或ROLLUP操作符，可以在查询结果中增加汇总记录。

> **注意**
> 聚合函数经常与GROUP BY子句一起使用。

【例4.10】查询各门课程的最高分、最低分、平均分。

```
USE teachmanage
SELECT cno AS '课程号', MAX(grade) AS '最高分',MIN(grade) AS '最低分',
AVG(grade)AS '平均分'
FROM score
WHERE NOT grade IS NULL
GROUP BY cno
```

该语句采用MAX、MIN、AVG等聚合函数计算最高分、最低分、平均分，并用GROUP BY子句对cno（课程号）进行分组。

查询结果如下。

```
课程号        最高分         最低分         平均分
-----------  ------------  -----------  ----------------
1004         94            87           91
1201         93            86           91
4008         93            78           85
8001         92            75           87
```

> **提示**
> 如果SELECT子句的列名表包含聚合函数，则该列名表只能包含聚合函数指定的列名和GROUP BY子句指定的列名。

3．HAVING子句

HAVING子句用于按指定条件对分组后的查询结果进行进一步筛选，以筛选出满足指定条件的分组。

语法格式如下。

```
[ HAVING <search_condition> ]
```

其中,search_condition为查询条件,而且可以使用聚合函数。

当WHERE子句、GROUP BY子句、HAVING子句用在一个SELECT语句中时,执行顺序如下。
(1)执行WHERE子句,在表中选择行。
(2)执行GROUP BY子句,对选择的行进行分组。
(3)执行聚合函数。
(4)执行HAVING子句,筛选满足条件的分组。

【例4.11】查询选修课程2门以上且成绩在85分以上的学生的学号和选修课程数。

```
USE teachmanage
SELECT sno AS '学号', COUNT(sno) AS '选修课程数'
FROM score
WHERE grade>=85
GROUP BY sno
HAVING COUNT(*)>=2
```

该语句采用AVG聚合函数、WHERE子句、GROUP BY子句、HAVING子句进行查询。查询结果如下。

```
学号            选修课程数
------------  ----------------
221001        3
221002        3
221003        3
226001        3
226004        3
```

4.2.4 ORDER BY子句的使用

使用ORDER BY子句,可以按照一个或多个字段的值对查询结果进行排序。
语法格式如下。

```
[ ORDER BY { order_by_expression [ ASC | DESC ] } [ ,...n ] ]
```

其中,order_by_expression是排序表达式,可以为列名、表达式或一个正整数。默认情况下系统按升序排序,升序排序的关键字是ASC。如果用户要求按降序排序,必须使用降序排序的关键字DESC。

【例4.12】将计算机学院的教师按出生时间降序排序。

```
USE teachmanage
SELECT *
FROM teacher
WHERE school='计算机学院'
ORDER BY tbirthday DESC
```

该语句采用ORDER BY子句进行降序排序。
查询结果如下。

```
tno        tname        tsex     tbirthday        title        school
--------   -----------  ------   -------------    ----------   ------------
100018     严芳         女       1994-09-21       讲师         计算机学院
100003     杜明杰       男       1978-11-04       教授         计算机学院
```

4.3 多表查询

4.2节介绍的查询都是单表查询，本节介绍多表查询。下面分别介绍多表查询中的连接查询、嵌套查询和联合查询。

4.3.1 连接查询

连接查询的方式有使用连接谓词和JOIN连接，下面分别介绍。

1．连接谓词

在FROM子句中，使用连接谓词指定要连接的表，随后通过WHERE子句中的比较运算符给出连接条件，并使用该条件对表进行连接。

语法格式如下。

```
[<表名1.>] <列名1> <比较运算符> [<表名2.>] <列名2>
```

比较运算符有：<、<=、=、>、>=、!=、<>、!<、!>。
连接谓词还有以下形式。

```
[<表名1.>] <列名1> BETWEEN [<表名2.>] <列名2> AND [<表名2.>] <列名3>
```

由于连接多个表时存在公共列，为了区分公共列是哪个表中的列，需要引入表名前缀指定连接列。例如，student.sno表示学生表的sno列，score.sno表示成绩表的sno列。

为了简化输入，SQL允许在查询中使用表的别名，用户可以在FROM子句中为表定义别名，然后在查询中引用。

常用的连接方式如下。

- 等值连接：表之间通过等号运算符"="进行连接，称为等值连接。
- 非等值连接：表之间使用非等号运算符进行连接，称为非等值连接。
- 自然连接：如果在目标列中去除相同的字段名，则称为自然连接。
- 自连接：将同一个表进行连接，称为自连接。

【例4.13】对学生表和专业表进行等值连接查询。

```
USE teachmanage
SELECT student.*, speciality.*
```

```
FROM student, speciality
WHERE student.specno =speciality.specno
```

该语句采用等值连接。

查询结果如下。

```
sno     sname   ssex    sbirthday       tc      specno  specno  specname
------  ------  ------  -----------     ------  ------  ------  ----------------
221001  成远博   男      2002-04-17      52      080901  080901  计算机科学与技术
221002  傅春华   女      2001-10-03      50      080901  080901  计算机科学与技术
221003  路勇    男      2002-03-15      50      080901  080901  计算机科学与技术
226001  卫婉如   女      2001-08-21      52      080701  080701  电子信息工程
226002  孟茜    女      2002-12-19      48      080701  080701  电子信息工程
226004  夏志强   男      2001-09-08      52      080701  080701  电子信息工程
```

【例4.14】对例4.13进行自然连接查询。

```
USE teachmanage
SELECT student.*, speciality.specname
FROM student, speciality
WHERE student.specno=speciality.specno
```

该语句采用自然连接。

查询结果如下。

```
sno     sname   ssex    sbirthday       tc      specno  specname
------  ------  ------  -----------     ------  ------  ----------------
221001  成远博   男      2002-04-17      52      080901  计算机科学与技术
221002  傅春华   女      2001-10-03      50      080901  计算机科学与技术
221003  路勇    男      2002-03-15      50      080901  计算机科学与技术
226001  卫婉如   女      2001-08-21      52      080701  电子信息工程
226002  孟茜    女      2002-12-19      48      080701  电子信息工程
226004  夏志强   男      2001-09-08      52      080701  电子信息工程
```

【例4.15】查询所有学生的成绩单,要求有学号、姓名、专业名、课程名和成绩。

分析题意可得:

(1)涉及学生表、专业表、课程表、成绩表等4个表的连接。

(2)连接可以使用连接谓词或JOIN连接,这里选用连接谓词,例4.16中选用JOIN连接。注意比较连接谓词与JOIN连接的不同写法。

```
USE teachmanage
SELECT a.sno, sname, specname, cname, grade
FROM student a, speciality b, course c, score d
WHERE a.specno=b.specno AND a.sno=d.sno AND c.cno=d.cno
```

该语句使用连接谓词实现了4个表的连接,并采用别名以简化表名。本例中为student表指定的别名是a,为speciality表指定的别名是b,为course表指定的别名是c,为score表指定的别名是d。

查询结果如下。

```
sno       sname     specname              cname            grade
-------   -------   -------------------   --------------   ----------
221001    成远博    计算机科学与技术      数据库系统       94
221001    成远博    计算机科学与技术      英语             92
221001    成远博    计算机科学与技术      高等数学         92
221002    傅春华    计算机科学与技术      数据库系统       87
221002    傅春华    计算机科学与技术      英语             86
221002    傅春华    计算机科学与技术      高等数学         88
221003    路勇      计算机科学与技术      数据库系统       93
221003    路勇      计算机科学与技术      英语             93
221003    路勇      计算机科学与技术      高等数学         86
226001    卫婉如    电子信息工程          英语             92
226001    卫婉如    电子信息工程          通信原理         93
226001    卫婉如    电子信息工程          高等数学         92
226002    孟茜      电子信息工程          英语             NULL
226002    孟茜      电子信息工程          通信原理         78
226002    孟茜      电子信息工程          高等数学         75
226004    夏志强    电子信息工程          英语             93
226004    夏志强    电子信息工程          通信原理         86
226004    夏志强    电子信息工程          高等数学         91
```

2. JOIN连接

为了将连接操作和WHERE子句中的搜索条件区分开，JOIN连接在FROM子句的< joined_table >中指定连接的表示方式，在T-SQL中也推荐使用这种方式。

语法格式如下。

```
<joined_table> ::=
{
  <table_source> <join_type> <table_source> ON <search_condition>
  | <table_source> CROSS JOIN <table_source>
  | <joined_table>
}
```

其中，<join_type>为连接类型，ON用于指定连接条件。<join_type>的格式如下。

```
[INNER]|{LEFT|RIGHT|FULL}[OUTER][<join_hint>]JOIN
```

INNER表示内连接，OUTER表示外连接，CROSS表示交叉连接，此为JOIN关键字指定的连接的3种类型。具体介绍如下。

（1）内连接

内连接按照ON指定的连接条件合并两个表，返回满足条件的行。

内连接是系统的默认设置，因此可省略INNER关键字。

【例4.16】将例4.15改用JOIN连接中的内连接进行查询。

```
USE teachmanage
SELECT a.sno, sname, specname, cname, grade
FROM student a JOIN speciality b ON a.specno=b.specno
```

```
    JOIN score d ON a.sno=d.sno
    JOIN course c ON c.cno=d.cno
```

该语句采用JOIN连接中的内连接,实现4个表的连接,此处省略INNER关键字,查询结果与例4.15相同。

(2)外连接

在内连接的结果集中,只有满足连接条件的行才能作为结果返回。外连接的结果集不但包含满足连接条件的行,还包括相应表中的所有行。外连接有以下3种。

- 左外连接(left outer join):结果集中除了包括满足连接条件的行外,还包括左表的所有行。
- 右外连接(right outer join):结果集中除了包括满足连接条件的行外,还包括右表的所有行。
- 完全外连接(full outer join):结果集中除了包括满足连接条件的行外,还包括两个表的所有行。

【例4.17】对教师表和讲课表进行左外连接。

```
USE teachmanage
SELECT tname, cno
FROM teacher LEFT JOIN lecture ON (teacher.tno=lecture.tno)
```

该语句采用左外连接。

查询结果如下。

```
tname           cno
-------------   --------
杜明杰          1004
严芳            NULL
袁书雅          1201
范慧英          4008
简毅            8001
```

【例4.18】对讲课表和课程表进行右外连接。

```
USE teachmanage
SELECT tno, cname
FROM lecture RIGHT JOIN course ON (course.cno=lecture.cno)
```

该语句采用右外连接。

查询结果如下。

```
tno           cname
-----------   ------------------------
100003        数据库系统
NULL          计算机系统结构
120032        英语
400006        通信原理
800014        高等数学
```

【例4.19】学生表全外连接专业表。

```
USE teachmanage
SELECT sname, specname
FROM student FULL JOIN speciality ON (student.specno=speciality.specno)
```

该语句采用全外连接。
查询结果如下。

```
sname           specname
-------------   -----------------------------
成远博           计算机科学与技术
傅春华           计算机科学与技术
路勇             计算机科学与技术
卫婉如           电子信息工程
孟茜             电子信息工程
夏志强           电子信息工程
NULL            电子科学与技术
NULL            通信工程
NULL            软件工程
NULL            网络工程
```

> !注意
>
> 外连接只能对两个表进行。

（3）交叉连接

交叉连接返回被连接的两个表中所有数据行的笛卡尔积。

【例4.20】采用交叉连接查询教师和课程所有可能的组合。

```
USE teachmanage
SELECT teacher.tname, course.cname
FROM teacher CROSS JOIN course
```

该语句采用交叉连接。

4.3.2 嵌套查询

在SQL中，一个SELECT语句称为一个查询块。当一个SELECT语句无法完成查询任务时，需要将另一个SELECT语句的查询结果作为查询条件的一部分，这种查询称为嵌套查询，又称为子查询，示例如下。

嵌套查询

```
USE teachmanage
SELECT *
FROM student
WHERE stid IN
    (SELECT sno
     FROM score
     WHERE cno='4008'
    )
```

在本例中，下层查询块"SELECT sno FROM score WHERE cno='4008'"的查询结果，可以作为上层查询块"SELECT * FROM student WHERE stid IN"的查询条件。上层查询块被称为父查询或外层查询，下层查询块被称为子查询或内层查询。嵌套查询的一般处理过程是由内向外，即由子查询到父查询，子查询的结果可作为父查询的查询条件。

T-SQL允许SELECT语句多层嵌套使用，即一个子查询可以嵌套其他子查询，以增强查询能力。

子查询通常与IN、EXISTS谓词和比较运算符结合使用。

1. IN子查询

IN子查询用于判断一个给定值是否在子查询的结果集中。

语法格式如下。

```
expression [ NOT ] IN ( subquery )
```

当表达式expression与子查询subquery的结果集中的某个值相等时，IN谓词返回TRUE，否则返回FALSE；若使用了NOT，则返回的值相反。

【例4.21】查询选修了课程号为4008的课程的学生情况。

```
USE teachmanage
SELECT *
FROM student
WHERE sno IN
    (SELECT sno
     FROM score
     WHERE cno='4008'
    )
```

该语句采用了IN子查询。

查询结果如下。

```
sno        sname     ssex    sbirthday          tc      specno
---------- --------- ------- ------------------ ------- --------------
226001     卫婉如    女      2001-08-21         52      080701
226002     孟茜      女      2002-12-19         48      080701
226004     夏志强    男      2001-09-08         52      080701
```

2. 比较子查询

比较子查询是指父查询与子查询之间用比较运算符进行关联。

语法格式如下。

```
expression { < | <= | = | > | >= | != | <> | !< | !> } { ALL | SOME | ANY }
( subquery )
```

其中，expression为要进行比较的表达式，subquery是子查询，ALL、SOME和ANY是对比较运算的限制。

【例4.22】查询课程号1004的成绩高于课程号8001的成绩的学生。

```
USE teachmanage
SELECT sno AS '学号'
FROM score
WHERE cno='1004' AND grade>=ANY
    (SELECT grade
     FROM score
     WHERE cno='8001'
    )
```

该语句在比较子查询中采用ANY运算符。

查询结果如下。

```
学号
-----------
221001
221002
221003
```

3. EXISTS子查询

EXISTS谓词用于判断子查询的结果是否为空表。若子查询的结果集不为空，则EXISTS返回TRUE，否则返回FALSE；如果使用NOT EXISTS谓词，其返回值与EXISTS相反。

语法格式如下。

```
[ NOT ] EXISTS ( subquery )
```

【例4.23】查询所有任课教师的姓名和学院。

```
USE teachmanage
SELECT tname AS '教师姓名', school AS '学院'
FROM teacher
WHERE EXISTS
    (SELECT *
     FROM lecture
     WHERE lecture.tno = teacher.tno
    )
```

该语句采用EXISTS子查询。

查询结果如下。

```
教师姓名              学院
------------------  ----------------
杜明杰               计算机学院
袁书雅               外国语学院
范慧英               通信学院
简毅                 数学学院
```

4.3.3 联合查询

联合查询包括UNION、EXCEPT和INTERSECT,下面分别介绍。

1. UNION

使用UNION进行并操作,将两个或多个查询的结果集合并成一个结果集。
语法格式如下。

```
{ <query specification> | (<query expression> ) }
    UNION [ ALL ] <query specification> | (<query expression> )
   [ UNION [ ALL ] <query specification> | (<query expression> ) [...n] ]
```

其中,<query specification>和(<query expression>)都是SELECT查询语句。
使用UNION合并两个查询的结果集的基本规则如下。
- 所有查询中的列数和列的顺序必须相同。
- 数据类型必须兼容。

【例4.24】查询性别为女且专业为计算机科学与技术的学生。

```
USE teachmanage
SELECT sno, sname, ssex
FROM student
WHERE ssex='女'
UNION
SELECT sno, sname, ssex
FROM student a, speciality b
WHERE a.specno=b.specno AND specname='计算机科学与技术'
```

该语句采用UNION将两个查询的结果合并成一个结果集。
查询结果如下。

```
sno          sname          ssex
-----------  -------------  --------
221001       成远博          男
221002       傅春华          女
221003       路勇            男
226001       卫婉如          女
226002       孟茜            女
```

2. EXCEPT和INTERSECT

EXCEPT和INTERSECT用于比较两个查询结果,返回非重复值。EXCEPT进行差操作,从左查询中返回右查询中没有找到的所有非重复值;INTERSECT进行交操作,返回INTERSECT左右两侧的两个查询共同的所有非重复值。
语法格式如下。

```
{ <query_specification> | ( <query_expression> ) }
```

```
{ EXCEPT | INTERSECT }
{ <query_specification> | ( <query_expression> ) }
```

其中，<query specification>和(<query expression>)都是SELECT查询语句。

使用EXCEPT或INTERSECT的两个查询的结果集组合起来的基本规则如下。
- 所有查询中的列数和列的顺序必须相同。
- 数据类型必须兼容。

【例4.25】查询学过8001课程但未学过4008课程的学生。

```
USE teachmanage
SELECT a.sno AS '学号', a.sname AS '姓名'
FROM student a, course b, score c
WHERE a.sno=c.sno AND b.cno=c.cno AND c.cno='8001'
EXCEPT
SELECT a.sno AS '学号', a.sname AS '姓名'
FROM student a, course b, score c
WHERE a.sno=c.sno AND b.cno=c.cno AND c.cno='4008'
```

该语句从EXCEPT左侧的查询返回右侧查询没有找到的所有非重复值。
查询结果如下。

```
学号          姓名
-----------  ------------
221001       成远博
221002       傅春华
221003       路勇
```

【例4.26】查询既学过8001课程又学过4008课程的学生。

```
USE teachmanage
SELECT a.sno AS '学号', a.sname AS '姓名'
FROM student a, course b, score c
WHERE a.sno=c.sno AND b.cno=c.cno AND c.cno='8001'
INTERSECT
SELECT a.sno AS '学号', a.sname AS '姓名'
FROM student a, course b, score c
WHERE a.sno=c.sno AND b.cno=c.cno AND c.cno='4008'
```

该语句返回INTERSECT左右两侧的两个查询共同的所有非重复值。
查询结果如下。

```
学号          姓名
-----------  ------------
226001       卫婉如
226002       孟茜
226004       夏志强
```

4.4 查询结果处理

当SELECT语句完成查询工作后,所有的查询结果默认显示在屏幕上。要对查询结果进行处理,需要用SELECT的其他子句进行配合,这些子句包括INTO子句、CTE子句、TOP子句等,下面分别介绍。

查询结果处理

4.4.1 INTO子句

INTO子句用于创建新表并将查询所得的结果插入新表中。

语法格式如下。

```
[ INTO new_table ]
```

其中,new_table是要创建的新表名,新表的表结构由SELECT语句所选择的列决定,新表中的记录由SELECT语句的查询结果决定。若SELECT语句的查询结果为空,则创建一个只有结构而没有记录的空表。

【例4.27】由学生表创建stu表,包括sno、sname、ssex、sbirthday、tc、specno等列。

```
USE teachmanage
SELECT sno, sname, ssex, sbirthday, tc, specno INTO stu
FROM student
```

该语句通过INTO子句创建新表stu,新表的结构和记录由SELECT…INTO语句决定。

4.4.2 CTE子句

CTE子句用于指定临时结果集,这些结果集被称为公用表表达式(common table expression,CTE)。

语法格式如下。

```
[ WITH <common_table_expression> [ ,...n ] ]
AS ( CTE_query_definition )
```

其中:

```
<common_table_expression>::=
     expression_name [ ( column_name [ ,...n ] ) ]
```

各参数说明如下。

- expression_name:CTE的名称。
- column_name:在CTE中指定的列名,其个数要与CTE_query_definition返回的字段个数相同。
- CTE_query_definition:指定一个结果集,用来填充CTE的SELECT语句。CTE后的SELECT语句可以直接查询CTE中的数据。

> **注意**
>
> CTE源自简单查询，在单条SELECT、INSERT、UPDATE或DELETE语句的执行范围内定义，并且可用在CREATE VIEW语句中。CTE子句的公用表表达式可以包括对自身的引用，这种对自身引用的表达式称为递归公用表表达式。

【例4.28】使用CTE从成绩表中查询学号、课程号和成绩，并指定新列名为c_sno、c_cno、c_grade，再使用SELECT语句从CTE和学生表中查询姓名为卫婉如的学号、课程号和成绩。

```
USE teachmanage;
WITH cte_sco(c_sno, c_cno, c_grade)
AS (SELECT sno, cno, grade FROM score)
SELECT c_sno, c_cno, c_grade
FROM cte_sco, student
WHERE student.sname='卫婉如' AND student.sno=cte_sco.c_sno
```

该语句通过CTE子句查询姓名为卫婉如的学号、课程号和成绩。

查询结果如下。

```
c_sno         c_cno      c_grade
------------  ---------  -------------
226001        1201       92
226001        4008       93
226001        8001       92
```

4.4.3 TOP子句

使用SELECT语句进行查询时，如果需要列出前几行数据，则可以使用TOP子句对结果集进行限定。

语法格式如下。

```
TOP n [ percent ] [ WITH TIES]
```

各参数说明如下。
- TOP n：获取查询结果的前n行数据。
- TOP n percent：获取查询结果的前n%行数据。
- WITH TIES：获取与最后一行取值并列的结果。

> **注意**
>
> TOP谓词写在SELECT语句后面。使用TOP谓词时，建议与ORDER BY子句一起使用，这样列出的前几行才更有意义。但是如果使用WITH TIES，则TOP谓词必须与ORDER BY子句一起使用。

【例4.29】查询总学分前3名的学生情况。

```
USE teachmanage
```

```
SELECT TOP 3 WITH TIES sno, sname, specno, tc
FROM student
ORDER BY tc DESC
```

该语句通过TOP谓词，选用WITH TIES并与ORDER BY子句一起使用，获取前3名的学生数据。

查询结果如下。

```
sno           sname         specno        tc
-----------   -----------   -----------   ------
221001        成远博        080901        52
226001        卫婉如        080701        52
226004        夏志强        080701        52
```

本章小结

本章主要介绍了以下内容。

（1）T-SQL对数据库的查询使用SELECT语句，SELECT语句的功能强大，使用灵活方便，可以从数据库中的表或视图（一个或多个）中查询数据。

（2）单表查询包括SELECT子句、WHERE子句、GROUP BY子句、HAVING子句、ORDER BY子句等的使用。

SELECT子句用于投影查询，由选择表中的部分列或全部列组成结果集。

WHERE子句用于给出查询条件来进行选择查询。

GROUP BY子句用于将查询结果按指定列进行分组，经常与聚合函数一起用于统计计算。

HAVING子句用于按指定条件对分组后的查询结果进行筛选。

ORDER BY子句用于排序查询结果。

（3）多表查询中包括连接查询、嵌套查询和联合查询。

（4）连接查询有两类：使用连接谓词和JOIN连接。

在WHERE子句中，使用比较运算符给出连接条件并对表进行连接的方式，称为连接谓词。

JOIN连接需要在FROM子句中用JOIN关键字指定连接的多个表的表名，用ON子句指定连接条件。JOIN关键字指定的连接类型有3种：INNER JOIN（内连接）、OUTER JOIN（外连接）、CROSS JOIN（交叉连接）。外连接有3种：左外连接、右外连接、完全外连接。

（5）将一个查询块嵌套在另一个查询块的子句的指定条件中的查询，称为嵌套查询。在嵌套查询中，上层查询块被称为父查询或外层查询，下层查询块被称为子查询或内层查询。子查询通常包括IN子查询、比较子查询和EXISTS子查询。

（6）联合查询包括UNION、EXCEPT和INTERSECT。

（7）可以对查询结果进行处理的子句有INTO子句、CTE子句、TOP子句等。

一、选择题

1. 使用教师表查询年龄最小的学生的姓名和年龄，下列查询语句中，正确的是（　　）。
   A. SELECT Tname, Min(Tage) FROM teacher
   B. SELECT Tname, Tage FROM teacher WHERE Tage= Min(Tage)
   C. SELECT TOP 1 Tname, Tage FROM teacher
   D. SELECT TOP 1 Tname, Tage FROM teacher ORDER BY Tage

2. 设在某个SELECT语句的WHERE子句中，需要对Grade列的NULL进行处理。下列关于NULL的操作中，错误的是（　　）。
   A. Grade IS not NULL   B. Grade IS NULL
   C. Grade = NULL   D. Not(Grade IS NULL)

3. 设在SQL Server中，有员工表（员工号，姓名，出生日期），其中，姓名为varchar(10)类型。查询姓罗且名字是三个字的员工的详细信息，正确的语句是（　　）。
   A. SELECT * FROM 员工表 WHERE 姓名 LIKE '罗_'
   B. SELECT * FROM 员工表 WHERE 姓名 LIKE '罗_' AND LEN(姓名)=2
   C. SELECT * FROM 员工表 WHERE 姓名 LIKE '罗_' AND LEN(姓名)=3
   D. SELECT * FROM 员工表 WHERE 姓名 LIKE '罗_' AND LEN(姓名)=4

4. 设在SQL Server中，有学生表（学号，姓名，所在系）和选课表（学号，课程号，成绩）。查询没选课的学生姓名和所在系，下列语句中能够实现该查询要求的是（　　）。
   A. SELECT 姓名,所在系 FROM 学生表 a LEFT JOIN 选课表 b
      ON a.学号= b.学号 WHERE a.学号 IS NULL
   B. SELECT 姓名,所在系 FROM 学生表 a LEFT JOIN 选课表 b
      ON a.学号= b.学号 WHERE b.学号 IS NULL
   C. SELECT 姓名,所在系 FROM 学生表 a RIGHT JOIN 选课表 b
      ON a.学号= b.学号 WHERE a.学号 IS NULL
   D. SELECT 姓名,所在系 FROM 学生表 a RIGHT JOIN 选课表 b
      ON a.学号= b.学号 WHERE b.学号 IS NULL

5. 下述语句的功能是将两个查询结果合并成一个查询结果，其中正确的是（　　）。
   A. SELECT sno, sname, sage FROM student WHERE sdept='cs'
      ORDER BY sage
      UNION
      SELECT sno, sname, sage FROM student WHERE sdept='is'
      ORDER BY sage
   B. SELECT sno, sname, sage FROM student WHERE sdept='cs'
      UNION
      SELECT sno, sname, sage FROM student WHERE sdept='is'
      ORDER BY sage

C. SELECT sno, sname, sage FROM student WHERE sdept='cs'
   UNION
   SELECT sno, sname FROM student WHERE sdept='is'
   ORDER BY sage

D. SELECT sno, sname, sage FROM student WHERE sdept='cs'
   ORDER BY sage
   UNION
   SELECT sno, sname, sage FROM student WHERE sdept='is'

二、填空题

1. 在EXISTS子查询中，子查询的执行次数是由_____决定的。
2. 在IN子查询和比较子查询中，是先执行_____层查询，再执行_____层查询。
3. 在EXISTS子查询中，是先执行_____层查询，再执行_____层查询。
4. UNION操作用于合并多个SELECT查询的结果，如果在合并结果时不希望去掉重复数据，应使用_____关键字。
5. 在SELECT语句中同时包含WHERE子句和GROUP子句，则先执行_____子句。

三、问答题

1. SELECT语句中包括哪些子句？简述各个子句的功能。
2. 简述常用聚合函数的名称和功能。
3. 在一个SELECT语句中，当WHERE子句、GROUP BY子句和HAVING子句出现在同一个查询中时，SQL的执行顺序如何？
4. GROUP BY子句有何功能？其操作符CUBE、ROLLUP有何作用？
5. 连接查询可分为几类？试比较连接谓词和JOIN连接。
6. 什么是连接谓词？简述连接谓词的语法规则。
7. 内连接、外连接有什么区别？左外连接、右外连接和全外连接有什么区别？
8. 什么是子查询？IN子查询、比较子查询、EXISTS子查询有何区别？

四、应用题

1. 查询职称为教授或性别为男的教师的情况。
2. 查找袁书雅所在的学院和职称。
3. 统计各学院男教师和女教师的人数。
4. 查找选修了通信原理的学生的姓名及成绩，并按成绩降序排列。
5. 查找数据库系统和高等数学的平均成绩。
6. 查询每个专业最高分的课程名和分数。
7. 查询至少有4名学生选修且以8开头的课程号和平均分数。
8. 查询选修了1201课程并且成绩高于学号为226004的学生，并按成绩降序排列。
9. 查询电子信息工程专业的最高分的学生的学号、姓名、课程号和分数。
10. 计算1~10的阶乘。
11. 查询有两门以上（含两门）课程均超过80分（含80分）的学生的姓名及其平均成绩。

实验4　数据查询

实验4.1　单表查询

1. 实验目的及要求

（1）理解SELECT语句的语法格式。
（2）掌握SELECT语句的操作和使用方法。
（3）具备编写和调试SELECT语句以进行数据库查询的能力。

2. 验证性实验

对数据库shopexpm中的GoodsInfo表进行数据查询，验证和调试查询语句的代码。
（1）使用两种方式，查询GoodsInfo表的所有记录。
① 使用列名表。

```
USE shopexpm
SELECT GoodsID, GoodsName, Classification, Unitprice, Stockqty
FROM GoodsInfo
```

② 使用*。

```
USE shopexpm
SELECT *
FROM GoodsInfo
```

（2）查询GoodsInfo表中有关商品号、商品名称和库存量的记录。

```
USE shopexpm
SELECT GoodsID, GoodsName, Stockqty
FROM GoodsInfo
```

（3）使用两种方式，查询商品类型为笔记本电脑和服务器的商品信息。
① 使用IN关键字。

```
USE shopexpm
SELECT *
FROM GoodsInfo
WHERE Classification IN('笔记本电脑', '服务器')
```

② 使用OR关键字。

```
USE shopexpm
SELECT *
FROM GoodsInfo
WHERE Classification='笔记本电脑' OR Classification='服务器'
```

（4）通过两种方式查询GoodsInfo表中单价在1000～8000元的商品。

① 通过指定范围关键字。

```
USE shopexpm
SELECT *
FROM GoodsInfo
WHERE Unitprice BETWEEN 1000 AND 8000
```

② 通过比较运算符。

```
USE shopexpm
SELECT *
FROM GoodsInfo
WHERE Unitprice>=1000 AND Unitprice<=8000
```

（5）查询商品类型为平板的商品信息。

```
USE shopexpm
SELECT GoodsID, GoodsName, Classification, Unitprice
FROM GoodsInfo
WHERE Classification LIKE '平板%'
```

（6）查询各类商品的库存量。

```
USE shopexpm
SELECT Classification AS 商品类型, SUM(Stockqty) AS 库存量
FROM GoodsInfo
GROUP BY Classification
```

（7）查询各类商品的品种个数和最高单价。

```
USE shopexpm
SELECT Classification AS 商品类型, Count(Classification) AS 品种个数,
MAX(Unitprice) AS 最高单价
FROM GoodsInfo
GROUP BY Classification
```

（8）查询各个商品的单价，按照从高到低的顺序排列。

```
USE shopexpm
SELECT *
FROM GoodsInfo
ORDER BY Unitprice DESC
```

（9）从高到低排列商品的单价，查询前3个商品的信息。

```
USE shopexpm
SELECT TOP 3 GoodsName, Classification, Unitprice
FROM GoodsInfo
ORDER BY Unitprice DESC
```

3．设计性实验

对数据库shopexpm中的OrderInfo表、EmplInfo表进行数据查询，设计、编写和调试查询语句的代码，完成以下操作。

（1）使用两种方式，查询OrderInfo表的所有记录。
① 使用列名表。
② 使用*。
（2）查询OrderInfo表中有关订单号、员工号、客户号和总金额的记录。
（3）在OrderInfo表中，使用两种方式，查询客户号为C001和C004的记录。
① 使用IN关键字。
② 使用OR关键字。
（4）通过两种方式查询OrderInfo表中总金额在5000～20000元的订单。
① 通过指定范围关键字。
② 通过比较运算符。
（5）在EmplInfo表中，查询籍贯是上海的员工的姓名、性别和部门号。
（6）在EmplInfo表中，查询各个部门的男、女员工的人数。
（7）在EmplInfo表中，查询每个部门的总工资和最高工资。
（8）查询OrderInfo表中各个订单的总金额，按照从高到低的顺序排列。
（9）从高到低排列订单的总金额，查询OrderInfo表中前3个订单的信息。

4．观察与思考

（1）LIKE的通配符"%"和"_"有何不同？
（2）IS能用"="代替吗？
（3）"="与IN在什么情况下的作用相同？
（4）NULL的使用，可分为哪几种情况？
（5）聚合函数能否直接在SELECT子句、WHERE子句、GROUP BY子句、HAVING子句之中使用？
（6）WHERE子句与HAVING子句有何不同？
（7）COUNT (*)、COUNT (列名)、COUNT (DISTINCT 列名)三者的区别是什么？

实验4.2 多表查询

1．实验目的及要求

（1）理解连接查询、子查询以及联合查询的语法格式。
（2）掌握连接查询、子查询以及联合查询的操作和使用方法。
（3）具备编写和调试连接查询、子查询以及联合查询语句以进行数据库查询的能力。

2．验证性实验

对数据库shopexpm进行数据查询，验证和调试数据查询的代码。
（1）对商品表GoodsInfo和订单明细表DetailInfo进行交叉连接，观察所有可能的组合。

```
USE shopexpm
SELECT *
FROM GoodsInfo CROSS JOIN DetailInfo
```

或

```
USE shopexpm
SELECT *
FROM GoodsInfo, DetailInfo
```

（2）查询商品销售情况。

① 使用JOIN连接。

```
USE shopexpm
SELECT *
FROM GoodsInfo INNER JOIN DetailInfo ON GoodsInfo.GoodsID=DetailInfo.GoodsID
```

② 使用连接谓词。

```
USE shopexpm
SELECT *
FROM GoodsInfo, DetailInfo
WHERE GoodsInfo.GoodsID=DetailInfo.GoodsID
```

（3）采用自然连接查询商品销售情况。

```
USE shopexpm
SELECT GoodsInfo.*, OrderID, Sunitprice, Quantity, Total, Discount, Disctotal
FROM GoodsInfo JOIN DetailInfo ON GoodsInfo.GoodsID=DetailInfo.GoodsID
```

该语句进行自然连接，去掉了结果集中的重复列。

（4）对商品表GoodsInfo和订单明细表OrderInfo分别进行左外连接、右外连接、全外连接。

① 左外连接。

```
USE shopexpm
SELECT GoodsName, OrderID
FROM GoodsInfo LEFT JOIN DetailInfo ON GoodsInfo.GoodsID=DetailInfo.GoodsID
```

该语句采用关键字LEFT JOIN进行左外连接，当左表中有记录而在右表中没有匹配记录时，右表的对应列被设置为NULL。

② 右外连接。

```
USE shopexpm
SELECT GoodsName, OrderID
FROM GoodsInfo RIGHT JOIN DetailInfo ON GoodsInfo.GoodsID=DetailInfo.GoodsID
```

该语句采用关键字RIGHT JOIN进行右外连接，当右表中有记录而在左表中没有匹配记录时，左表的对应列被设置为NULL。

③ 全外连接。

```
USE shopexpm
SELECT GoodsName, OrderID
FROM GoodsInfo FULL JOIN DetailInfo ON GoodsInfo.GoodsID=DetailInfo.GoodsID
```

该语句采用关键字FULL JOIN进行全外连接。

（5）查询销售部和经理办的员工名单。

```
USE shopexpm
SELECT EmplID, EmplName, DeptName
FROM EmplInfo a, DeptInfo b
WHERE a.DeptID=b.DeptID AND DeptName='销售部'
UNION
SELECT EmplID, EmplName, DeptName
FROM EmplInfo a, DeptInfo b
WHERE a.DeptID=b.DeptID AND DeptName='经理办'
```

该语句采用UNION进行并运算以实现集合查询。

（6）分别采用IN子查询和比较子查询查询人事部和财务部的员工信息。

① IN子查询。

```
USE shopexpm
SELECT *
FROM EmplInfo
WHERE DeptID IN
    (SELECT DeptID
     FROM DeptInfo
     WHERE DeptName='人事部' OR DeptName='财务部'
    )
```

该语句采用IN子查询。

② 比较子查询。

```
USE shopexpm
SELECT *
FROM EmplInfo
WHERE DeptID=ANY
    (SELECT DeptID
     FROM DeptInfo
     WHERE DeptName IN('人事部','财务部')
    )
```

该语句采用比较子查询，其中，关键字ANY可以对比较运算符">"进行限制。

（7）查询销售部的员工姓名。

```
USE shopexpm
SELECT EmplName AS 姓名
FROM EmplInfo
WHERE EXISTS
    (SELECT *
```

```
            FROM DeptInfo
            WHERE EmplInfo.DeptID=DeptInfo.DeptID AND DeptID='D001'
        )
```

该语句采用EXISTS子查询。

3. 设计性实验

在数据库shopexpm中，设计、编写和调试查询语句的代码，完成以下操作。
（1）对EmplInfo表和OrderInfo表进行交叉连接，观察所有可能的组合。
（2）查询员工拥有订单的情况。
① 使用JOIN连接。
② 使用连接谓词。
（3）采用自然连接查询员工拥有订单的情况。
（4）对EmplInfo表和OrderInfo表分别进行左外连接、右外连接、全外连接。
（5）查询销售部的员工姓名、销售日期及销售总金额，并按销售总金额降序排列。
（6）查询向浩然的订单号、销售商品名称、折扣总价和销售总金额。
（7）查询销售部和财务部的员工号。

4. 观察与思考

（1）使用JOIN连接和使用连接谓词有什么不同？
（2）内连接与外连接有何区别？
（3）举例说明IN子查询、比较子查询和EXISTS子查询的用法。
（4）关键字ALL、SOME和ANY对比较运算符有何限制？

第 5 章 视图和索引

视图是数据库中重要的数据库对象。视图通过查询语句定义，其数据是从一个或多个表（或其他视图）导出的，用来导出视图的表称为基础表，导出的视图称为虚拟表。索引也是数据库中重要的数据库对象，类似书的目录的作用，用于提高数据查询的速度，以取得良好的数据库查询性能。本章介绍视图概述、视图操作、索引概述、索引操作等内容。

5.1 视图

本节介绍视图概述、创建视图、查询视图、修改视图、删除视图、更新视图等内容。

5.1.1 视图概述

视图

视图（view）是从一个或多个表（或其他视图）导出的虚拟表。

视图与表（基础表）有以下区别。

（1）视图是一个虚拟表。

视图的结构和数据建立在对表的查询的基础上，用来导出视图的表称为基础表（base table），导出的视图称为虚拟表。

（2）视图中的内容由 SQL 语句定义。

在数据库中只存储视图的定义，不存放视图对应的数据，这些数据存放在原来的表（基础表）中。

（3）视图就像是基础表的窗口，它反映了一个或多个基础表的局部数据。

视图一经定义以后，就可以像表一样被查询、修改、删除和更新。

视图可以由一个表中选取的某些行和列组成，也可以由多个表中满足一定条件的数据组成。

例如，教学情况视图来源于基础表：教师表、课程表、讲课表，如图 5.1 所示。

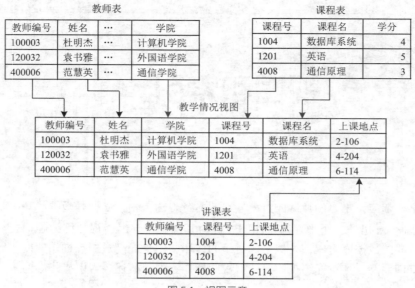

图 5.1 视图示意

视图有以下优点。
（1）方便用户的查询和处理。
（2）增加安全性。
（3）便于数据共享。
（4）提高数据的逻辑独立性。

5.1.2 创建视图

使用视图前，必须先创建视图，创建视图要遵守以下原则。
（1）只有在当前数据库中才能创建视图，视图的名称必须遵循标识符命名规则。
（2）不能将规则、默认值或触发器与视图相关联。
（3）不能在视图上建立任何索引。
创建视图的T-SQL语句是CREATE VIEW语句。
语法格式如下。

```
CREATE VIEW [ schema_name ] view_name [ (column [ ,…n ] ) ]
[ WITH <view_attribute>[ ,…n ] ]
    AS select_statement
    [ WITH CHECK OPTION ]
```

各参数说明如下。
- view_name：视图名称。
- schema_name：数据库架构名。
- column：列名，此为视图中包含的列，最多可引用1024列。
- WITH子句：指出视图的属性。
- select_statement：定义视图的SELECT语句，可以在该语句中使用多个表或视图。
- WITH CHECK OPTION：指出在视图上的修改都要符合select_statement所指定的准则。

> **注意**
>
> CREATE VIEW语句必须是该批处理命令的第一条语句。

【例5.1】 在teachmanage数据库中创建V_teachSituation视图，该视图包含teacher表的教师编号、姓名、职称、学院，课程表的课程号、课程名，以及讲课表的上课地点。

```
USE teachmanage
GO
CREATE VIEW V_teachSituation
AS
SELECT a.tno, tname, title, school, b.cno, cname, location
FROM teacher a INNER JOIN lecture b ON a.tno=b.tno
    INNER JOIN course c ON b.cno=c.cno
GO
```

5.1.3 查询视图

查询视图使用SELECT语句，使用SELECT语句对视图进行查询与使用SELECT语句对表进行查询一样，举例如下。

【例5.2】 查询视图V_teachSituation。

```
USE teachmanage
SELECT *
FROM V_teachSituation
```

查询结果如下。

tno	tname	title	school	cno	cname	location
100003	杜明杰	教授	计算机学院	1004	数据库系统	2-106
120032	袁书雅	副教授	外国语学院	1201	英语	4-204
400006	范慧英	教授	通信学院	4008	通信原理	6-114
9800014	简毅	副教授	数学学院	8001	高等数学	3-219

【例5.3】 查询教师的教师编号、姓名、课程名、上课地点。

查询教师的教师编号、姓名、课程名、上课地点，直接使用SELECT语句查询时，需要连接teacher、course和lecture三个表，较为复杂，此处使用视图十分简捷方便。

```
USE teachmanage
SELECT tno, tname, cname, location
FROM V_teachSituation
```

查询结果如下。

tno	tname	cname	location
100003	杜明杰	数据库系统	2-106
120032	袁书雅	英语	4-204

| 400006 | 范慧英 | 通信原理 | 6-114 |
| 800014 | 简毅 | 高等数学 | 3-219 |

5.1.4 修改视图

定义视图之后,可以直接修改视图,无须删除并重新创建视图,有关内容介绍如下。

使用T-SQL语句中的ALTER VIEW语句修改视图。

语法格式如下。

```
ALTER VIEW [ schema_name . ] view_name [ ( column [ ,…n ] ) ]
  [ WITH <view_attribute>[,…n ] ]
  AS select_statement
  [ WITH CHECK OPTION ]
```

其中,view_attribute、select_statement等参数与CREATE VIEW语句中的含义相同。

【例5.4】修改例5.1定义的视图V_teachSituation,限定学院为计算机学院和通信学院。

```
USE teachmanage
GO
ALTER VIEW V_teachSituation
AS
SELECT a.tno, tname, title, school, b.cno, cname, location
FROM teacher a INNER JOIN lecture b ON a.tno=b.tno
    INNER JOIN course c ON b.cno=c.cno
    WHERE school='计算机学院' OR school='通信学院'
GO
```

该语句通过ALTER VIEW语句对视图V_teachSituation的定义进行修改。

> **注意**
>
> ALTER VIEW语句必须是该批处理命令的第一条语句。

使用SELECT语句对修改后的V_teachSituation视图进行查询。

```
USE teachmanage
SELECT *
FROM V_teachSituation
```

查询结果如下。

```
tno          tname        title        school        cno       cname        location
-----------  -----------  -----------  -----------   --------  ---------    ---------
100003       杜明杰       教授         计算机学院    1004      数据库系统   2-106
400006       范慧英       教授         通信学院      4008      通信原理     6-114
```

从查询结果可看出,修改后的V_teachSituation视图的数据中包含的学院仅有计算机学院和通信学院。

5.1.5 删除视图

使用T-SQL语句中的DROP VIEW语句删除视图。
语法格式如下。

```
DROP VIEW [ schema_name . ] view_name [ ...,n ] [ ; ]
```

其中，view_name是视图名，使用DROP VIEW语句可删除一个或多个视图。

【例5.5】删除视图V_teachSituation。

```
USE teachmanage
DROP VIEW V_teachSituation
```

5.1.6 更新视图

更新视图指通过视图进行插入、删除、修改数据。由于视图是不存储数据的虚拟表，对视图的更新最终转化为对基础表的更新。

1. 可更新视图

通过更新视图数据可更新基础表数据，但只有满足可更新条件的视图才能更新。可更新视图必须满足的条件是：创建视图的SELECT语句没有聚合函数，且没有TOP、GROUP BY、UNION子句及DISTINCT关键字；不包含从基础表的列中通过计算所得的列，且FROM子句至少包含一个基础表。

在前面的视图中，V_teachSituation是可更新视图。

【例5.6】创建可更新视图V_renewTeach，该视图来源于基础表teacher，并包含教师表中计算机学院的教师信息。

创建视图V_renewTeach的语句如下。

```
USE teachmanage
GO
CREATE VIEW V_renewTeach
AS
SELECT *
   FROM teacher
   WHERE school='计算机学院'
GO
```

使用SELECT语句查询V_renewTeach视图。

```
USE teachmanage
SELECT *
FROM V_renewTeach
```

查询结果如下。

```
tno          tname          tsex      tbirthday          title          school
-----------  -------------  --------  -----------------  -------------  -------------
100003       杜明杰          男        1978-11-04         教授            计算机学院
100018       严芳            女        1994-09-21         讲师            计算机学院
```

2．通过视图向基础表插入数据

使用INSERT语句通过视图向基础表中插入数据，INSERT语句的介绍参见第3章。

【例5.7】向V_renewTeach视图中插入一条记录：('100015','许涛','男','1990-03-07','副教授','计算机学院')。

```
USE teachmanage
INSERT INTO V_renewTeach VALUES('100015','许涛','男','1990-03-07','副教授',
'计算机学院')
```

使用SELECT语句查询V_renewTeach视图的基础表teacher。

```
USE teachmanage
SELECT *
FROM teacher
```

上述语句对基础表teacher进行查询，该表已添加记录('100015','许涛','男','1990-03-07','副教授','计算机学院')。

查询结果如下。

```
tno          tname          tsex      tbirthday          title          school
-----------  -------------  --------  -----------------  -------------  -------------
100003       杜明杰          男        1978-11-04         教授            计算机学院
100015       许涛            男        1990-03-07         副教授          计算机学院
100018       严芳            女        1994-09-21         讲师            计算机学院
120032       袁书雅          女        1991-07-18         副教授          外国语学院
400006       范慧英          女        1982-12-25         教授            通信学院
800014       简毅            男        1987-05-13         副教授          数学学院
```

当视图依赖的基础表有多个表时，不能向该视图插入数据。

3．通过视图修改基础表的数据

使用UPDATE语句通过视图修改基础表的数据，UPDATE语句的介绍参见第3章。

【例5.8】在V_renewTeach视图中，对教师编号为100015的记录的出生日期进行更新。

```
USE teachmanage
UPDATE V_renewTeach SET tbirthday='1990-09-07'
WHERE tno='100015'
```

使用SELECT语句查询V_renewTeach视图的基础表teacher。

```
USE teachmanage
```

```
SELECT *
FROM teacher
```

上述语句对基础表teacher进行查询,该表已将100015的教师的出生日期改为1990-09-07。查询结果如下。

```
tno        tname      tsex    tbirthday       title       school
---------  ---------  ------  --------------  ----------  ---------------
100003     杜明杰     男      1978-11-04      教授        计算机学院
100015     许涛       男      1990-09-07      副教授      计算机学院
100018     严芳       女      1994-09-21      讲师        计算机学院
120032     袁书雅     女      1991-07-18      副教授      外国语学院
400006     范慧英     女      1982-12-25      教授        通信学院
800014     简毅       男      1987-05-13      副教授      数学学院
```

> **注意**
>
> 当视图依赖的基础表有多个表时,修改一次视图只能修改一个基础表中的数据。

4. 通过视图删除基础表的数据

使用DELETE语句通过视图删除基础表的数据,DELETE语句的介绍参见第3章。

【例5.9】 删除V_renewTeach视图中教师编号为100015的记录。

```
USE teachmanage
DELETE FROM V_renewTeach
WHERE tno='100015'
```

使用SELECT语句查询V_renewTeach视图的基础表teacher。

```
USE teachmanage
SELECT *
FROM teacher
```

上述语句对基础表教师表进行查询,该表已删除记录('100015','许涛','男','1990-09-07','副教授','计算机学院')。

查询结果如下。

```
tno        tname      tsex    tbirthday       title       school
---------  ---------  ------  --------------  ----------  ---------------
100003     杜明杰     男      1978-11-04      教授        计算机学院
100018     严芳       女      1994-09-21      讲师        计算机学院
120032     袁书雅     女      1991-07-18      副教授      外国语学院
400006     范慧英     女      1982-12-25      教授        通信学院
800014     简毅       男      1987-05-13      副教授      数学学院
```

> **注意**
>
> 当视图依赖的基础表有多个表时,不能从该视图中删除数据。

5.2 索引

本节内容为索引概述、创建索引、修改和查看索引属性、删除索引等内容，下面分别介绍。

5.2.1 索引概述

索引

索引是与表关联的存储结构，索引用于提高表中数据的查询速度，并且能够实现某些数据的完整性（如记录的唯一性）。

1．索引的基本概念

一本书有很多页，读者在查看某本书的特定内容时，为了加快查找速度，节省时间，不应从第一页开始依次顺序查找，而是首先查看书的目录，依据书的目录，快速定位到特定内容。在数据库中存储了大量数据，为了快速找到所需的数据，采用了类似书籍目录的索引技术。

数据库中的索引会按照数据表中的一列或多列进行排序，并为其建立指向数据表记录所在位置的指针，如图5.2所示。索引表中的列称为索引字段或索引项，该列的各个值称为索引值。在通过索引访问时，首先搜索索引值，再通过指针直接找到数据表中对应的记录。

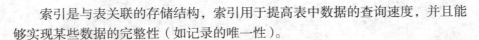

图 5.2　索引示意

建立索引的作用如下。

（1）加快数据查询

索引是一种物理结构，它能提供针对一列或多列数据迅速查找或存取表行的功能。对存取表的用户来说，索引存在与否是完全透明的。

（2）实现数据记录的唯一性

通过创建唯一性索引，可以保证表中的数据不重复。

（3）查询优化器依靠索引起作用

当执行查询时，SQL Server会对查询进行优化，查询优化器依靠索引起作用。

（4）加快排序和分组等操作

对表进行排序和分组都需要检索数据，建立索引后，检索数据的速度加快，因而加快了排序和分组等操作。

2．索引的分类

在SQL Server中，可创建以下3种类型的索引：聚集索引、非聚集索引和唯一性索引。

（1）聚集索引

在聚集索引中，索引的顺序决定数据表中记录行的顺序。由于数据表中的记录行已经过排序，所以每个表只能有一个聚集索引。

表列定义了PRIMARY KEY约束和UNIQUE约束时，会自动创建索引。例如，如果创建了表并将一个特定列标识为主键，则数据库引擎自动对该列创建PRIMARY KEY约束和索引。

SQL Server是按B树（B-tree）方式组织聚集索引的。

（2）非聚集索引

在非聚集索引中，索引的结构完全独立于数据行的结构，数据表中记录行的顺序和索引的顺序并不相同，索引表仅仅包含指向数据表的指针，这些指针本身是有序的，用于在表中快速定位数据行。一个表可以有多个非聚集索引。

SQL Server也是按B树方式组织非聚集索引的。

（3）唯一性索引

唯一性索引要求组成该索引的字段或字段组合在表中具有唯一的值，即对于表中的任意两行记录，索引值各不相同。

5.2.2 创建索引

使用T-SQL语句中的CREATE INDEX语句为表创建索引。

语法格式如下。

```
CREATE [ UNIQUE ]                                          /*指定索引是否唯一*/
       [ CLUSTERED | NONCLUSTERED ]                        /*索引的组织方式*/
       INDEX index_name                                    /*索引名称*/
ON {[ database_name. [ schema_name.] | schema_name. ] table_or_view_name}
     ( column [ ASC | DESC ] [ ,...n ] )                   /*索引的定义依据*/
[ INCLUDE ( column_name [ ,...n ] ) ]
[ WITH ( <relational_index_option> [ ,...n ] ) ]           /*索引选项*/
[ ON {   partition_schema_name ( column_name )             /*指定分区方案*/
       | filegroup_name                                    /*指定索引文件所在的文件组*/
       | default
     }
]
```

各参数说明如下。

- UNIQUE：指定表或视图创建唯一性索引。
- CLUSTERED | NONCLUSTERED：指定建立聚集索引还是非聚集索引，默认为非聚集索引。
- index_name：指定索引名称。
- column：指定索引列。
- ASC | DESC：指定升序还是降序，默认为升序。
- INCLUDE子句：指定要添加到非聚集索引的叶级别的非键列。
- WITH子句：指定定义的索引选项。
- ON partition_schema_name：指定分区方案。
- ON filegroup_name：为指定文件组创建指定索引。
- ON default：为默认文件组创建指定索引。

【例5.10】在教师表的tbirthday列上，创建一个非聚集索引I_tbirthday。

```
USE teachmanage
```

```
CREATE INDEX I_tbirthday ON teacher(tbirthday)
```

【例5.11】在教师表的姓名列(降序)和学院列(升序)上,创建一个组合索引I_tname_school。

```
USE teachmanage
CREATE INDEX I_tname_school ON teacher(tname DESC,school)
```

【例5.12】在讲课表的tno列和cno列上,创建唯一性聚集索引I_tno_cno。

```
USE teachmanage
CREATE UNIQUE CLUSTERED INDEX I_tno_cno ON lecture(tno, cno)
```

> **说明**
>
> 如果在创建唯一性聚集索引I_tno_cno前已创建了主键索引,则创建索引失败。因此,可以在创建新的聚集索引前删除现有的聚集索引。

5.2.3 修改和查看索引属性

下面介绍修改和查看索引属性的方法。

1. 使用T-SQL语句修改索引属性

修改索引信息可使用ALTER INDEX语句。
语法格式如下。

```
ALTER INDEX { index_name | ALL }
    ON <object>
    { REBUILD
        [ [PARTITION = ALL]
        [ WITH ( <rebuild_index_option> [ ,…n ] ) ]
    ……
    }
```

各参数说明如下。
- REBUILD:重建索引。
- rebuild_index_option:重建索引的选项。

【例5.13】将例5.10创建的索引I_tbirthday进行修改,将填充因子(FILLFACTOR)改为85。

```
USE teachmanage
ALTER INDEX I_tbirthday
  ON teacher
  REBUILD
    WITH (PAD_INDEX=ON, FILLFACTOR=85)
GO
```

该语句的执行结果是将索引I_tbirthday的填充因子修改为85,如图5.3所示。

2. 使用系统存储过程查看索引属性

使用系统存储过程sp_helpindex查看索引信息。

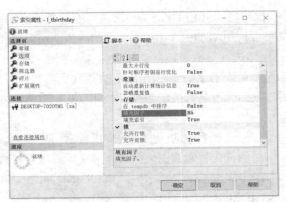

图 5.3　修改索引 I_tbirthday 的填充因子

语法格式如下。

```
sp_helpindex [ @objname = ]'name'
```

其中，'name'为需要查看其索引的表。

【例5.14】查看教师表的索引。

```
USE teachmanage
GO
EXEC sp_helpindex teacher
GO
```

5.2.4　删除索引

使用T-SQL语句中的DROP INDEX语句删除索引。
语法格式如下。

```
DROP INDEX
{ index_name ON  table_or_view_name [ ,…n ]
  | table_or_view_name.index_name [ ,…n ]
}
```

【例5.15】删除教师表上的索引I_tname_school。

```
USE teachmanage
DROP INDEX teacher.I_tname_school
```

本章小结

本章主要介绍了以下内容。

（1）视图是从一个或多个表或其他视图导出的，用来导出视图的表称为基础表，导出的视图又称为虚拟表。在数据库中，只存储视图的定义，不存储视图对应的数据，这些数据仍然存放在原来的基础表中。

（2）创建视图的T-SQL语句是CREATE VIEW语句。查询视图使用SELECT语句，使用

SELECT 语句对视图进行查询与使用 SELECT 语句对表进行查询是一样的。

（3）修改视图的定义可以使用 ALTER VIEW 语句。删除视图可以使用 DROP VIEW 语句。

（4）更新视图指通过视图进行插入、删除、修改数据。由于视图是不存储数据的虚拟表，对视图的更新最终转化为对基础表的更新。使用 INSERT 语句通过视图可以向基础表中插入数据；使用 UPDATE 语句可以通过视图修改基础表的数据；使用 DELETE 语句可以通过视图删除基础表的数据。

（5）数据库中的索引是按照数据表中的一列或多列进行索引排序的，并为其建立指向数据表记录所在位置的指针。索引访问首先搜索索引值，再通过指针直接查找数据表中对应的记录。

（6）使用 CREATE INDEX 语句创建索引。使用 ALTER INDEX 语句修改索引属性。使用系统存储过程查看索引属性。使用 DROP INDEX 语句删除索引。

习题 5

一、选择题

1. 下面几项中，关于视图的叙述正确的是（　　）。
   A. 视图既可以通过表得到，也可以通过其他视图得到
   B. 视图的建立会影响基础表
   C. 视图的删除会影响基础表
   D. 视图可以在数据库中存储数据

2. 以下关于视图的叙述错误的是（　　）。
   A. 视图可以从一个或多个其他视图中产生
   B. 视图是一种虚拟表，因此不会影响基础表的数据
   C. 视图是从一个或者多个表中使用 SELECT 语句导出的
   D. 视图是查询数据库的表中数据的一种方法

3. 在 T-SQL 中，创建一个视图的命令是（　　）。
   A. DECLARE VIEW　　　　　　　　B. ALTER VIEW
   C. SET VIEW　　　　　　　　　　D. CREATE VIEW

4. 在 T-SQL 中，删除一个视图的命令是（　　）。
   A. DELETE　　　B. CLEAR　　　C. DROP　　　D. REMOVE

5. 建立索引的作用之一是（　　）。
   A. 节省存储空间　　　　　　　　B. 便于管理
   C. 提高查询速度　　　　　　　　D. 提高查询和更新的速度

6. 在 T-SQL 中，创建一个索引的命令是（　　）。
   A. SET INDEX　　　　　　　　　B. CREATE INDEX
   C. ALTER INDEX　　　　　　　　D. DECLARE INDEX

7. 索引是对数据库表中（　　）字段的值进行排序。
   A. 一个或多个　　B. 多个　　　C. 一个　　　D. 零个

8. 在 T-SQL 中，删除一个索引的命令是（　　）。
   A. DELETE　　　B. CLEAR　　　C. DROP　　　D. REMOVE

9. 在SQL Server中，设有商品表（商品号，商品名，生产日期，单价，类别）。经常需要执行下列查询。

```
SELECT 商品号,商品名,单价
  FROM 商品表 WHERE 类别 IN ('食品','家电')
  ORDER BY 商品号
```

现需要在商品表上建立合适的索引来提高该查询的执行效率，下列建立索引的语句中最合适的是（   ）。
  A. CREATE INDEX Idx1 ON 商品表(类别)
  B. CREATE INDEX Idx1 ON 商品表(商品号,商品名,单价)
  C. CREATE INDEX Idx1 ON 商品表(类别,商品号) INCLUDE(商品名,单价)
  D. CREATE INDEX Idx1 ON 商品表(商品号) INCLUDE(商品名,单价) WHERE 类别='食品' OR 类别='家电'

二、填空题

1. 视图是从_____导出的。
2. 用来导出视图的表称为基础表，导出的视图又称为_____。
3. 在数据库中，只存储视图的_____，不存放视图对应的数据。
4. 由于视图是不存储数据的虚拟表，对视图的更新最终转化为对_____的更新。
5. 在SQL Server中，在t1表的c1列上创建一个唯一聚集索引，请补全下面的语句。
CREATE _____ INDEX ixc1 ON t1(c1);
6. 建立索引的主要作用是_____。
7. T-SQL语句中创建索引的语句是_____。

三、问答题

1. 什么是视图？使用视图有哪些优点和缺点？
2. 基础表和视图的区别与联系是什么？
3. 什么是可更新视图？可更新视图必须满足哪些条件？
4. 将创建视图的基础表从数据库中删除掉，视图会被删除吗？为什么？
5. 更改视图名称会导致哪些问题？
6. 什么是索引？
7. 建立索引有何作用？
8. 索引分为哪几种？各有什么特点？
9. 如何创建升序和降序索引？

四、应用题

1. 创建有关成绩情况的V_markSituation视图，该视图来自4个基础表：student、speciality、course、score，包含学号、姓名、专业、课程号、课程名、成绩等列，并输出该视图的所有记录。
2. 修改视图V_markSituation，限定专业为计算机科学与技术，并查询该视图。
3. 创建学生平均成绩视图V_avgGrade，包含学生的姓名、平均成绩等列，并查询该视图。
4. 在课程表的cname列建立非聚集索引I_cname，并设置填充因子为90。
5. 在课程表的cname列（降序）和credit列（升序）建立非聚集索引I_cname_credit。
6. 在成绩表的sno列和cno列建立唯一性聚集索引I_sno_cno。

实验5　视图和索引

实验5.1　视图

1. 实验目的及要求

（1）理解视图的概念。
（2）掌握创建、修改、删除视图的方法，掌握通过视图进行插入、删除、修改数据的方法。
（3）具备编写和调试创建、修改、删除视图语句和更新视图语句的能力。

2. 验证性实验

对数据库shopexpm的GoodsInfo表和DetailInfo表，验证和调试创建、修改、删除视图的语句的代码。

（1）创建视图V_goodsCondition，包括商品号、商品名称、商品类型、库存量、订单号、销售单价、数量、总价、折扣率、折扣总价。

```
USE shopexpm
GO
CREATE VIEW V_goodsCondition
AS
SELECT a.GoodsID, GoodsName, Classification, Stockqty, OrderID, Sunitprice,
Quantity, Total, Discount, Disctotal
    FROM GoodsInfo a, DetailInfo b
    WHERE a.GoodsID=b.GoodsID
    WITH CHECK OPTION
GO
```

（2）查看视图V_goodsCondition的所有记录。

```
USE shopexpm
SELECT *
FROM V_goodsCondition
```

（3）查看笔记本电脑的订单号、商品名称、库存量、数量、折扣率、折扣总价。

```
USE shopexpm
SELECT OrderID, GoodsName, Stockqty, Quantity, Discount, Disctotal
FROM V_goodsCondition
WHERE Classification='笔记本电脑'
```

（4）更新视图，将2001商品的库存量修改为3。

```
USE shopexpm
UPDATE V_goodsCondition SET Stockqty=3
WHERE GoodsID='2001'
```

（5）对视图V_goodsCondition进行修改，指定商品类型为笔记本电脑。

```
USE shopexpm
GO
ALTER VIEW V_goodsCondition
AS
SELECT a.GoodsID, GoodsName, Classification, Stockqty, OrderID, Sunitprice,
Quantity, Total, Discount, Disctotal
    FROM GoodsInfo a, DetailInfo b
    WHERE a.GoodsID=b.GoodsID AND Classification='笔记本电脑'
    WITH CHECK OPTION
GO
```

（6）删除V_goodsCondition视图。

```
USE shopexpm
DROP VIEW V_goodsCondition
```

3．设计性实验

对数据库shopexpm的OrderInfo表和DetailInfo表，设计、编写和调试创建、修改、删除视图语句的代码。

（1）创建视图V_orderCondition，包括订单号、员工号、客户号、销售日期、总金额、商品号、销售单价、数量、总价、折扣率、折扣总价。

（2）查看视图V_orderCondition的所有记录。

（3）查看订单号为S00001的员工号、销售日期、总金额、商品号、销售单价、数量、总价、折扣总价。

（4）更新视图，将订单号为S00001的客户号修改为C012。

（5）对视图V_orderCondition进行修改，指定商品号为1002。

（6）删除V_orderCondition视图。

4．观察与思考

（1）在视图中插入的数据能进入基础表吗？

（2）修改基础表的数据会自动映射到相应的视图中吗？

（3）哪些视图中的数据不可以进行插入、修改、删除操作？

实验5.2　索引

1．实验目的及要求

（1）理解索引的概念。

（2）掌握创建索引、查看表上建立的索引、删除索引的方法。

（3）具备编写和调试创建索引语句、查看表上建立的索引语句、删除索引语句的能力。

2. 验证性实验

对数据库shopexpm的GoodsInfo表，验证和调试创建、查看和删除索引语句的代码。

（1）在GoodsInfo表的GoodsName列上，创建一个非聚集索引I_GoodsName。

```
USE shopexpm
CREATE INDEX I_GoodsName ON GoodsInfo(GoodsName)
```

（2）在GoodsInfo表的GoodsID列上，创建一个唯一性聚集索引I_GoodsID（创建前先删除现有的聚集索引）。

```
USE shopexpm
CREATE UNIQUE CLUSTERED INDEX I_GoodsID ON GoodsInfo(GoodsID)
```

（3）在GoodsInfo表的UnitPrice列（降序）和GoodsName列（升序），创建一个组合索引I_UnitPrice_GoodsName。

```
USE shopexpm
CREATE INDEX I_UnitPrice_GoodsName ON GoodsInfo(UnitPrice DESC, GoodsName)
```

（4）查看GoodsInfo表创建的索引。

```
USE shopexpm
GO
EXEC sp_helpindex GoodsInfo
GO
```

（5）删除已创建的索引I_UnitPrice_GoodsName。

```
USE shopexpm
DROP INDEX GoodsInfo.I_UnitPrice_GoodsName
```

3. 设计性实验

对数据库shopexpm的OrderInfo表，设计、编写和调试创建、查看和删除索引语句的代码。

（1）在OrderInfo表的EmplID列上，创建一个非聚集索引I_EmplID。
（2）在OrderInfo表的OrderID列上，创建一个唯一性聚集索引I_OrderID（创建前先删除现有的聚集索引）。
（3）在OrderInfo表的Cost列（降序）和CustID列（升序），创建一个组合索引I_Cost_CustID。
（4）查看OrderInfo表创建的索引。
（5）删除已创建的索引I_Cost_CustID。

4. 观察与思考

（1）索引有何作用？
（2）使用索引有何代价？
（3）数据库中的索引被破坏后会产生什么结果？

第 6 章 数据库程序设计

Transact-SQL（T-SQL）是标准SQL的实现和扩展，既具有SQL的主要特点，又扩展了SQL的功能，增加了变量、数据类型、运算符和表达式、流程控制等语言元素，成为可应用于SQL Server的功能强大的编程语言。本章介绍T-SQL在数据库程序设计方面的内容，包括T-SQL基础，标识符、常量、变量，运算符与表达式，流程控制语句，系统内置函数、用户定义函数等内容。

6.1 T-SQL基础

本节介绍T-SQL分类、批处理、脚本和注释等内容。

6.1.1 T-SQL的分类

T-SQL可分为以下5类。

1. 数据定义语言

数据定义语言（data definition language，DDL）用于创建、修改和删除表、视图、索引、存储过程、触发器等数据库对象，主要语句有 CREATE、ALTER、DROP等。

2. 数据操纵语言

数据操纵语言（data manipulation language，DML）用于对数据库中的数据进行插入、修改、删除等操作，主要语句有 INSERT、UPDATE、DELETE等。

3. 数据查询语言

数据查询语言（data query language，DQL）用于对数据库中的数据进行查询操作，主要语句有SELECT。

4．数据控制语言

数据控制语言（data control language，DCL）用于控制用户对数据库的操作权限，主要语句有GRANT、REVOKE等。

5．T-SQL对SQL的扩展

这部分是SQL不包含的内容，而是T-SQL为方便用户编程增加的语言要素，包括变量、数据类型、运算符和表达式、流程控制、函数等。

6.1.2 批处理

一个批处理是一条或多条T-SQL语句的集合。当一个批处理被提交给SQL Server服务器后，SQL Server将其作为一个单元进行分析、优化、编译、执行。批处理的主要特征是它可作为一个不可分的实体在服务器上解释和执行。

SQL Server服务器对批处理的处理分为4个阶段。

（1）分析阶段：服务器检查命令的语法，验证表和列的名称的合法性。

（2）优化阶段：服务器确定完成一个查询的最有效的方法。

（3）编译阶段：生成该批处理的执行计划。

（4）运行阶段：逐条执行该批处理中的语句。

1．批处理的指定方法

批处理的指定方法有以下几种。

（1）应用程序作为一个执行单元发出的所有SQL语句构成一个批处理，并生成单个执行计划。

（2）存储过程或触发器内的所有语句构成一个批处理。每个存储过程或触发器都编译为一个执行计划。

（3）由EXECUTE语句执行的字符串是一个批处理，并编译为一个执行计划。

（4）由sp_executesql系统存储过程执行的字符串是一个批处理，并编译为一个执行计划。

2．批处理的使用规则

批处理的使用规则如下。

（1）CREATE VIEW、CREATE PROCEDURE、CREATE TRIGGER、CREATE RULE、CREATE DEFAULT等语句在同一个批处理中只能提交一个，不能在批处理中与其他语句组合使用。当批处理中含有这些语句时，其必须是批处理中仅有的语句。

（2）不能在定义一个CHECK约束之后，立即在同一个批处理中使用。

（3）不能在修改表的一个字段之后，立即在同一个批处理中引用这个字段。

（4）不能在同一个批处理中更改表结构之后，立即引用新添加的列。

（5）如果EXECUTE语句是批处理中的第一句，则不需要EXECUTE关键字。如果EXECUTE语句不是批处理中的第一条语句，则需要EXECUTE关键字。

3．GO命令

GO命令是批处理的结束标志。当编译器执行到GO命令时，会把GO命令前面的所有语句当成一个批处理来执行。由于一个批处理会被编译到一个执行计划中，因此批处理在逻辑上必须完整。

GO命令不是T-SQL语句，而是可被SQL Server查询编辑器识别的命令。GO命令和T-SQL语句不可处在同一行上。

局部变量的作用域限制在一个批处理中，不可在GO命令后引用。一个批处理创建的执行计划不能引用另一个批处理中声明的任何变量。

使用RETURN语句可在任何时候从批处理中退出，且不执行位于RETURN语句之后的语句。

【例6.1】使用GO命令将USE语句、CREATE VIEW语句、SELECT语句隔离。

```
USE teachmanage
GO
    /* 批处理结束标志 */
CREATE VIEW V_teachSituation
AS
SELECT a.tno, tname, title, school, b.cno, cname, location
FROM teacher a INNER JOIN lecture b ON a.tno=b.tno
    INNER JOIN course c ON b.cno=c.cno
GO
    /* CREATE VIEW 必须是批处理中仅有的语句 */
SELECT * FROM V_teachSituation
GO
```

执行结果如下。

```
tno      tname    title    school        cno      cname       location
-------  -------  -------  ------------  -------  ----------  --------
100003   杜明杰   教授     计算机学院    1004     数据库系统  2-106
120032   袁书雅   副教授   外国语学院    1201     英语        4-204
400006   范慧英   教授     通信学院      4008     通信原理    6-114
800014   简毅     副教授   数学学院      8001     高等数学    3-219
```

【例6.2】批处理出错及其改正方法。

（1）批处理出错的程序

```
USE teachmanage
GO
    /* 第1个批处理结束 */
DECLARE @Name char(8)
SELECT @Name= tname FROM teacher
WHERE tno ='120032'
GO
    /* 第2个批处理结束 */
PRINT @Name
GO
    /* 第3个批处理结束 */
```

执行结果如下。

```
消息 137，级别 15，状态 2，第 9 行
必须声明标量变量 "@Name"。
```

该程序的局部变量@Name是在第2个批处理中声明并赋值的，所以在第3个批处理中无效，

因而出错。

(2) 改正方法

改正方法为将第2个批处理和第3个批处理合并, 语句如下。

```
USE teachmanage
GO
    /* 第1个批处理结束 */
DECLARE @Name char(8)
SELECT @Name= tname FROM teacher
WHERE tno ='120032'
PRINT @Name
GO
    /* 第2个批处理结束 */
```

执行结果如下。

袁书雅

> 说明
>
> PRINT语句是屏幕输出语句, 该语句用于向屏幕输出信息, 可输出局部变量、全局变量、表达式的值。

6.1.3 脚本和注释

1. 脚本

脚本是存储在文件中的一条或多条T-SQL语句, 通常以.sql为扩展名存储, 称为sql脚本。双击SQL脚本文件, 其T-SQL语句即出现在查询编辑器的编辑窗口内。查询编辑器的编辑窗口内的T-SQL语句, 可用"文件"菜单中的"另存为"命令命名并存入指定目录。

2. 注释

注释是程序代码中不执行的文本字符串, 也称为注解。使用注释对代码进行说明, 可使程序代码更易于理解和维护。SQL Server支持两种类型的注释字符。

(1) --(双连字符)

这些注释字符可与要执行的代码处在同一行, 也可另起一行。从双连字符开始到行尾均为注释。对于多行注释, 必须在每个注释行的开始使用双连字符。

(2) /*…*/(正斜杠-星号对)

这些注释字符可与要执行的代码处在同一行, 也可另起一行。从开始注释字符对(/*)到结束注释字符对(*/)之间的全部内容均为注释部分。对于多行注释, 必须使用开始注释字符对(/*)开始注释, 使用结束注释字符对(*/)结束注释。注释行上不应出现其他注释字符。

【例6.3】注释举例。

```
    /* 注释举例 */
USE teachmanage                          /* 打开teachmanage数据库 */
    -- 查询教师表所有列的数据
SELECT *
```

```
FROM teacher                              -- 指定查询的表为教师表
    /* 在SELECT子句指定列的位置上使用*号时，
查询表中的所有列 */
```

6.2 标识符、常量和变量

6.2.1 标识符

标识符、常量和变量

标识符用于定义服务器、数据库、数据库对象、变量等的名称，包括常规标识符和分隔标识符两类。

1. 常规标识符

常规标识符就是不需要使用分隔标识符进行分隔的标识符，它以字母、下画线（_）、@或#开头，可后续连接一个或若干个ASCII字符、Unicode字符、下画线（_）、美元符号（$）、@或#，但不能全为下画线（_）、@或#。

2. 分隔标识符

包含在双引号（""）或者方括号（[ ]）内的常规标识符或不符合常规标识符规则的标识符。

标识符允许的最大长度为128个字符，符合常规标识符的格式规则的标识符可以分隔，也可以不分隔；不符合标识符规则的标识符必须进行分隔。

6.2.2 常量

常量是在程序运行中其值不能改变的量，又称为标量值。常量的使用格式取决于值的数据类型，可分为整型常量、实型常量、字符串常量、日期时间常量、货币常量等。

1. 整型常量

整型常量分为十进制整型常量、二进制整型常量和十六进制整型常量。

（1）十进制整型常量

指不带小数点的十进制数，例如，58、2491、+138 649 427、-3 694 269 714。

（2）二进制整型常量

指二进制数字串，由数字0或1组成，例如101011110、10110111。

（3）十六进制整型常量

指前缀0x后跟十六进制数字串表示，例如，0x1DA、0xA2F8、0x37DAF93EFA、0x（0x为空的十六进制常量）。

2. 实型常量

实型常量有定点表示和浮点表示两种方式。

定点表示举例如下。
24.7
3795.408
+274958149.4876
-5904271059.83
浮点表示举例如下。
0.7E-3
285.7E5
+483E-2
-18E4

3．字符串常量

字符串常量有ASCII字符串常量和Unicode字符串常量。

（1）ASCII字符串常量

ASCII字符串常量是用单引号括起来，由ASCII字符构成的符号串，举例如下。

```
'World'
'How are you!'
```

（2）Unicode字符串常量

Unicode字符串常量与ASCII字符串常量相似，不同的是它前面有一个N标识符，且前缀N必须大写，举例如下。

```
N'World'
N'How are you!'
```

4．日期时间常量

日期时间常量是用单引号将表示日期时间的字符串括起来，有以下格式的日期和时间。

字母日期格式，例如：'June 25, 2011'。
数字日期格式，例如：'9/25/2012'、'2013-03-11'。
未分隔的字符串格式，例如：'20101026'。
时间常量，例如：'15:42:47'、'09:38:AM'。
日期时间常量，例如：'July 18, 2010 16:27:08'。

5．货币常量

货币常量是以"$"作为前缀的一个整型或实型常量数据，例如：$38、$1842906、-$26.41、+$27485.13。

6.2.3 变量

变量是在程序运行中其值可以改变的量。一个变量应有一个变量名，变量名必须是一个合法的标识符。

变量分为局部变量和全局变量两类。

1．局部变量

局部变量由用户定义和使用，其名称前有"@"符号。局部变量仅在声明它的批处理或过程中有效，当批处理或过程执行结束后，局部变量即无效。

（1）局部变量的定义

使用 DECLARE 语句声明局部变量，所有局部变量在声明后均初始化为NULL。
语法格式如下。

```
DECLARE{ @local_variable  data_type [= value]}[ ,…n]
```

各参数说明如下。
- local_variable：局部变量名，前面的@表示是局部变量。
- data_type：用于定义局部变量的类型。
- ＝value：为变量赋值。
- n：表示可定义多个变量，各变量之间用逗号隔开。

（2）局部变量的赋值

在定义局部变量后，可使用SET语句或SELECT语句赋值。

① 使用SET语句赋值

使用SET语句赋值的语法格式如下。

```
SET  @local_variable=expression
```

其中，@local_variable是除cursor、text、ntext、image、table外的任何类型的变量名，变量名必须以"@"符号开头；expression是任何有效的SQL Server表达式。

> **注意**
> 为局部变量赋值，该局部变量必须首先使用DECLARE语句定义。

【例6.4】 定义局部变量并赋值，然后输出变量值。

```
DECLARE @var1 char(10),@var2 char(20)
SET  @var1='范慧英'
SET  @var2='是通信学院的教师'
SELECT @var1+@var2
```

该语句定义两个局部变量后采用SET语句赋值，将两个变量的字符值连接后输出。
执行结果如下。

```
------------------------------
范慧英     是通信学院的教师
```

【例6.5】 使用SELECT语句查找计算机学院教师的教师编号、姓名、性别。

```
USE teachmanage
```

```
DECLARE @school char(12)
SET @school ='计算机学院'
SELECT tno, tname, tsex FROM teacher WHERE school=@school
```

该语句采用SET语句给局部变量赋值,再将变量值赋值给school列进行查询输出。
执行结果如下。

```
tno          tname         tsex
-----------  ------------  --------
100003       杜明杰        男
100018       严芳          女
```

【例6.6】将查询结果赋值给局部变量。

```
USE teachmanage
DECLARE @tname char(8)
SET @tname=(SELECT tname FROM teacher WHERE tno='800014')
SELECT @tname
```

该语句定义局部变量后,将查询结果赋值给局部变量。
执行结果如下。

```
--------
简毅
```

② 使用SELECT语句赋值
使用SELECT语句赋值的语法格式如下。

```
SELECT {@local_variable=expression} [,…n]
```

其中,@local_variable是除cursor、text、ntext、image外的任何类型的变量名,变量名必须以@开头;expression是任何有效的SQL Server表达式,包括标量子查询;n表示可给多个变量赋值。

【例6.7】使用SELECT语句给变量赋值。

```
USE teachmanage
DECLARE @tno char(6), @tname char(8)
SELECT @tno=tno, @tname=tname FROM teacher WHERE title='副教授'
PRINT @tno +'  '+@tname
```

该语句定义局部变量后,使用SELECT语句给变量赋值,采用屏幕输出语句输出。
执行结果如下。

```
800014    简毅
```

2. 全局变量

全局变量由系统定义,在名称前加"@@"符号,用于提供当前的系统信息。
T-SQL全局变量可作为函数引用,例如,@@ERROR返回上次执行的T-SQL语句的错误编号；@@CONNECTIONS返回自上次启动SQL Server以来连接或试图连接的次数。

6.3 运算符与表达式

运算符是一种符号，用来指定在一个或多个表达式中执行的操作。SQL Server的运算符有：算术运算符、位运算符、比较运算符、逻辑运算符、字符串连接运算符、赋值运算符、一元运算符等。表达式是由数字、常量、变量和运算符组成的式子，表达式的结果是一个值。

1．算术运算符

算术运算符在两个表达式之间执行数学运算，这两个表达式可以是任何数字数据类型。

算术运算符有：+（加）、-（减）、*（乘）、/（除）和%（求模）5种运算。+（加）和-（减）运算符也可用于对datetime及smalldatetime值进行算术运算。

2．位运算符

位运算符用于对两个表达式进行位操作，这两个表达式可为整型或与整型兼容的数据类型。位运算符如表6.1所示。

表6.1 位运算符

运算符	运算名称	运算规则
&	按位与	两个位均为1时，结果为1，否则为0
|	按位或	只要一个位为1，结果为1，否则为0
^	按位异或	两个位值不同时，结果为1，否则为0

3．比较运算符

比较运算符用于测试两个表达式的值是否相同，运算结果返回TRUE、FALSE或UNKNOWN。SQL Server的比较运算符如表6.2所示。

表6.2 比较运算符

运算符	运算名称	运算符	运算名称
=	相等	<=	小于或等于
>	大于	<>、!=	不等于
<	小于	!<	不小于
>=	大于或等于	!>	不大于

4．逻辑运算符

逻辑运算符用于对某个条件进行测试，运算结果为TRUE或FALSE。逻辑运算符如表6.3所示。

表6.3 逻辑运算符

运算符	运算规则
AND	如果两个操作数的值都为TRUE，运算结果为TRUE
OR	如果两个操作数中有一个为TRUE，运算结果为TRUE
NOT	若一个操作数的值为TRUE，运算结果为FALSE，否则为TRUE
ALL	如果每个操作数的值都为TRUE，运算结果为TRUE
ANY	在一系列操作数中只要有一个为TRUE，运算结果为TRUE
BETWEEN	如果操作数在指定的范围内，运算结果为TRUE
EXISTS	如果子查询包含一些行，运算结果为TRUE
IN	如果操作数的值等于表达式列表中的一个值，运算结果为TRUE
LIKE	如果操作数与一种模式相匹配，运算结果为TRUE
SOME	如果在一系列操作数中有些值为TRUE，运算结果为TRUE

使用LIKE运算符进行模式匹配时，用到的通配符如表6.4所示。

表6.4 通配符

通配符	说明
%	代表0个或多个字符
_（下画线）	代表单个字符
[ ]	指定范围（如[a-f]、[0-9]）或集合（如[abcdef]）中的任意单个字符
[^]	指定不属于范围（如[^a-f]、[^0-9]）或集合（如[^abcdef]）的任意单个字符

5．字符串连接运算符

字符串连接运算符"+"实现两个或多个字符串的连接运算。

6．赋值运算符

在给局部变量赋值的SET和SELECT语句中使用的"="运算符，称为赋值运算符。

赋值运算符用于将表达式的值赋予另外一个变量，也可以使用赋值运算符在列标题和为列定义值的表达式之间建立关系，参见6.2.3小节中局部变量赋值部分。

7．一元运算符

一元运算符指只有一个操作数的运算符，包含+（正）、-（负）和~（按位取反）。

8．运算符的优先级

当一个复杂的表达式中有多个运算符时，运算符的优先级可以决定执行运算的先后次序，执行的顺序会影响所得到的运算结果。

运算符的优先级如表6.5所示，在一个表达式中按先高（优先级数字小）后低（优先级数字大）的顺序进行运算。

表6.5 运算符的优先级列表

运算符	优先级
+（正）、-（负）、~（按位取反）	1
*（乘）、/（除）、%（求模）	2
+（加）、+（串联）、-（减）	3
=、>、<、>=、<=、<>、!=、!>、!<（比较运算符）	4
^（位异或）、&（位与）、|（位或）	5
NOT	6
AND	7
ALL、ANY、BETWEEN、IN、LIKE、OR、SOME	8
=（赋值）	9

9．表达式

表达式是常量、变量、列名、函数和运算符的组合，表达式的运算结果通常是可以得到一个值。表达式的分类如下。

（1）按连接表达式的运算符分类

表达式可分为算术表达式、比较表达式、逻辑表达式等。

（2）按表达式的值分类

表达式可分为字符型表达式、数值型表达式、日期时间型表达式等。

（3）按表达式值的复杂性分类

如果运算结果只是一个值，该表达式称为标量表达式，例如，3+5。

如果运算结果是由不同类型的数据组成的一行值，该表达式称为行表达式，例如，('E005','姚丽霞','女','1984-08-14','北京',3900.00,'D002')。

如果运算结果为0个、1个或多个行表达式的集合，该表达式称为表表达式。

6.4 流程控制语句

流程控制语句是用来控制程序执行流程的语句，通过对程序流程的组织和控制，提高编程语言的处理能力，满足程序设计的需要。SQL Server的流程控制语句如表6.6所示。

流程控制语句

表6.6 SQL Server的流程控制语句

流程控制语句	说明
BEGIN…END	语句块
IF…ELSE	条件语句
CASE	多分支语句
WHILE	循环语句
BREAK	用于退出最内层的循环
CONTINUE	用于重新开始下一次循环
GOTO	无条件转移语句
RETURN	返回语句
WAITFOR	等待语句
TRY…CATCH	异常处理语句

6.4.1 语句块

BEGIN…END语句将多条T-SQL语句定义为一个语句块，在执行时，该语句块可作为一个整体执行。

语法格式如下。

```
BEGIN
    { sql_statement | statement_block }
END
```

其中，关键字BEGIN指示T-SQL语句块的开始，END指示语句块的结束。sql_statement是语句块中的T-SQL语句，BEGIN…END语句可以嵌套使用，statement_block表示使用BEGIN…END语句定义的另一个语句块。

> **说明**
>
> 经常用到BEGIN…END语句的语句块和函数有：WHILE循环语句、IF…ELSE语句、CASE函数。

【例6.8】BEGIN…END语句举例。

```
BEGIN
    DECLARE @wlan char(10)
    SET @wlan= '无线局域网'
    BEGIN
        PRINT '变量@wlan的值为:'
        PRINT @wlan
    END
END
```

该语句实现了BEGIN…END语句的嵌套，外层BEGIN…END语句用于局部变量的定义和赋值，内层BEGIN…END语句用于屏幕输出。

执行结果如下。

```
变量@wlan的值为:
无线局域网
```

6.4.2 条件语句

使用IF…ELSE语句时，需要对给定条件进行判定，当条件为真或假时分别执行不同的T-SQL语句或语句序列。

语法格式如下。

```
IF Boolean_expression                              /*条件表达式*/
{ sql_statement | statement_block }                /*条件表达式为真时执行*/
[ ELSE
{ sql_statement | statement_block } ]              /*条件表达式为假时执行*/
```

IF…ELSE语句分为包括ELSE部分和不包括ELSE部分两种形式。

- 包括ELSE部分。

```
IF  条件表达式
    A                           /* T-SQL语句或语句块*/
ELSE
    B                           /* T-SQL语句或语句块*/
```

当条件表达式的值为真时执行A，然后执行IF语句的下一条语句；当条件表达式的值为假时执行B，然后执行IF语句的下一条语句。

- 不包括ELSE部分。

```
IF  条件表达式
    A                           /*T-SQL语句或语句块*/
```

当条件表达式的值为真时执行A，然后执行IF语句的下一条语句；当条件表达式的值为假时，直接执行IF语句的下一条语句。

在IF和ELSE后面的子句都允许嵌套，嵌套层数没有限制。

IF…ELSE语句的执行流程如图6.1所示。

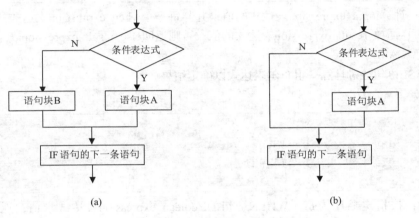

图 6.1　IF…ELSE 语句的执行流程

【例6.9】IF…ELSE语句举例。

```
USE teachmanage
GO
IF (SELECT AVG(grade) FROM score WHERE cno='8001')>=80
    BEGIN
        PRINT '课程：8001'
        PRINT '平均成绩良好'
    END
ELSE
    BEGIN
        PRINT '课程：8001'
        PRINT '平均成绩中等或差等'
    END
```

该语句采用了IF…ELSE语句，在IF和ELSE后面分别使用了BEGIN…END语句块。

执行结果如下。

```
课程：8001
平均成绩良好
```

6.4.3 多分支语句

CASE语句用于计算条件列表并返回多个可能的结果表达式之一。CASE语句有两种使用形式：一种是简单CASE语句，另一种是搜索型CASE语句。

（1）简单CASE语句

简单CASE语句将某个表达式与一组简单表达式进行比较以确定结果。

语法格式如下。

```
CASE input_expression
  WHEN when_expression THEN result_expression [⋯n ]
  [ ELSE else_result_expression]
END
```

其功能为：计算input_expression表达式的值，并与每一个when_expression表达式的值比较，若相等，则返回对应的result_expression表达式的值；否则返回else_result_expression表达式的值。

（2）搜索型CASE语句

搜索型CASE语句通过计算一组布尔表达式以确定结果。

语法格式如下。

```
CASE
  WHEN Boolean_expression THEN result_expression [⋯n ]
  [ ELSE else_result_expression]
END
```

其功能为：按指定顺序为每个WHEN子句的Boolean_expression表达式求值，返回第一个取值为TRUE的Boolean_expression表达式对应的result_expression表达式的值；如果没有取值为TRUE的Boolean_expression表达式，则当指定ELSE子句时，返回else_result_expression表达式的值，若没有指定ELSE子句，则返回NULL。

【例6.10】使用CASE语句，将教师职称转换为职称类型。

```
USE teachmanage
SELECT tname AS '姓名', tsex AS '性别',
    CASE title
        WHEN '教授' THEN '高级职称'
        WHEN '副教授' THEN '高级职称'
        WHEN '讲师' THEN '中级职称'
        WHEN '助教' THEN '初级职称'
    END AS '职称类型'
FROM teacher
```

该语句通过简单CASE语句将教师职称转换为职称类型。

执行结果如下。

```
姓名              性别       职称类型
---------------  --------  ------------
杜明杰            男         高级职称
严芳              女         中级职称
袁书雅            女         高级职称
范慧英            女         高级职称
简毅              男         高级职称
```

【例6.11】 使用CASE语句，将学生成绩转换为成绩等级。

```
USE teachmanage
SELECT sno AS '学号', cno AS '课程号', level=
    CASE
        WHEN grade>=90 THEN 'A'
        WHEN grade>=80 THEN 'B'
        WHEN grade>=70 THEN 'C'
        WHEN grade>=60 THEN 'D'
        WHEN grade<60 THEN 'E'
    END
FROM score
WHERE cno='8001' AND grade IS NOT NULL
ORDER BY sno
```

该语句通过搜索型CASE语句将学生成绩转换为成绩等级。

执行结果如下。

```
学号             课程号        level
-------------  -----------  -----------
221001         8001         A
221002         8001         B
221003         8001         B
226001         8001         A
226002         8001         C
226004         8001         A
```

6.4.4 循环语句

1．WHILE循环语句

程序中的一部分语句需要重复执行时，可以使用WHILE循环语句实现。

语法格式如下。

```
WHILE Boolean_expression                        /*条件表达式*/
{ sql_statement | statement_block }             /*T-SQL语句序列构成的循环体*/
```

WHILE循环语句的执行流程如图6.2所示。

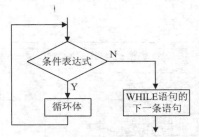

图 6.2　WHILE 语句的执行流程

从WHILE语句的执行流程可看出其使用形式如下。

```
WHILE条件表达式
    循环体         /*T-SQL语句或语句块*/
```

首先进行条件判断,当条件表达式的值为真时,执行循环体中的T-SQL语句或语句块;然后进行条件判断,当条件表达式的值为真时,重复执行上述操作;直至条件表达式的值为假,退出循环体,执行WHILE语句的下一条语句。

在循环体中,可进行WHILE语句的嵌套。

【例6.12】显示字符串"Email"中每个字符的ASCII值和字符。

```
DECLARE @pn int, @sg char(8)
SET @pn=1
SET @sg='Email'
WHILE @pn<=LEN(@sg)
    BEGIN
        SELECT ASCII(SUBSTRING(@sg, @pn, 1)), CHAR(ASCII(SUBSTRING(@sg,
@pn, 1)))
        SET @pn=@pn + 1
    END
```

该语句采用了WHILE循环语句,循环条件为小于或等于字符串"Email"的长度值,在循环体中使用了BEGIN…END语句块。

执行结果如下。

```
---------------- ----
69               E

---------------- ----
109              m

---------------- ----
97               a

---------------- ----
105              i

---------------- ----
108              l
```

2. BREAK语句

BREAK语句的语法格式如下。

```
BREAK
```

BREAK语句在循环语句中用于退出本层循环。当循环体中有多层循环嵌套时，使用BREAK语句只能退出其所在的本层循环。

3. CONTINUE语句

CONTINUE语句的语法格式如下。

```
CONTINUE
```

CONTINUE语句在循环语句中用于结束本次循环，并且重新跳转至循环开始条件的判断。

6.4.5 无条件转移语句

GOTO语句用于实现无条件的跳转，将执行流程转移到标号指定的位置。
语法格式如下。

```
GOTO label
```

其中，label是要跳转的语句标号，标号必须符合标识符规则。
标号的定义形式如下。

```
label : 语句
```

【例6.13】计算从1加到100的和。

```
DECLARE @nm int, @i int
SET @i=0
SET @nm=0
lp:
    SET @nm=@nm+@i
    SET @i=@i+1
    IF @i<=100
        GOTO lp
PRINT '1+2+...+100='+CAST(@nm AS char(10))
```

该语句采用了GOTO语句。
执行结果如下。

```
1+2+...+100=5050
```

6.4.6 返回语句

RETURN语句用于从查询语句块、存储过程或者批处理中无条件退出，位于RETURN语句之后的语句将不被执行。

语法格式如下。

```
RETURN [ integer_expression ]
```

其中，integer_expression为整型表达式。

6.4.7 等待语句

WAITFOR语句用于指定语句块、存储过程或事务执行的时刻及需要等待的时间间隔。
语法格式如下。

```
WAITFOR { DELAY 'time' | TIME 'time' }
```

其中，DELAY 'time'用于指定SQL Server必须等待的时间；TIME 'time'用于指定SQL Server等待到某一时刻。

6.4.8 异常处理语句

TRY…CATCH语句用于对T-SQL中的错误进行处理。
语法格式如下。

```
BEGIN TRY
     { sql_statement | statement_block }
END TRY
BEGIN CATCH
     [ { sql_statement | statement_block } ]
END CATCH
[ ; ]
```

6.5 系统内置函数

6.5.1 系统内置函数概述

系统内置函数

T-SQL提供3种系统内置函数：标量函数、聚合函数、行集函数。所有系统内置函数都是确定性或非确定性的。例如，DATEADD内置函数是确定性函数，因为对于任何给定参数其总是返回相同的结果；GETDATE 是非确定性函数，因为每次执行后，其返回结果都不同。

标量函数的输入参数和返回值的类型均为基本类型，SQL Server包含的标量函数如下：数学函数、字符串函数、日期和时间函数、系统函数、配置函数、系统统计函数、游标函数、文本和图像函数、元数据函数、安全函数。本书仅介绍常用的标量函数。

6.5.2 数学函数

数学函数用于对数值表达式进行数学运算并返回运算结果，常用的数学函数如表6.7所示。

表6.7 常用的数学函数

函数	描述
ABS	返回数值表达式的绝对值
EXP	返回指定表达式以e为底的指数
CEILING	返回大于或等于数值表达式的最小整数
FLOOR	返回小于或等于数值表达式的最大整数
LN	返回数值表达式的自然对数
LOG	返回数值表达式以10为底的对数
POWER	返回对数值表达式进行幂运算的结果
RAND	返回0~1的一个随机值
ROUND	返回舍入到指定长度或精度的数值表达式
SIGN	返回数值表达式的正号（+）、负号（-）或零（0）
SQUARE	返回数值表达式的平方
SQRT	返回数值表达式的平方根

下面举例说明部分数学函数的使用方法。

1．ABS函数

ABS函数用于返回数值表达式的绝对值。
语法格式如下。

```
ABS ( numeric_expression )
```

其中，参数numeric_expression为数字型表达式，返回值的类型与numeric_expression相同。

【例6.14】ABS函数对不同数字的处理结果。

```
SELECT ABS(+8.7), ABS(0.0), ABS(-2.4)
```

该语句采用了ABS函数分别求正数、零和负数的绝对值。
执行结果如下。

```
----------------------    ----------------------    ----------------------
8.7                       0.0                       2.4
```

2．RAND函数

RAND函数用于返回0~1的一个随机值。
语法格式如下。

```
RAND ([ seed ] )
```

其中，参数seed是指定种子值的整型表达式，返回值的类型为float。如果未指定种子值，则随机分配种子值；当指定种子值时，返回的结果相同。

【例6.15】通过 RAND 函数产生随机数。

```
DECLARE @count int
SET @count=5
SELECT RAND(@count) AS Random_Number
```

该语句采用了RAND函数求随机数。

执行结果如下。

```
Random_Number
---------------------------------
0.713666525097956
```

6.5.3 字符串函数

字符串函数用于对字符串、二进制数据和表达式进行处理，常用的字符串函数如表6.8所示。

表6.8 常用的字符串函数

函数	描述
ASCII	ASCII函数，返回字符表达式中最左侧字符的ASCII代码值
CHAR	ASCII代码转换函数，返回指定ASCII代码的字符
CHARINDEX	返回指定模式的起始位置
LEFT	左子串函数，返回字符串中从左边开始指定个数的字符
LEN	字符串长度函数，返回指定字符串表达式的字符（而不是字节）数，其中不包含尾部空格
LOWER	小写字母函数，将大写字符数据转换为小写字符数据后返回字符表达式
LTRIM	删除前导空格字符串，返回删除了前导空格之后的字符表达式
REPLACE	替换函数，用第三个字符串表达式替换第一个字符串表达式中出现的所有第二个指定字符串表达式的匹配项
REPLICATE	复制函数，以指定的次数重复字符表达式
RIGHT	右子串函数，返回字符串中从右边开始指定个数的字符
RTRIM	删除尾部空格函数，删除所有尾部空格后返回一个字符串
SPACE	空格函数，返回由重复的空格组成的字符串
STR	数字向字符转换函数，返回由数字数据转换来的字符数据
SUBSTRING	子串函数，返回字符表达式、二进制表达式、文本表达式或图像表达式的一部分
UPPER	大写函数，返回小写字符数据转换为大写的字符表达式

下面举例说明部分字符串函数的使用方法。

1. REPLACE函数

REPLACE函数用第三个字符串表达式替换第一个字符串表达式中包含的第二个字符串表达式，并返回替换后的表达式。

语法格式如下。

```
REPLACE (string_expression1,string_expression2,string_expression3)
```

其中，参数string_expression1、string_expression2和string_expression3均为字符串表达式。返回值为字符型。

【例6.16】用REPLACE函数实现字符串的替换。

```
DECLARE @str1 char(16),@str2 char(4),@str3 char(16)
SET @str1='计算机网络技术'
SET @str2='技术'
SET @str3='原理'
SET @str3=REPLACE (@str1, @str2, @str3)
SELECT @str3
```

该语句采用了REPLACE函数实现字符串的替换。

执行结果如下。

```
------------------------
计算机网络原理
```

2．SUBSTRING函数

SUBSTRING函数用于返回表达式中指定的部分数据。

语法格式如下。

```
SUBSTRING ( expression , start , length )
```

其中，参数expression可以是字符串、二进制串、文本、图像字段或表达式；start、length均为整型，start指定子串的开始位置，length指定子串的长度（要返回的字节数）。

【例6.17】在一列中返回教师表中教师的姓，在另一列中返回教师表中教师的名。

```
USE teachmanage
SELECT SUBSTRING(tname, 1,1), SUBSTRING(tname, 2, LEN(tname)-1)
FROM teacher
ORDER BY tno
```

该语句采用了SUBSTRING函数分别求"姓名"字符串中的子串"姓"和子串"名"。

执行结果如下。

```
----  --------
杜     明杰
严     芳
袁     书雅
范     慧英
简     毅
```

6.5.4 日期和时间函数

日期和时间函数用于对日期和时间数据进行各种不同的处理和运算，返回日期和时间值、字符串和数值等。常用的日期和时间函数如表6.9所示。

表6.9　常用的日期和时间函数

函数	描述
GETDATE()	返回当前系统日期和时间
DATEADD(datepart, number, date)	以datepart指定的方式，返回date与number之和
DATEDIFF(datepart, startdate, enddate)	以datepart指定的方式，返回enddate与startdate之差
DATENAME(datepart, date)	以datepart指定的方式，返回指定日期部分的字符串
DATEPART(datepart, date)	以datepart指定的方式，返回指定日期部分的整数
YEAR(date)	返回指定日期的"年"部分的整数
MONTH(date)	返回指定日期的"月"部分的整数
DAY(date)	返回指定日期的"日"部分的整数
GETUTCDATE()	返回表示当前世界时间或格林尼治时间的datetime值

在表6.9中，有关datepart的取值如表6.10所示。

表6.10　datepart的取值

datepart的取值	缩写形式	函数返回值	datepart的取值	缩写形式	函数返回值
year	yy, yyyy	年	week	wk, ww	第几周
quarter	qq, q	季度	hour	hh	小时
month	mm, m	月	minute	mi, n	分钟
dayofyear	dy, y	一年的第几天	second	ss, s	秒
day	dd, d	日	millisecond	ms	毫秒

【例6.18】求2022年12月10日前后100天的日期。

```
DECLARE @curdt datetime,@ntdt datetime
SET @curdt='2022-12-10'
SET @ntdt=DATEADD(dd,100,@curdt)
PRINT @ntdt
SET @ntdt=DATEADD(dd,-100,@curdt)
PRINT @ntdt
```

该语句采用了DATEADD函数分别求指定日期加上正的时间间隔和负的时间间隔后的新datetime值。

执行结果如下。

```
03 20 2023 12:00AM
09  1 2022 12:00AM
```

【例6.19】依据教师出生时间计算年龄。

```
USE teachmanage
SET NOCOUNT ON
DECLARE @startdt datetime
SET @startdt=GETDATE()
SELECT tname AS 姓名, DATEDIFF(yy, tbirthday, @startdt ) AS 年龄 FROM teacher
```

该语句通过GETDATE函数获取当前系统日期和时间，采用DATEDIFF函数由出生时间计算年龄。

执行结果如下。

```
姓名               年龄
----------------  -----------
杜明杰              44
严芳                28
袁书雅              31
范慧英              40
简毅                35
```

6.5.5 系统函数

系统函数用于返回有关SQL Server系统、数据库、数据库对象和用户的信息。
例如，COL_NAME函数可以根据指定的表标识号和列标识号返回列的名称。
语法格式如下。

```
COL_NAME ( table_id, column_id )
```

其中，table_id为包含列的表标识号，column_id为列标识号。

【例6.20】输出教师表所有列的列名。

```
USE teachmanage
DECLARE @i int
SET @i=1
WHILE @i<=6
    BEGIN
        PRINT COL_NAME(OBJECT_ID('teacher'),@i)
        SET @i=@i+1
    END
```

该语句通过COL_NAME函数根据教师表的表标识号和列标识号返回所有列的列名。
执行结果如下。

```
tno
tname
tsex
tbirthday
title
school
```

6.6 用户定义函数

用户定义函数

用户定义函数是用户定义的T-SQL函数，必须有一个RETURN语句，用于返回函数值，返回值可以是单独的数值或一个表。

6.6.1 用户定义函数概述

用户定义函数是用户根据自己的需要定义的函数，用户定义函数有以下优点。
- 允许模块化程序设计。
- 执行速度更快。
- 减少网络流量。

用户定义函数分为两类：标量函数和表值函数。
（1）标量函数：返回值为标量值，即返回一个单个的数据值。
（2）表值函数：返回值为表值，返回值不是单个的数据值，而是由一个表值代表的记录集，即返回table数据类型。

表值函数分为两种。
- 内联表值函数：RETURN子句中包含单个SELECT语句。
- 多语句表值函数：在BEGIN...END语句中包含多个SELECT语句。

下面介绍系统表sysobjects的主要字段，如表6.11所示。

表6.11 系统表sysobjects的主要字段

字段名	类型	含义
name	sysname	对象名
id	int	对象标识符
type	char(2)	对象类型，可以是下列值之一。 C：CHECK 约束；D：默认值或DEFAULT约束； F：FOREIGN KEY 约束；FN：标量函数； IF：内嵌表函数；K：PRIMARY KEY约束或UNIQUE 约束； L：日志；P：存储过程；R：规则；RF：复制筛选存储过程； S：系统表；TF：表值函数；TR：触发器；U：用户表； V：视图；X：扩展存储过程

6.6.2 用户定义函数的定义和调用

1．标量函数

（1）标量函数的定义

标量函数的语法格式如下。

```
CREATE FUNCTION [ schema_name. ] function_name          /*函数名部分*/
( [ { @parameter_name [ AS ][ type_schema_name. ]scaler_parameter_data_type
/*形参定义部分*/
   [ = default ] [ READONLY ] } [ ,...n ] ])
RETURNS scaler_return_data_type                          /*返回参数的类型*/
   [ WITH <function_option> [ ,...n ] ]                  /*函数选项的定义*/
   [ AS ]
   BEGIN
```

```
    function_body                                    /*函数体部分*/
    RETURN scalar_expression                         /*返回语句*/
  END
[ ; ]
```

其中:

```
<function_option>::=
{
    [ ENCRYPTION ]
  | [ SCHEMABINDING ]
  | [ RETURNS NULL ON NULL INPUT | CALLED ON NULL INPUT ]
}
```

各参数说明如下。

- function_name: 用户定义函数名。函数名必须符合标识符的规则,对其架构来说,该名称在数据库中必须是唯一的。
- @parameter_name: 用户定义函数的形参名。CREATE FUNCTION语句中可以声明一个或多个参数,用@符号作为第一个字符来指定形参名,每个函数的参数的作用范围限制于该函数内部。
- scalar_parameter_data_type: 参数的数据类型。可以为系统支持的基本标量类型,不能为timestamp类型、用户定义数据类型、非标量类型(如cursor和table)。
- type_schema_name: 参数所属的架构名。
- [= default]: 可以设置参数的默认值。如果定义了default值,则无须指定此参数的值即可执行函数。
- READONLY: 用于指定不能在函数定义中更新或修改参数。
- scalar_return_data_type: 函数使用RETURNS语句指定用户定义函数的返回值类型。scalar_return_data_type可以是SQL Server支持的text、ntext、image和timestamp之外的基本标量类型。使用RETURN语句,函数将返回scalar_expression表达式的值。
- function_body: 由T-SQL语句序列构成的函数体。
- <function_option>: 标量函数的选项。

根据上述语法格式,得出定义标量函数的形式如下。

```
CREATE FUNCTION [所有者名.] 函数名
( 参数1 [AS] 类型1 [ = 默认值 ] ) [ ,...参数n [AS] 类型n [ = 默认值 ] ] )
RETURNS 返回值类型
[ WITH 选项 ]
[ AS ]
BEGIN
   函数体
   RETURN 标量表达式
END
```

【例6.21】创建一个标量函数F_tname,输入教师编号,返回教师姓名。

```
USE teachmanage
GO
```

```
/* 创建用户定义标量函数F_tname,@tno为该函数的形参,对应实参为教师编号 */
CREATE FUNCTION F_tname(@tno char(6))
RETURNS char(8)                            /* 函数的返回值类型为char类型*/
AS
BEGIN
    DECLARE @nm char(8)                    /* 定义变量@nm为char类型 */
    /* 由实参指定的教师编号值传递给形参@tno作为查询条件,查询教师的姓名 */
    SELECT @nm=(SELECT tname FROM teacher WHERE tno=@tno)
    RETURN @nm                             /* 返回教师姓名的标量值 */
END
GO
```

(2)标量函数的调用

调用用户定义的标量函数,有以下两种方式。

① 用SELECT语句调用

用SELECT语句调用标量函数的形式如下。

```
架构名.函数名(实参1,…,实参n)
```

其中,实参可以为已赋值的局部变量或表达式。

【例6.22】使用SELECT语句,对例6.21定义的F_tname函数进行调用。

```
USE teachmanage
DECLARE @no char(6)
DECLARE @name char(8)
SELECT @no='120032'
SELECT @name=dbo.F_tname(@no)
SELECT @name AS '教师姓名'
```

该语句使用SELECT语句对F_tname标量函数进行调用。

执行结果如下。

```
------------
袁书雅
```

② 用EXECUTE(EXEC)语句调用

用EXECUTE(EXEC)语句调用标量函数的形式如下。

```
EXEC 变量名=架构名.函数名 实参1,…,实参n
```

或

```
EXEC变量名=架构名.函数名 形参名1=实参1,…, 形参名n=实参n
```

【例6.23】使用EXEC语句,对例6.21定义的F_tname函数进行调用。

```
USE teachmanage
DECLARE @name1 char(8)
EXEC @name1=dbo.F_tname @tno= '120032'
SELECT @name1 AS '教师姓名'
```

该语句使用EXEC语句对F_tname标量函数进行调用。
执行结果如下。

```
-----------
袁书雅
```

2．内联表值函数

标量函数只返回单个标量值，而内联表值函数返回表值（结果集）。

（1）内联表值函数的定义

内联表值函数的语法格式如下。

```
CREATE FUNCTION [ schema_name. ] function_name      /*定义函数名部分*/
( [ { @parameter_name [ AS ] [ type_schema_name. ] parameter_data_type
  [ = default ] } [ ,...n ] ] )                     /*定义参数部分*/
RETURNS TABLE                                       /*返回值为表类型*/
  [ WITH <function_option> [ ,...n ] ]              /*定义函数的可选项*/
  [ AS ]
  RETURN [ ( ] select_stmt [ ) ]                    /*通过SELECT语句返回内嵌表*/
[ ; ]
```

在内联表值函数中，RETURNS语句只包含关键字TABLE；RETURN语句在括号中包含单个SELECT语句，即SELECT语句的结果集构成函数所返回的表。

【例6.24】创建一个内联表值函数F_tname_title，输入教师所在的学院，查询该学院教师的姓名、职称。

```
USE teachmanage
GO
/* 创建用户定义内联表值函数F_tname_title, @school为该函数的形参, 对应实参为学院 */
CREATE FUNCTION F_tname_title(@school char(12))
RETURNS TABLE      /* 函数的返回值为table类型, 没有指定表结构 */
AS
/* 由实参指定的学院值传递给形参@school作为查询条件, 查询出该学院教师的姓名、职称, 返回
查询结果集构成的表 */
RETURN(SELECT tname, title
    FROM teacher
    WHERE school=@school)
GO
```

（2）内联表值函数的调用

内嵌表值函数只能通过SELECT语句调用，在调用时，可以仅使用函数名。

【例6.25】使用SELECT语句，对例6.24定义的F_tname_title函数进行调用。

```
USE teachmanage
SELECT * FROM F_tname_title('计算机学院')
```

该语句使用SELECT语句对F_tname_title内联表值函数进行调用。
执行结果如下。

```
tname          title
------------   ------------
杜明杰          教授
严芳            讲师
```

3. 多语句表值函数

多语句表值函数与内联表值函数均返回表值，它们的区别是：多语句表值函数需要定义返回表的类型，返回表是多个T-SQL语句的结果集，其在BEGIN…END语句中包含多个T-SQL语句；内联表值函数不需要定义返回表的类型，返回表是单个T-SQL语句的结果集，不需要用BEGIN…END语句分隔。

（1）多语句表值函数的定义

多语句表值函数的语法格式如下。

```
CREATE FUNCTION [ schema_name. ] function_name         /*定义函数名部分*/
( [ { @parameter_name [ AS ] [ type_schema_name. ] parameter_data_type
  [ = default ] } [ ,…n ] ] )                           /*定义函数参数部分*/
RETURNS @return_variable TABLE < table_type_definition >  /*定义作为返回值的表*/
  [ WITH <function_option> [ ,…n ] ]                    /*定义函数的可选项*/
  [ AS ]
  BEGIN
    function_body                                        /*定义函数体*/
    RETURN
  END
[ ; ]
```

其中：

```
<table_type_definition>:: =                              /*定义表*/
( { <column_definition> <column_constraint> }
  [ <table_constraint>
```

其中，@return_variable为表变量；function_body为T-SQL语句序列；table_type_definition为定义表结构的语句。语法格式中其他项的定义与标量函数相同。

【例6.26】创建一个多语句表值函数F_lectureMessage，输入教师编号，查询教师的姓名、上课地点和课程名。

```
USE teachmanage
GO
/* 创建用户定义多语句表值函数F_lectureMessage，@tno为该函数的形参，对应实参为教师编号 */
CREATE FUNCTION F_lectureMessage(@tno char(6))
/*函数的返回值为table类型，返回表@tab，指定了表结构，定义了列属性*/
RETURNS @tab TABLE
  (
    name char(8),
    loc char(10),
    couname char(16)
  )
```

```
AS
BEGIN
    INSERT @tab    /*向@tab表插入满足条件的记录*/
    SELECT tname, location, cname
        FROM teacher a, lecture b, course c
        WHERE a.tno=b.tno AND c.cno=b.cno AND a.tno=@tno
    /* 由实参指定的教师编号值传递给形参@tno作为查询条件，查询出教师的姓名、上课地点和
    课程名，通过INSERT语句插入@tab表中 */
    RETURN
END
GO
```

（2）多语句表值函数的调用

多语句表值函数只能通过SELECT语句调用，在调用时，可以仅使用函数名。

【例6.27】使用SELECT语句，对上例定义的F_lectureMessage函数进行调用。

```
USE teachmanage
SELECT * FROM F_lectureMessage ('100003')
```

该语句使用SELECT语句对F_lectureMessage多语句表值函数进行调用。

执行结果如下。

name	loc	couname
杜明杰	2-106	数据库系统

6.6.3 用户定义函数的删除

删除用户定义函数使用T-SQL语句。

语法格式如下。

```
DROP FUNCTION { [ schema_name. ] function_name } [ ,...n ]
```

其中，function_name是指要删除的用户定义函数的名称。可以一次删除一个或多个用户定义函数。

【例6.28】删除用户定义函数F_tname。

```
DROP FUNCTION F_tname
```

本章小结

本章主要介绍了以下内容。

（1）Transact-SQL（T-SQL）是标准SQL的实现和扩展，既具有SQL的主要特点，又扩展了SQL的功能，增加了变量、数据类型、运算符和表达式、流程控制等语言元素，成为可应用于SQL Server的功能强大的编程语言。

（2）一个批处理是一条或多条T-SQL语句的集合。批处理的主要特征是它可作为一个不可分的实体在服务器上解释和执行。GO命令是批处理的结束标志，GO命令不是T-SQL语句，而是

可被SQL Server查询编辑器识别的命令。脚本是存储在文件中的一条或多条T-SQL语句，通常以.sql为扩展名存储，称为SQL脚本。注释是程序代码中不执行的文本字符串，也称为注解，SQL Server支持两种类型的注释字符：--（双连字符）和/*…*/（正斜杠-星号对）。

（3）标识符用于定义服务器、数据库、数据库对象、变量等的名称，包括常规标识符和分隔标识符两类。

常量是在程序运行中其值不能改变的量，又称为标量值。常量使用的格式取决于值的数据类型，可分为整型常量、实型常量、字符串常量、日期时间常量、货币常量等。

变量是在程序运行中其值可以改变的量。一个变量应有一个变量名，变量名必须是一个合法的标识符。变量分为局部变量和全局变量两类。

（4）运算符是一种符号，用来指定在一个或多个表达式中执行的操作。SQL Server的运算符有：算术运算符、位运算符、比较运算符、逻辑运算符、字符串连接运算符、赋值运算符、一元运算符等。表达式是由数字、常量、变量和运算符组成的式子，表达式的结果是一个值。

（5）流程控制语句是用来控制程序执行流程的语句，通过对程序流程的组织和控制，提高编程语言的处理能力，满足程序设计的需要。SQL Server提供的流程控制语句有：IF…ELSE、WHILE、CONTINUE、BREAK、GOTO、RETURN、WAITFOR等。

（6）T-SQL提供3种系统内置函数：标量函数、聚合函数、行集函数。其中的标量函数有：数学函数、字符串函数、日期和时间函数、系统函数、配置函数、系统统计函数、游标函数、文本和图像函数、元数据函数、安全函数等。

（7）用户定义函数是用户根据自己需要定义的函数。用户定义函数分为标量函数和表值函数两类，其中的表值函数分为内联表值函数和多语句表值函数两种。

习题 6

一、选择题

1. 下列关于变量的说法中，错误的是（　　）。
   A. 变量用于临时存放数据　　　　B. 可使用SELECT语句为变量赋值
   C. 用户只能定义局部变量　　　　D. 全局变量可以读/写
2. 下列说法错误的是（　　）。
   A. 语句体包含一个以上的语句需要采用BEGIN…END语句
   B. 多重分支只能用CASE语句
   C. WHILE语句中的循环体可以一次不执行
   D. TRY…CATCH语句用于对命令进行错误控制
3. 在字符串函数中，子串函数为（　　）。
   A. LTRIM　　　　B. CHAR　　　　C. STR　　　　D. SUBSTRING
4. 获取当前日期函数为（　　）。
   A. DATEDIFF　　　　　　　　　　B. DATEPART
   C. GETDATE　　　　　　　　　　D. GETUDCDATE
5. 返回字符串表达式的字符数的函数为（　　）。
   A. LEFT　　　　B. LEN　　　　C. LOWER　　　　D. LTRIM

二、填空题

1. 一个批处理是一条或多条_____的集合。
2. GO命令是批处理的_____。
3. 脚本是存储在文件中的_____T-SQL语句，通常以.sql为扩展名存储。
4. SQL Server支持两种类型的注释字符：--（双连字符）和_____。
5. 变量是在程序运行中其值_____的量。
6. 运算符用来指定在一个或多个表达式中执行的_____。
7. 表达式是由数字、常量、变量和_____组成的式子。
8. T-SQL提供3种系统内置函数：_____、聚合函数和行集函数。
9. 用户定义函数有标量函数、内联表值函数和_____3类。
10. 删除用户定义函数的T-SQL语句是_____。

三、问答题

1. 什么是批处理？什么是GO命令？使用批处理有哪些限制？
2. 什么是局部变量？什么是全局变量？如何标识它们？
3. 给局部变量赋值有哪些方式？
4. T-SQL有哪些运算符？简述运算符的优先级。
5. 流程控制语句有哪几种？简述其使用方法。
6. 试说明系统内置函数的分类及其特点。
7. 简述用户定义函数的分类和使用方法。

四、应用题

1. 编写一个程序，判断teachmanage数据库是否存在课程表。
2. 编写一个程序，计算1～100中所有奇数之和。
3. 创建一个标量函数F_cname，给定课程号，返回课程名。
4. 创建一个内联表值函数F_cname_credit，给定课程号，返回课程名和学分。
5. 创建一个多语句表值函数F_lectureSituation，由课程号查询课程名、上课地点和上课教师姓名。

实验6 数据库程序设计

1. 实验目的及要求

（1）理解常量、变量、运算符和表达式、流程控制语句、系统内置函数、用户定义函数的概念。
（2）掌握常量、变量、运算符和表达式、系统内置函数、用户定义函数的操作和使用方法。
（3）具备设计、编写和调试包含流程控制、系统内置函数、用户定义函数的语句，及解决应用问题的能力。

2. 验证性实验

编写和调试包含流程控制、系统内置函数、用户定义函数的代码，解决以下应用问题。

（1）计算1!+2!+3!+…+10! 的值。

```
DECLARE  @s int, @i int, @j int, @m int
/*@s为阶乘和，@i为外层循环控制变量，@j为内层循环控制变量，@m为@i的阶乘值*/
SET @s=0
SET @i=1
WHILE @i<=10
BEGIN
    SET @j=1
    SET @m=1
    WHILE @j<=@i
    BEGIN
        SET @m=@m*@j              /*求各项阶乘值*/
        SET @j=@j+1
    END
    SET @s=@s+@m                  /*将各项累加*/
    SET @i=@i+1
END
PRINT '1!+2!+3!+...+10!= '+CAST(@s AS char(10))
```

（2）打印输出"下三角"形状九九乘法表。

```
DECLARE  @i int, @j int, @s varchar(100)
SET @i=1                    /*设置被乘数*/
WHILE @i<=9                 /*外循环9次*/
BEGIN
    SET @j=1                /*设置乘数*/
    SET @s=''               /*循环接收乘法表达式*/
    WHILE @j<=@i            /*内循环输出当前行的各个乘积等式项*/
    BEGIN
        /*输出当前行的各个乘积等式项时，留1个空字符间距*/
        SET @s=@s+CAST(@i AS varchar(10))+'*'+CAST(@j AS varchar(10))+
' ='+CAST(@i*@j AS varchar(10))+SPACE(1)
        SET @j=@j+1
    END
    PRINT @s
    SET @i=@i+1
END
```

（3）对商品单价进行分类显示，如果商品单价高于7000元，则显示"高档商品"；如果商品单价在2000~7000元，则显示"中档商品"；如果商品单价低于2000元，则显示"低档商品"。

```
USE shopexpm
SELECT GoodsName AS '商品名称', Unitprice AS '单价' , type=
    CASE
        WHEN Unitprice>=7000 THEN '高档商品'
        WHEN Unitprice BETWEEN 2000 AND 7000 THEN '中档商品'
        WHEN Unitprice<2000 THEN '低档商品'
    END
FROM GoodsInfo
WHERE Unitprice IS NOT NULL
```

（4）定义一个标量函数，给定商品号，返回商品名称。

```sql
USE shopexpm
GO
/* 创建标量函数F_GoodsName，@GoodsID为该函数的形参，对应实参为商品号 */
CREATE FUNCTION F_GoodsName(@GoodsID varchar(4))
RETURNS varchar(30)                    /* 函数的返回值为varchar类型 */
AS
BEGIN
    DECLARE @GoodsName varchar(30)    /* 定义变量@GoodsName为varchar类型 */
    /* 由实参指定的商品号传递给形参作为查询条件，查询商品名称 */
    SELECT @GoodsName=(SELECT GoodsName FROM GoodsInfo WHERE GoodsID=@GoodsID)
    RETURN @GoodsName                  /* 返回商品名称的标量值 */
END
GO

USE shopexpm
DECLARE @GID varchar(4)
DECLARE @GName varchar(30)
SELECT @GID = '1002'
SELECT @GName=dbo.F_GoodsName(@GID)
SELECT @GName AS '商品号1002的商品名称'
GO
```

（5）使用内联表值函数，由商品类型查询商品名称和库存量。

```sql
USE shopexpm
GO
/* 创建内联表值函数F_GoodsName_Stockqty，@Classification为该函数的形参，对应实参为商品类型 */
CREATE FUNCTION F_GoodsName_Stockqty(@Classification varchar(20))
RETURNS TABLE                          /* 函数的返回值为表类型 */
AS
RETURN(SELECT GoodsName, Stockqty
    FROM GoodsInfo
    /* 由实参指定的商品类型传递给形参@Classification作为查询条件，查询出商品名称和库存量 */
    WHERE Classification=@Classification)
GO

USE shopexpm
SELECT * FROM F_GoodsName_Stockqty('笔记本电脑')
GO
```

（6）定义多语句表值函数，由商品号查询商品名称、订单号、数量、折扣总价、销售日期、总金额等信息。

```sql
USE shopexpm
GO
/* 创建多语句表值函数F_salesSituation，@GoodsID为该函数的形参，对应实参为商品号 */
CREATE FUNCTION F_salesSituation(@GoodsID varchar(4))
RETURNS @tbl TABLE                     /* 函数的返回值为表类型 */
```

```sql
        (
            GName varchar(30),
            OID varchar(6),
            Qty int,
            Dtotal decimal(10,2),
            Sdate date,
            Ct decimal(10, 2)
        )
AS
BEGIN
    /*由实参指定的商品号传递给形参@GoodsID作为查询条件，查询出商品的销售信息，通过
    INSERT语句插入@tbl表中 */
    INSERT @tbl      /*向@tbl表插入满足条件的记录*/
    SELECT GoodsName, c.OrderID, Quantity, Disctotal, Saledate, Cost
         FROM GoodsInfo a JOIN DetailInfo b ON a.GoodsID=b.GoodsID JOIN
OrderInfo c ON b.OrderID=c.OrderID
         WHERE a.GoodsID=@GoodsID
    RETURN
END
GO

USE shopexpm
SELECT * FROM F_salesSituation('1001')
GO
```

3．设计性实验

设计、编写和调试包含流程控制、系统内置函数、用户定义函数的代码，以解决下列应用问题。

（1）计算从1到100的偶数和。

（2）打印输出"上三角"形状九九乘法表。

（3）定义一个标量函数，给定订单号，返回员工号。

（4）使用内联表值函数，由订单号查询客户号、销售日期和总金额。

（5）定义多语句表值函数，由订单号查询商品名称、销售单价、数量、销售日期、总金额等信息。

4．观察与思考

（1）SQL Server的运算符有哪些？

（2）SQL Server提供的流程控制语句与其他程序设计语言有何不同？

（3）T-SQL提供了哪些系统内置函数？

（4）用户定义函数有哪些类型？各有何特点？

第 7 章 数据库编程技术

存储过程和触发器是SQL Server数据库的重要组成部分。存储过程是将一组T-SQL语句构成的数据库对象,以一个存储单元的形式存储在服务器上。在存储过程中,可以包含T-SQL的各种语句,例如SELECT、INSERT、UPDATE、DELETE和流程控制语句等。触发器是特殊类型的存储过程,它通过触发事件而自动执行,通常用于保证业务规则和数据的完整性。游标是一种能从包含多个记录的结果集中每次提取一个记录进行处理的机制,游标包括游标结果集和游标当前行指针两部分内容。本章介绍存储过程、触发器和游标等数据库编程技术的内容。

科技自立自强

7.1 存储过程

本节介绍存储过程概述、存储过程的创建和执行,存储过程的参数,存储过程的修改和删除等内容。

存储过程

7.1.1 存储过程概述

使用T-SQL语句编写程序,可用两种方法实现存储和执行。一种方法是在查询编辑器中将程序以.sql文本的形式保留在本地,通过客户端用户程序向SQL Server发出操作请求,由SQL Server将处理结果返回给客户端用户程序。另一种方法是将T-SQL语句编写的程序作为数据库对象存储在SQL Server中,以一个存储单元的形式存储在服务器上,供客户端用户程序反复调用执行,从而提高程序的利用效率。大多数程序员倾向选择后一种方法。

存储过程(stored procedure)是SQL Server中用于保存和执行一组T-SQL语句的数据库对象。在存储过程中,可以包含T-SQL的各种语句,例如SELECT、INSERT、UPDATE、DELETE和流程控制语句等。存储过程预编译后保存在数据库服务器上,用户通过指定存储过程的名称并给出参数(如果该存储过程带有参数)来执行存储过程。

存储过程的T-SQL语句编译以后可多次执行,由于不需要重新编译,所以执行存储过程可以提升性能。存储过程具有以下特点。

（1）存储过程可以快速执行

当某操作要求大量的T-SQL代码或者要求重复执行时，存储过程的执行要比T-SQL批处理代码快得多。在创建存储过程时，需要进行分析和优化。在第一次执行之后，存储过程就驻留在内存中，省去了重新分析、重新优化和重新编译等工作。

（2）存储过程可以减少网络通信流量

存储过程可以由多条T-SQL语句组成，但执行时仅用一条语句，因此只有少量的SQL语句在网络线上传输，从而减少了网络通信流量和网络传输时间。

（3）存储过程具有安全特性

对没有权限执行存储体（组成存储过程的语句）的用户，也可以被授权执行该存储过程。

（4）存储过程允许模块化程序设计

创建一次存储过程，存储在数据库中后，就可以在程序中任意重复调用多次。存储过程由专业人员创建，可以独立于程序源代码进行修改。

（5）存储过程可以保持操作的一致性

由于存储过程是一段封装的查询，因此对于重复的操作存储过程将保持操作的一致性。

存储过程分为用户存储过程、系统存储过程、扩展存储过程。

1．用户存储过程

用户存储过程是用户数据库中创建的存储过程，完成用户指定的数据库操作，其名称不能以sp_为前缀。用户存储过程包括T-SQL存储过程和CLR存储过程。

（1）T-SQL存储过程

T-SQL存储过程是指保存的T-SQL语句的集合，可以接收和返回用户提供的参数。本书将T-SQL存储过程简称为存储过程。

（2）CLR存储过程

CLR存储过程是指对Microsoft .NET Framework公共语言运行库（CLR）中方法的引用，可以接收和返回用户提供的参数。

2．系统存储过程

系统存储过程是由系统提供的存储过程，可以作为命令执行各种操作。系统存储过程定义在系统数据库master中，其前缀是sp，它们为检索系统表的信息提供了方便快捷的方法。系统存储过程允许系统管理员执行修改系统表的数据库管理任务，并且可以在任何一个数据库中执行。

3．扩展存储过程

扩展存储过程允许使用编程语言（例如C语言）创建自己的外部例程，使用时需要先加载到SQL Server系统中，并且按照使用存储过程的方法执行。

7.1.2 存储过程的创建

T-SQL创建存储过程的语句是CREATE PROCEDURE。

语法格式如下：

```
CREATE { PROC | PROCEDURE } [schema_name.] procedure_name [ ; number ]   /*
定义过程名*/
```

```
    [ { @parameter [ type_schema_name. ] data_type }          /*定义参数的类型*/
    [ VARYING ] [ = default ] [ OUT | OUTPUT ] [READONLY] ] [ ,...n ]
           /*定义参数的属性*/
    [ WITH {[ RECOMPILE ] [,] [ ENCRYPTION ] }]        /*定义存储过程的处理方式*/
    [ FOR REPLICATION ]
      AS    <sql_statement> [;]                                 /*执行的操作*/
```

各参数说明如下。
- procedure_name：定义的存储过程的名称。
- number：可选整数，用于对同名的过程分组。
- @parameter：存储过程中的形参（形式参数的简称），可以声明一个或多个形参，将@用作第一个字符来指定形参名称。形参名称必须符合有关标识符的规则。执行存储过程时应提供相应的实参（实际参数的简称），除非定义了该参数的默认值。
- data_type：形参的数据类型，所有数据类型都可以用作形参的数据类型。
- VARYING：指定作为输出参数支持的结果集。
- default：参数的默认值，如果定义了default值，则无须指定相应的实参即可执行过程。
- READONLY：指示不能在过程的主体中更新或修改参数。
- RECOMPILE：指示每次运行该过程时将重新编译。
- OUTPUT：指示参数是输出参数，此选项的值可以返回给调用EXECUTE的语句。
- sql_statement：指定存储过程所执行的操作；该过程中可以包含T-SQL语句，也可以包含流程控制语句。

存储过程可以带参数，也可以不带参数。

【例7.1】不带参数的存储过程。在数据库teachmanage上，建立一个存储过程P_teacherSituation，用于查找教师情况。

```
USE teachmanage
GO
/* CREATE PROCEDURE语句必须是批处理的第一条语句，此处GO不能缺少 */
CREATE PROCEDURE P_teacherSituation            /* 创建不带参数的存储过程 */
AS
    SELECT a.tno, tname, title, school, location
    FROM teacher a, lecture b
    WHERE a.tno=b.tno
    ORDER BY a.tno
GO
```

!)注意

CREATE PROCEDURE语句必须是批处理的第一条语句，而且只能在一个批处理中创建并编译。

7.1.3 存储过程的执行

通过EXECUTE（或EXEC）命令可以执行一个已定义的存储过程。
语法格式如下。

```
[ { EXEC | EXECUTE } ]
```

```
    {  [ @return_status = ]
    { module_name [ ;number ] | @module_name_var }
    [ [ @parameter = ] { value| @variable [ OUTPUT ] | [ DEFAULT ] }]
    [,…n ]
    [ WITH RECOMPILE ]
  }
[;]
```

各参数说明如下。

- @return_status：可选的整型变量，保存存储过程的返回状态。EXECUTE语句使用该变量前，必须对其进行定义。
- module_name：要调用的存储过程或用户定义标量函数的完全限定名称或者不完全限定名称。
- @parameter：表示CREATE PROCEDURE或CREATE FUNCTION语句中定义的参数名，value为实参。如果省略@parameter，则后面的实参顺序要与定义时参数的顺序一致。在使用@parameter=value格式时，参数名称和实参不必按在存储过程或函数中定义的顺序提供。但是，如果任何参数使用了@parameter=value格式，则对后续的所有参数均必须使用该格式。
- @variable：局部变量，用于保存OUTPUT参数的返回值。DEFAULT关键字表示不提供实参，而是使用对应的默认值。
- WITH RECOMPILE：表示该存储过程每执行一次都要重新编译，不保存该存储过程的执行计划。

【例7.2】通过命令方式执行存储过程P_teacherSituation。

存储过程P_teacherSituation通过EXECUTE P_teacherSituation或EXEC P_teacherSituation语句执行。

```
USE teachmanage
GO
EXECUTE P_teacherSituation
GO
```

执行结果如下。

```
tno          tname        title        school           location
-----------  -----------  -----------  --------------   --------------
100003       杜明杰       教授         计算机学院       2-106
120032       袁书雅       副教授       外国语学院       4-204
400006       范慧英       教授         通信学院         6-114
800014       简毅         副教授       数学学院         3-219
```

7.1.4 存储过程的参数

参数用于在存储过程和调用方之间交换数据，输入参数允许调用方将数据值传递到存储过程，输出参数允许存储过程将数据值传递回调用方。

下面介绍带输入参数的存储过程的使用、带输入参数并有默认值的存储过程的使用、带输出参数的存储过程的使用、存储过程的返回值等内容。

1．带输入参数的存储过程的使用

为了定义存储过程的输入参数，必须在CREATE PROCEDURE语句中声明一个或多个变量及类型。

执行带输入参数的存储过程，有以下两种传递参数的方式。
- 按位置传递参数：采用实参列表方式，使传递参数和定义时的参数顺序一致。
- 通过参数名传递参数：采用"参数=值"的方式，各个参数的顺序可以任意排列。

带输入参数的存储过程的使用通过以下实例说明。

【例7.3】 带输入参数的存储过程。建立一个带输入参数的存储过程P_tnameTitleSchool，输入教师编号，输出该教师的姓名、职称、学院。

```
USE teachmanage
GO
CREATE PROCEDURE P_tnameTitleSchool @tno char(6)
/* 存储过程P_tnameTitleSchool指定的参数@tno是输入参数 */
AS
    SELECT Tname AS 姓名, Title AS 职称, School AS 学院
    FROM teacher
    WHERE tno=@tno
GO
```

采用按位置传递参数的方式，将实参'100003'传递给形参@tno，执行的存储过程语句如下。

```
EXECUTE P_tnameTitleSchool '100003'
```

通过参数名传递参数，将实参'100003'传递给形参@tno，执行的存储过程语句如下。

```
EXECUTE P_tnameTitleSchool @tno='100003'
```

执行结果如下。

姓名	职称	学院
杜明杰	教授	计算机学院

2．带输入参数并有默认值的存储过程的使用

在创建存储过程时，可以为参数设置默认值，默认值必须为常量或NULL。

在调用存储过程时，如果未指定对应的实参，则自动用对应的默认值代替。

【例7.4】 带输入参数并有默认值的存储过程。修改例7.3的存储过程，重新命名为P_tnameTitleSchool2，指定默认教师为范慧英。

```
USE teachmanage
GO
CREATE PROCEDURE P_tnameTitleSchool2 @tname char(8)='范慧英'
/* 存储过程 P_tnameTitleSchool2为形参@tname设置默认值'范慧英' */
AS
```

```
    SELECT Tname AS 姓名, Title AS 职称, School AS 学院
    FROM teacher
    WHERE tname=@tname
GO
```

不指定实参调用带默认值的存储过程P_tnameTitleSchool2,执行语句如下。

```
EXECUTE P_tnameTitleSchool2
```

执行结果如下。

```
姓名           职称            学院
-----------  -----------   --------------------
范慧英         教授            通信学院
```

指定实参为'简毅'来调用带默认值的存储过程P_tnameTitleSchool2,执行语句如下。

```
EXECUTE P_tnameTitleSchool2 @tname='简毅'
```

执行结果如下。

```
姓名           职称            学院
-----------  -----------   --------------------
简毅          副教授           数学学院
```

3. 带输出参数的存储过程的使用

定义输出参数可以从存储过程返回一个或多个值到调用方。使用带输出参数的存储过程,在CREATE PROCEDURE和EXECUTE语句中都必须使用OUTPUT关键字。

【例7.5】带输入参数和输出参数的存储过程。建立一个存储过程P_schoolLoc,输入教师编号,输出该教师所在的学院和上课地点。

```
USE teachmanage
GO
CREATE PROCEDURE P_schoolLoc @tno char(6), @school char(12) OUTPUT,
@location char(10) OUTPUT
/* 定义教师编号形参@tno为输入参数,学院形参@school和上课地点形参@location为输出参数 */
AS
    SELECT @school=school, @location=location
    FROM teacher a, lecture b
    WHERE a.tno=b.tno AND a.tno=@tno
```

执行带输入参数和输出参数的存储过程,查找教师编号为100003的学院和上课地点。

```
DECLARE @sch char(12)               /* 定义形参@sch为输出参数 */
DECLARE @loc char(10)               /* 定义形参@loc为输出参数 */
EXEC P_SchoolLoc '100003', @sch OUTPUT, @loc OUTPUT
SELECT '学院'=@sch, '上课地点'=@loc
GO
```

执行结果如下。

学院	上课地点
计算机学院	2-106

> **注意**
>
> 在创建或使用输出参数时，必须对输出参数进行定义。

4. 存储过程的返回值

存储过程执行后会返回整型的状态值，返回代码为 0，表示成功执行；若返回-1~-99的整数，表示没有成功执行。

也可以使用RETURN语句定义返回值。

【例7.6】建立存储过程P_test，根据输入参数来判断其返回值。

建立存储过程P_test的语句如下。

```
USE teachmanage
GO
CREATE PROCEDURE P_test(@ipt int=0)
AS
IF @ipt=0
    RETURN 0
IF @ipt>0
    RETURN 10
IF @ipt<0
    RETURN -10
GO
```

执行该存储过程的语句如下。

```
DECLARE @ret int
PRINT '返回值'
PRINT '------'
EXECUTE @ret=P_test 2
PRINT @ret
EXECUTE @ret=P_test 0
PRINT @ret
EXECUTE @ret=P_test -2
PRINT @ret
GO
```

执行结果如下。

```
返回值
------
10
0
-10
```

7.1.5 存储过程的修改

使用ALTER PROCEDURE语句修改已存在的存储过程。
语法格式如下。

```
ALTER { PROC | PROCEDURE } [schema_name.] procedure_name [ ; number ]
   [ { @parameter [ type_schema_name. ] data_type }
   [ VARYING ] [ = default ] [ OUT[PUT] ] ][ ,...n ]
[ WITH {[ RECOMPILE ] [,] [ ENCRYPTION ] }]
[ FOR REPLICATION ]
AS   <sql_statement>
```

其中，各参数的含义与CREATE PROCEDURE相同。

【例7.7】修改存储过程P_teacherSituation，用于求计算机学院的教师情况。

```
USE teachmanage
GO
ALTER PROCEDURE P_teacherSituation
AS
    SELECT a.tno, tname, title, school, location
    FROM teacher a, lecture b
    WHERE a.tno=b.tno AND school='计算机学院'
    ORDER BY a.tno
GO
```

在原存储过程P_teacherSituation的SQL语句的WHERE条件中修改，使其达到题目的要求，执行语句如下。

```
EXECUTE P_teacherSituation
```

执行结果如下。

```
tno          tname         title         school              location
-----------  ------------  ------------  ------------------  --------------
100003       杜明杰        教授          计算机学院          2-106
```

7.1.6 存储过程的删除

使用DROP PROCEDURE语句删除该存储过程。
语法格式如下。

```
DROP PROCEDURE { procedure } [ ,...n ]
```

其中，procedure是指要删除的存储过程或存储过程组的名称；n表示可以指定多个存储过程的同时删除。

【例7.8】删除存储过程P_teacherSituation。

```
USE teachmanage
DROP PROCEDURE P_teacherSituation
```

7.2 触发器

本节介绍触发器概述、DML触发器、DDL触发器、修改触发器、启用或禁用触发器、删除触发器等内容。

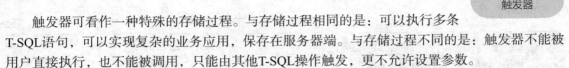

触发器

7.2.1 触发器概述

触发器可看作一种特殊的存储过程。与存储过程相同的是：可以执行多条 T-SQL语句，可以实现复杂的业务应用，保存在服务器端。与存储过程不同的是：触发器不能被用户直接执行，也不能被调用，只能由其他T-SQL操作触发，更不允许设置参数。

触发器的特殊性主要体现在只有对特定表进行特定类型的数据修改时触发。触发器通常用于保证业务规则和数据的完整性，用户可以通过编程的方法实现逻辑复杂的商业规则，从而增强数据完整性约束的功能。SQL Server中一个表可以有多个触发器，可根据INSERT、UPDATE或DELETE语句对触发器进行设置，也可以对一个表的特定操作设置多个触发器。

触发器功能如下。

（1）增强约束。SQL Server 提供约束和触发器两种主要机制来强制保证业务规则和数据完整性。触发器可以实现比约束更为复杂的限制。

（2）跟踪变化。可以评估数据修改前后表的状态，并根据该差异采取措施。

（3）级联运行。触发器可以检测数据库内的操作，并自动地级联，从而影响整个数据库的各个表的内容。例如，某个表的触发器中包含有对另外一个表的数据操作（如删除、更新、插入），该操作又导致该表的触发器被触发。触发器还可对数据库中的相关表实现级联更改。

（4）调用存储过程。为了响应数据库更新，触发器可以调用一个或多个存储过程，甚至可以通过调用外部过程而在DBMS本身之外进行操作。

（5）实现复杂的商业规则。例如，在库存系统中，更新触发器检测到库存下降到需要进货时，自动生成订货单。

触发器与存储过程的差别如下。

（1）触发器是自动执行，而存储过程需要显式调用才能执行。

（2）触发器是建立在表或视图之上的，而存储过程是建立在数据库之上的。

触发器可分为DML触发器和DDL 触发器。

1．DML触发器

当数据库中发生数据操作语言（DML）事件时，将调用 DML 触发器。DML事件包括在指定表或视图中操作数据的INSERT语句、UPDATE语句或 DELETE语句。DML触发器可以查询其他表，还可以包含复杂的T-SQL语句，将触发器和触发它的语句作为可以在触发器内回滚的单个事务对待。如果检测到错误，则整个事务自动回滚。

2．DDL触发器

当服务器或数据库中发生数据定义语言（DDL）事件时将调用DDL触发器。这些语句主要是以CREATE、ALTER、DROP等关键字开头的语句。DDL触发器的主要作用是执行管理操作，例如审核系统、控制数据库的操作等。

7.2.2 DML触发器

DML 触发器是当发生数据操纵语言（DML）事件时要执行的操作。DML触发器用于在数据被修改时强制执行业务规则，以及扩展Microsoft SQL Server约束、默认值和规则的完整性检查逻辑。

1．创建DML触发器

创建DML触发器使用CREATE TRIGGER语句。

语法格式如下。

```
CREATE TRIGGER [ schema_name . ] trigger_name
    ON { table | view }                              /*指定操作对象*/
        [ WITH ENCRYPTION ]                          /*说明是否采用加密方式*/
    { FOR |AFTER | INSTEAD OF }
        { [ INSERT ] [ , ] [ UPDATE ] [ , ] [ DELETE ] }/*指定激活触发器的动作*/
    [ NOT FOR REPLICATION ]                          /*说明该触发器不用于复制*/
AS  sql_statement [ ; ]
```

各参数说明如下。

- trigger_name：用于指定触发器名称。
- table | view：在表上或视图上执行触发器。
- AFTER：用于说明触发器在指定操作都成功执行后触发。不能在视图上定义AFTER触发器。如果仅指定FOR关键字，则AFTER是默认值。一个表可以创建多个给定类型的AFTER触发器。
- INSTEAD OF：指定用触发器中的操作代替触发语句的操作。在表或视图上，每个INSERT、UPDATE、DELETE语句最多可以定义一个INSTEAD OF触发器。
- {[INSERT][,][UPDATE][,][DELETE]}：指定激活触发器的语句类型，必须至少指定一个选项。INSERT表示将新行插入表时激活触发器，UPDATE表示更改某一行时激活触发器，DELETE表示从表中删除某一行时激活触发器。
- sql_statement：指定触发器激活后要执行的操作；该触发器可以包含T-SQL语句，也可以包含流程控制语句。

执行DML触发器时，系统创建了两个特殊的临时表inserted表和deleted表。inserted表和deleted表都是临时表，它们在触发器执行时被创建，触发器执行完毕就消失，因此只可以在触发器的语句中使用SELECT语句查询这两个表。

（1）执行INSERT操作：插入触发器表中的新记录被插入inserted表中。

（2）执行DELETE操作：从触发器表中删除的记录被插入deleted表中。

（3）执行UPDATE操作：先从触发器表中删除旧记录，再插入新记录。其中，删除的旧记录被插入deleted表中，插入的新记录被插入inserted表中。

使用触发器有以下限制。

（1）CREATE TRIGGER语句必须是批处理中的第一条语句，并且只能应用到一个表中。

（2）触发器只能在当前数据库中创建，但触发器可以引用当前数据库的外部对象。

（3）在同一个CREATE TRIGGER语句中，可以为多种操作（如 INSERT 和 UPDATE）定义相同的触发器操作。

（4）如果一个表的外键在 DELETE、UPDATE 操作上定义了级联，则不能在该表上定义 INSTEAD OF DELETE、INSTEAD OF UPDATE 触发器。

（5）对于含有DELETE或UPDATE操作定义的外键表，不能使用INSTEAD OF DELETE和INSTEAD OF UPDATE触发器。

（6）触发器中不允许包含以下 T-SQL 语句：CREATE DATABASE、ALTER DATABASE、LOAD DATABASE、RESTORE DATABASE、DROP DATABASE、LOAD LOG、RESTORE LOG、DISK INIT、DISK RESIZE和RECONFIGURE。

（7）DML触发器的最大用途是返回行级数据的完整性，而不是返回结果。所以应当尽量避免返回任何结果集。

【例7.9】在成绩表上建立DML触发器T_scoreUpd，使得对该表进行数据修改时输出所有的行。

```sql
USE teachmanage
GO
/* CREATE TRIGGER语句必须是批处理的第一条语句,此处GO不能缺少 */
CREATE TRIGGER T_scoreUpd                /* 创建DML触发器T_scoreUpd */
    ON score
    AFTER UPDATE
AS
BEGIN
    SET NOCOUNT ON
    SELECT * FROM score
END
GO
```

下面的语句将学号为221001和课程号为1201的成绩由92修改为94。

```sql
USE teachmanage
UPDATE score
SET grade=94
WHERE sno='221001' AND cno='1201'
GO
```

执行结果如下。

```
sno           cno        grade
-----------   --------   ---------
221001        1004       94
221001        1201       94
221001        8001       92
221002        1004       87
221002        1201       86
221002        8001       88
221003        1004       93
221003        1201       93
221003        8001       86
226001        1201       92
226001        4008       93
226001        8001       92
226002        1201       NULL
226002        4008       78
```

226002	8001	75
226004	1201	93
226004	4008	86
226004	8001	91

> **注意**
>
> CREATE TRIGGER语句必须是批处理的第一条语句，而且只能在一个批处理中创建并编译。

DML触发器可分为AFTER触发器和INSTEAD OF触发器。

inserted表和deleted表是SQL Server为每个DML触发器创建的临时专用表，这两个表的结构与该触发器作用的表的结构相同，触发器执行完成后，这两个表即被删除。inserted表存放由于执行INSERT或UPDATE语句要向表中插入的所有行。deleted表存放由于执行DELETE或UPDATE语句要从表中删除的所有行。

激活触发程序时inserted表和deleted表的内容如表7.1所示。

表7.1 激活触发程序时inserted表和deleted表的内容

T-SQL语句	inserted表	deleted表
INSERT	插入的行	空
DELETE	空	删除的行
UPDATE	新的行	旧的行

2．使用INSERT操作

当执行INSERT操作时，触发器将被激活。将新记录插入触发器表中，同时也添加到inserted表中。

【例7.10】在教师表上建立一个INSERT触发器T_teacherIns，向教师表插入数据时，如果姓名重复，则回滚到插入操作前。

```
USE teachmanage
GO
CREATE TRIGGER T_teacherIns           /* 创建INSERT触发器T_teacherIns */
    ON teacher
AFTER INSERT
AS
BEGIN
    DECLARE @tname char(8)
    SELECT @tname=inserted.tname FROM inserted
    IF EXISTS(SELECT tname FROM teacher WHERE tname=@tname)
    BEGIN
        PRINT '不能插入重复的姓名'
        ROLLBACK TRANSACTION              /* 回滚之前的操作 */
    END
END
```

向教师表插入一条记录，该记录中的姓名与教师表中的姓名重复。

```
USE teachmanage
```

```
GO
INSERT INTO teacher (tno, tname, tsex, tbirthday) VALUES('400021','范慧英',
'女','1989-06-12')
GO
```

执行结果如下。

```
不能插入重复的姓名
消息 3609，级别 16，状态 1，第 3 行
事务在触发器中结束。批处理已中止。
```

由于进行了事务回滚，所以未向教师表插入新记录。

> **注意**
> ROLLBACK TRANSACTION语句用于回滚之前所做的修改，将数据库恢复到原来的状态。

3．使用UPDATE操作

当执行UPDATE操作时，触发器将被激活。当在触发器表中修改记录时，表中原来的记录被移动到deleted表中，修改后的记录插入inserted表中。

【例7.11】在教师表上建立一个UPDATE触发器T_teacherUpd，防止用户修改teacher表的学院。

```
USE teachmanage
GO
CREATE TRIGGER T_teacherUpd            /* 创建UPDATE触发器T_teacherUpd */
    ON teacher
AFTER UPDATE
AS
IF UPDATE(school)
    BEGIN
        PRINT '不能修改学院'
        ROLLBACK TRANSACTION           /* 回滚之前的操作 */
    END
GO
```

下面的语句为修改教师表中教师简毅所在的学院。

```
USE teachmanage
GO
UPDATE teacher
SET school='外国语学院'
WHERE tname='简毅'
GO
```

执行结果如下。

```
不能修改学院
消息 3609，级别 16，状态 1，第 3 行
事务在触发器中结束。批处理已中止。
```

由于进行了事务回滚,所以未修改教师表的学院。

4. 使用DELETE操作

当执行DELETE操作时,触发器将被激活。当在触发器表中删除记录时,表中删除的记录被移动到deleted表中。

【例7.12】在教师表上建立一个DELETE触发器T_teacherDel,防止用户删除教师表中通信学院的记录。

```
USE teachmanage
GO
CREATE TRIGGER T_teacherDel              /* 创建DELETE触发器 T_teacherDel */
    ON teacher
AFTER DELETE
AS
IF EXISTS(SELECT * FROM deleted WHERE school='通信学院')
    BEGIN
        PRINT '不能删除通信学院的记录'
        ROLLBACK TRANSACTION               /* 回滚之前的操作 */
    END
GO
```

下面的语句为删除教师表的通信学院的记录。

```
USE teachmanage
GO
DELETE teacher
WHERE school='通信学院'
GO
```

执行结果如下。

```
不能删除通信学院的记录
消息 3609,级别 16,状态 1,第 3 行
事务在触发器中结束。批处理已中止。
```

由于进行了事务回滚,因此未删除教师表中通信学院的记录。

5. 使用INSTEAD OF操作

INSTEAD OF触发器为前触发型触发器,即指定执行触发器的不是执行引发触发器的语句,而是替代引发语句的操作。在表或视图上,每个INSERT、UPDATE、DELETE语句最多可以定义一个INSTEAD OF触发器。

AFTER触发器是在触发语句执行后触发的,与AFTER触发器不同的是,INSTEAD OF触发器触发时只执行触发器内部的SQL语句,而不执行激活该触发器的SQL语句。

【例7.13】在课程表上建立一个INSTEAD OF触发器T_courseIstd。对课程表插入记录时,先检查学分是否存在,如果存在则执行插入操作,否则提示"学分不存在!"。

```
USE teachmanage
GO
```

```
CREATE TRIGGER T_courseIstd    /* 创建INSTEAD OF触发器T_courseIstd */
    ON course
INSTEAD OF INSERT
AS
BEGIN
    DECLARE @credit tinyint
    SELECT @credit=credit FROM inserted
    IF (@credit IN(SELECT credit FROM course))
        INSERT INTO course SELECT * FROM inserted
    ELSE
        PRINT '学分不存在! '
END
GO
```

下面的语句为向课程表插入一条记录。

```
USE teachmanage
GO
INSERT INTO course(cno, cname) VALUES('1007','操作系统')
GO
```

执行结果如下。

学分不存在!

7.2.3 DDL触发器

DDL 触发器在响应数据定义语言（DDL）的语句时触发。与DML触发器不同的是，DDL触发器不会为响应表或视图的UPDATE、INSERT或DELETE语句而触发，它们是为了响应DDL语言的CREATE、ALTER和DROP语句而触发。

DDL触发器一般用于以下目的。

（1）用于管理任务，例如审核和控制数据库操作。
（2）防止对数据库结构进行某些更改。
（3）希望数据库中发生某种情况以响应数据库结构中的更改。
（4）要记录数据库结构中的更改或事件。

创建DDL触发器使用CREATE TRIGGER语句。

语法格式如下。

```
CREATE TRIGGER trigger_name
    ON { ALL SERVER | DATABASE }
    [ WITH ENCRYPTION ]
    { FOR | AFTER } { event_type | event_group } [ ,...n ]
AS  sql_statement  [ ; ] [ ...n ]
```

各参数说明如下。

- ALL SERVER：指将当前DDL触发器的作用域应用于当前服务器。
- DATABASE：指将当前DDL触发器的作用域应用于当前数据库。
- event_type：表示执行之后将导致触发DDL触发器的T-SQL语句的事件名称。

- event_group：预定义的T-SQL语句的事件分组的名称。

其他选项与创建DML触发器的语法格式相同。

下面举一个实例说明DDL触发器的使用。

【例7.14】在teachmanage数据库上建立一个触发器T_db，防止用户修改该数据库的任意一个表。

```
USE teachmanage
GO
CREATE TRIGGER T_db                          /* 创建DDL触发器T_db */
    ON DATABASE
AFTER ALTER_TABLE
AS
BEGIN
    PRINT '不能对表进行修改'
    ROLLBACK TRANSACTION                     /* 回滚之前的操作 */
END
GO
```

下面的语句为修改teachmanage数据库上教师表的结构，为teacher表增加一列。

```
USE teachmanage
GO
ALTER TABLE teacher ADD Telephone char(11)
GO
```

执行结果如下。

```
不能对表进行修改
消息 3609，级别 16，状态 2，第 3 行
事务在触发器中结束。批处理已中止。
```

教师表的结构保持不变。

7.2.4 修改触发器

修改触发器使用ALTER TRIGGER语句，修改触发器包括修改DML触发器和修改DDL触发器，下面分别介绍。

（1）修改DML触发器

修改DML触发器使用ALTER TRIGGER语句。

语法格式如下。

```
ALTER TRIGGER schema_name.trigger_name
   ON ( table | view )
   [ WITH ENCRYPTION ]
   ( FOR | AFTER | INSTEAD OF )
      { [ DELETE ] [ , ] [ INSERT ] [ , ] [ UPDATE ] }
   [ NOT FOR REPLICATION ]
   AS sql_statement [ ; ] [ ...n ]
```

（2）修改DDL触发器

修改DDL触发器使用ALTER TRIGGER语句。

语法格式如下。

```
ALTER TRIGGER trigger_name
    ON { DATABASE | ALL SERVER }
    [ WITH ENCRYPTION ]
    { FOR | AFTER } { event_type [ ,…n ] | event_group }
    AS sql_statement [ ; ]
```

【**例7.15**】修改在成绩表上建立的触发器T_scoreUpd，在成绩表中修改数据时，输出inserted表和deleted表中的所有记录。

```
USE teachmanage
GO
ALTER TRIGGER T_scoreUpd                      /* 修改触发器T_scoreUpd */
    ON score
AFTER UPDATE
AS
BEGIN
    PRINT 'inserted:'
    SELECT * FROM inserted
    PRINT 'deleted:'
    SELECT * FROM deleted
END
GO
```

下面的语句将学号为226004和课程号为8001的成绩由91修改为92。

```
USE teachmanage
UPDATE score
SET grade=92
WHERE sno='226004' AND cno='8001'
GO
```

执行结果如下。

```
inserted:
sno          cno       grade
-----------  --------  -----------
226004       8001      92

deleted:
sno          cno       grade
-----------  --------  -----------
226004       8001      91
```

7.2.5 启用或禁用触发器

触发器创建之后便启用了，如果暂时不需要使用某个触发器，可以禁用该触发器。禁用的触发器并没有被删除，仍然存储在当前数据库中，但在执行触发操作时，该触发器不会被调用。

启用或禁用触发器可以分别使用ENABLE TRIGGER语句和DISABLE TRIGGER语句。

1. 使用DISABLE TRIGGER语句禁用触发器

语法格式如下。

```
DISABLE TRIGGER { [ schema_name . ] trigger_name [ ,...n ] | ALL }
ON { object_name | DATABASE | ALL SERVER } [ ; ]
```

其中，trigger_name是要禁用的触发器的名称，object_name是创建DML触发器 trigger_name 的表或视图的名称。

2. 使用ENABLE TRIGGER语句启用触发器

语法格式如下。

```
ENABLE TRIGGER { [ schema_name . ] trigger_name [ ,...n ] | ALL }
ON { object_name | DATABASE | ALL SERVER } [ ; ]
```

其中，trigger_name是要启用的触发器的名称，object_name是创建DML触发器 trigger_name 的表或视图的名称。

【例7.16】使用DISABLE TRIGGER语句禁用教师表上的触发器T_teacherIns。

```
USE teachmanage
GO
DISABLE TRIGGER T_teacherIns on teacher
GO
```

【例7.17】使用ENABLE TRIGGER语句启用教师表上的触发器T_teacherIns。

```
USE teachmanage
GO
ENABLE TRIGGER T_teacherIns on teacher
GO
```

7.2.6 删除触发器

删除触发器使用DROP TRIGGER语句。
语法格式如下。

```
DROP TRIGGER schema_name.trigger_name [ ,...n ] [ ; ]      /*删除DML触发器*/
DROP TRIGGER trigger_name [ ,...n ] ON { DATABASE | ALL SERVER }[ ; ]   /*删除DDL触发器*/
```

【例7.18】删除DML触发器T_scoreUpd。

```
DROP TRIGGER T_scoreUpd
```

【例7.19】 删除DDL触发器T_db。

```
DROP TRIGGER T_db ON DATABASE
```

7.3 游标

本节介绍游标概述、游标的基本操作。

7.3.1 游标概述

由SELECT语句返回的完整行集称为结果集。使用SELECT语句进行查询时,可以得到这个结果集,但有时用户需要对结果集中的某一行或部分行进行单独处理,这在SELECT的结果集中是无法实现的。游标(cursor)就是提供这种机制的结果集的一种扩展,SQL Server通过游标提供对一个结果集进行逐行处理的能力。

游标包括以下两部分的内容。

(1)游标结果集:定义游标的SELECT语句返回的结果集的集合。
(2)游标当前行指针:指向该结果集中某一行的指针。

游标具有下列优点。

(1)允许定位在结果集的特定行。
(2)从结果集的当前位置检索一行或部分行。
(3)支持对结果集中当前位置的行进行数据修改。
(4)为由其他用户对显示在结果集中的数据库数据所做的更改提供不同级别的可见性支持。
(5)提供脚本、存储过程和触发器中用于访问结果集中的数据的T-SQL语句。
(6)使用游标可以在查询数据的同时对数据进行处理。

7.3.2 游标的基本操作

游标的基本操作包括声明游标、打开游标、提取数据、关闭游标和删除游标。

1. 声明游标

声明游标使用DECLARE CURSOR语句。

语法格式如下。

```
DECLARE cursor_name [ INSENSITIVE ] [ SCROLL ] CURSOR
    FOR select_statement
[ FOR { READ ONLY | UPDATE [ OF column_name [ ,…n ] ] } ]
```

各参数说明如下。

- cursor_name: 游标名,它是与某个查询结果集相联系的符号名。
- INSENSITIVE: 指定系统将创建供所定义游标使用的数据的临时表,对游标的所有请求都从tempdb中的该临时表中得到应答。因此,在对该游标进行提取操作时,返回的数据中不反映对基础表所做的修改，并且该游标不允许修改。如果省略INSENSITIVE，则任何用户对基础表提交的删除和更新都反映在之后的提取操作中。
- SCROLL：说明所声明的游标可以前滚、后滚，可使用所有的提取选项（FIRST、LAST、PRIOR、NEXT、RELATIVE、ABSOLUTE）。如果省略SCROLL，则只能使用NEXT提取选项。
- select_statement：SELECT语句，由该查询产生与所声明的游标相关联的结果集。该SELECT语句中不能出现COMPUTE、COMPUTE BY、INTO或FOR BROWSE关键字。
- READ ONLY：说明所声明的游标为只读的。

2. 打开游标

游标被声明且被打开以后，游标位于第一行。
打开游标使用OPEN语句。
语法格式如下。

```
OPEN { { [ GLOBAL ] cursor_name } | cursor_variable_name }
```

其中，cursor_name是要打开的游标名；cursor_variable_name是游标变量名，该名称引用一个游标；GLOBAL说明打开的是全局游标，否则打开局部游标。

【例7.20】对教师表，定义游标Cur_teacher1，输出教师表中第一行的教师情况。

```
USE teachmanage
DECLARE Cur_teacher1 CURSOR FOR SELECT tno, tname, title, school FROM teacher
OPEN Cur_teacher1
FETCH NEXT FROM Cur_teacher1
CLOSE Cur_teacher1
DEALLOCATE Cur_teacher1
```

该语句定义和打开游标Cur_teacher1，输出教师表中第一行的教师情况。
执行结果如下。

```
tno          tname         title        school
-----------  -----------   -----------  -------------------
100003       杜明杰        教授         计算机学院
```

3. 提取数据

提取数据使用FETCH语句。
语法格式如下。

```
FETCH [ [ NEXT | PRIOR | FIRST | LAST | ABSOLUTE { n | @nvar } | RELATIVE { n | @nvar } ]
    FROM ]
{ { [ GLOBAL ] cursor_name } | @cursor_variable_name }
[ INTO @variable_name [ ,…n ] ]
```

各参数说明如下。
- cursor_name：要从中提取数据的游标名。

- @cursor_variable_name：游标变量名，引用要进行提取操作的已打开的游标。
- NEXT | PRIOR | FIRST | LAST：用于说明读取数据的位置。NEXT说明读取当前行的下一行，并且将其置为当前行。如果FETCH NEXT是对游标的第一次提取操作，则读取的是结果集的第一行，NEXT为默认的游标提取选项。PRIOR说明读取当前行的前一行，并且将其置为当前行。如果FETCH PRIOR是对游标的第一次提取操作，则无值返回且游标置于第一行之前。FIRST说明读取游标中的第一行并将其置为当前行。LAST说明读取游标中的最后一行并将其置为当前行。
- ABSOLUTE { n | @nvar }和RALATIVE { n | @nvar }：给出读取数据的位置与游标头或当前位置的关系，其中n必须为整型常量，变量@nvar必须为smallint、tinyint或int类型。
- INTO：将读取的游标数据存放到指定的变量中。
- GLOBAL：全局游标。

在提取数据时，可以使用@@FETCH-STATUS全局变量返回FETCH语句执行后的游标的最终状态，如表7.2所示。

表7.2　@@FETCH-STATUS的返回值

返回值	说明
0	FETCH 语句执行成功
−1	FETCH 语句执行失败
−2	被读取的记录不存在

【例7.21】定义游标Cur_teacher2，输出教师表中各行的教师情况。

```
USE teachmanage
SET NOCOUNT ON
/* 声明变量 */
DECLARE @tno char(6), @tname char(8), @title char(12), @school char(12)
/* 声明游标，查询产生与所声明的游标相关联的教师情况结果集 */
DECLARE Cur_teacher2 CURSOR FOR SELECT tno, tname, title, school FROM teacher
OPEN Cur_teacher2                                        /* 打开游标 */
FETCH NEXT FROM Cur_teacher2 INTO @tno, @tname, @title, @school  /* 提取第一行
数据 */
PRINT '教师编号    姓名    职称    学院'               /* 打印表头 */
PRINT '----------------------------------------'
WHILE @@fetch_status = 0                                /* 循环打印和提取各行数据 */
BEGIN
    PRINT CAST(@tno AS char(6))+''+@tname+@title +''+ CAST(@school AS char(12))
    FETCH NEXT FROM Cur_teacher2 INTO @tno, @tname, @title, @school
END
CLOSE Cur_teacher2                                       /* 关闭游标 */
DEALLOCATE Cur_teacher2                                  /* 释放游标 */
```

该语句定义和打开游标Cur_teacher2，为了输出教师表中各行的教师情况，设置WHILE循环，在WHILE循环的条件表达式中采用@@fetch_status返回上一条游标的FETCH语句的状态，当返回值为0时，FETCH语句成功，循环继续进行，否则退出循环。

执行结果如下。

```
教师编号        姓名         职称          学院
------------------------------------------------------
100003         杜明杰        教授          计算机学院
100018         严芳         讲师          计算机学院
120032         袁书雅        副教授         外国语学院
400006         范慧英        教授          通信学院
800014         简毅         副教授         数学学院
```

4．关闭游标

游标使用完毕，要及时关闭。
关闭游标使用CLOSE语句。
语法格式如下。

```
CLOSE { { [ GLOBAL ] cursor_name } | @cursor_variable_name }
```

该语句中参数的含义与OPEN语句相同。

5．删除游标

关闭游标后，如果不再需要游标，就应释放其定义所占用的系统空间，即删除游标。
删除游标使用DEALLOCATE语句。
语法格式如下。

```
DEALLOCATE { { [ GLOBAL ] cursor_name } | @cursor_variable_name }
```

该语句中参数的含义与OPEN和CLOSE语句相同。

本章小结

本章主要介绍了以下内容。

（1）存储过程是SQL Server中用于保存和执行一组T-SQL语句的数据库对象。在存储过程中，可以包含T-SQL的各种语句，例如SELECT、INSERT、UPDATE、DELETE和流程控制语句等。存储过程分为用户存储过程、系统存储过程、扩展存储过程等。存储过程预编译后保存在数据库服务器上，执行存储过程可以提升性能。

（2）创建存储过程的语句是CREATE PROCEDURE，通过EXECUTE（或EXEC）命令可以执行一个已定义的存储过程。创建存储过程可以定义存储过程的输入参数、输出参数，可以为输入参数设置默认值。修改存储过程可以使用ALTER PROCEDURE语句，删除存储过程可以使用DROP PROCEDURE语句。

（3）触发器可看作一种特殊的存储过程。触发器的特殊性主要体现在对特定表进行特定类型的数据修改时触发。触发器通常用于保证业务规则和数据的完整性，用户可以通过编程的方法实现逻辑复杂的商业规则，从而增强数据完整性约束的功能。

（4）SQL Server有两种常规类型的触发器：DML 触发器、DDL 触发器。DML触发器分为AFTER触发器和INSTEAD OF触发器。

创建触发器可以使用CREATE TRIGGER语句，修改触发器可以使用ALTER TRIGGER语句，删除触发器可以使用DROP TRIGGER语句，启用或禁用触发器可以使用ENABLE/DISABLE TRIGGER语句。

（5）SQL Server通过游标提供对一个结果集进行逐行处理的能力。游标包括游标结果集和游标当前行指针两部分的内容。

（6）游标的基本操作包括声明游标、打开游标、提取数据、关闭游标和删除游标。

使用DECLARE CURSOR语句声明游标，使用OPEN语句打开游标，使用FETCH语句提取数据，使用CLOSE语句关闭游标，使用DEALLOCATE语句删除游标。

习题 7

一、选择题

1. 下列关于存储过程的说法中，正确的是（　　）。
   A. 在定义存储过程的代码中可以包含增、删、改、查语句
   B. 用户可以向存储过程传递参数，但不能输出存储过程产生的结果
   C. 存储过程的执行是在客户端完成的
   D. 存储过程是存储在客户端的可执行代码

2. 关于存储过程的描述正确的是（　　）。
   A. 存储过程的存在独立于表，它存放在客户端，供客户端使用
   B. 存储过程可以使用控制流语句和变量，增强了SQL的功能
   C. 存储过程只是一些T-SQL语句的集合，不能看作SQL Server的对象
   D. 存储过程在调用时会自动编译，因此使用方便

3. 创建存储过程的用处主要是（　　）。
   A. 提高数据操作效率　　　　　　B. 维护数据的一致性
   C. 实现复杂的业务规则　　　　　D. 增强引用完整性

4. 设定义一个包含2个输入参数和2个输出参数的存储过程，各参数均为整型。下列定义该存储过程的语句中，正确的是（　　）。
   A. CREATE PROC P1 @x1, @x2 int,
   　　　　@x3, @x4 int output
   B. CREATE PROC P1 @x1 int, @x2 int,
   　　　　@x3, @x4 int output
   C. CREATE PROC P1 @x1 int, @x2 int,
   　　　　@x3 int, @x4 int output
   D. CREATE PROC P1 @x1 int, @x2 int,
   　　　　@x3 int output, @x4 int output

5. 设有存储过程定义语句CREATE PROC P1 @x int, @y int output, @z int output。下列调用该存储过程的语句中，正确的是（　　）。
   A. EXEC P1 10, @a int output, @b int output

B. EXEC P1 10, @a int, @b int output
C. EXEC P1 10, @a output, @b output
D. EXEC P1 10, @a, @b output

6. 下列数据库控制中，适用于触发器实现的是（   ）。
   A. 并发控制　　　B. 恢复控制　　　C. 可靠性控制　　　D. 完整性控制
7. 关于触发器的描述正确的是（   ）。
   A. 触发器是自动执行的，可以在一定条件下触发
   B. 触发器不可以同步数据库的相关表进行级联更新
   C. SQL Server 2008不支持DDL触发器
   D. 触发器不属于存储过程
8. 创建触发器的用处主要是（   ）。
   A. 提高数据查询效率　　　　　　　B. 实现复杂的约束
   C. 加强数据的保密性　　　　　　　D. 增强数据的安全性
9. 当执行由UPDATE语句引发的触发器时，下列关于该触发器临时工作表的说法中，正确的是（   ）。
   A. 系统会自动产生updated表来存放更改前的数据
   B. 系统会自动产生updated表来存放更改后的数据
   C. 系统会自动产生inserted表和deleted表，用inserted表存放更改后的数据，用deleted表存放更改前的数据
   D. 系统会自动产生inserted表和deleted表，用inserted表存放更改前的数据，用deleted表存放更改后的数据
10. 设在SC(Sno, Cid, Grade)表上定义了如下触发器。

```
CREATE TRIGGER tri1 ON SC INSTEAD OF INSERT…
```

当执行以下语句时，会引发触发器的执行。

```
INSERT INTO SC VALUES('s001','c01', 90)
```

下列关于触发器执行时表中数据的说法中，正确的是（   ）。
   A. SC表和inserted表中均包含新插入的数据
   B. SC表和inserted表中均不包含新插入的数据
   C. SC表中包含新插入的数据，inserted表中不包含新插入的数据
   D. SC表中不包含新插入的数据，inserted表中包含新插入的数据
11. 设某数据库在非工作时间（每天8:00以前、18:00以后、周六和周日）不允许授权用户在职工表中插入数据。下列方法中能够实现此需求且最为合理的是（   ）。
    A. 建立存储过程　　　　　　　　　B. 建立后触发型触发器
    C. 定义内嵌表值函数　　　　　　　D. 建立前触发型触发器
12. 利用游标机制可以实现对查询结果集的逐行操作。下列关于SQL Server中游标的说法中，错误的是（   ）。
    A. 每个游标都有一个当前行指针，当游标打开后，当前行指针自动指向结果集的第一行数据

B. 如果在声明游标时未指定INSENSITIVE选项，则已提交的对基础表的更新都会反映在后面的提取操作中
C. 关闭游标之后，可以通过OPEN语句再次打开该游标
D. 当@@FETCH_STATUS=0时，表明游标当前行指针已经移出了结果集的范围

13. SQL Server声明游标的T-SQL语句是（　　）。
   A. DECLARE CURSOR　　　　B. ALTER CURSOR
   C. SET CURSOR　　　　　　D. CREATE CURSOR

14. 下列关于游标的说法中，错误的是（　　）。
   A. 游标允许用户定位到结果集中的某行
   B. 游标允许用户读取结果集中当前行的位置的数据
   C. 游标允许用户修改结果集中当前行的位置的数据
   D. 游标中有一个当前行指针，该指针只能在结果集中单向移动

二、填空题

1. 存储过程是一组完成特定功能的T-SQL语句的集合，_____放在数据库服务器端。
2. T-SQL创建存储过程的语句是_____。
3. 存储过程通过_____命令可以执行一个已定义的存储过程。
4. 定义存储过程的输入参数，必须在CREATE PROCEDURE语句中声明一个或多个_____。
5. 使用带输出参数的存储过程，在CREATE PROCEDURE和EXECUTE语句中都必须使用_____关键字。
6. 触发器是一种特殊的存储过程，其特殊性主要体现在对特定表或列进行特定类型的数据修改时_____。
7. SQL Server支持两种类型的触发器，它们是前触发型触发器和_____触发型触发器。
8. 在一个表上针对每个操作，可以定义_____个前触发型触发器。
9. 如果在某个表的INSERT操作上定义了触发器，则当执行INSERT语句时，系统产生的临时工作表是_____关键字。
10. 对于后触发型触发器，当在触发器中发现引发触发器执行的操作违反了约束时，需要通过_____语句撤销已执行的操作。
11. AFTER触发器在引发触发器执行的语句中的操作都成功执行，并且所有_____检查已成功完成后，才执行触发器。
12. SQL Server通过游标提供了对一个结果集进行_____的能力。
13. 游标包括游标结果集和_____两部分的内容。

三、问答题

1. 什么是存储过程？使用存储过程有什么好处？
2. 简述存储过程的分类。
3. 怎样创建存储过程？
4. 怎样执行存储过程？
5. 什么是存储过程的参数？有哪几种类型？
6. 什么是触发器？其主要功能是什么？

7. 触发器分为哪几种？
8. INSERT触发器、UPDATE触发器和DELETE触发器有什么不同？
9. AFTER触发器和INSTEAD OF触发器有什么不同？
10. inserted表和deleted表各存放什么内容？
11. 简述游标的概念。
12. 举例说明游标的使用步骤。

四、应用题

1. 创建存储过程，输出教师编号、教师姓名、所教课程和上课地点。
2. 创建存储过程，求指定学号和课程号的成绩。
3. 创建修改课程表的学分的存储过程。
4. 创建触发器，当修改课程表时，显示"正在修改课程表"。
5. 创建触发器，当向讲课表插入一条记录时，显示插入记录的上课地点。
6. 创建触发器，防止用户删除成绩表中课程号为1004的记录。
7. 使用游标，输出课程表的课程号、课程名称、学分等信息。

实验7 数据库编程技术

实验7.1 存储过程

1．实验目的及要求

（1）理解存储过程的概念。
（2）掌握存储过程的创建、调用、删除等操作和使用方法。
（3）具备设计、编写和调试存储过程的语句以解决应用问题的能力。

2．验证性实验

在数据库shopexpm中，编写和调试存储过程的语句以解决下列应用问题。
（1）创建显示商品表的全部记录的存储过程。

```
USE shopexpm
GO
CREATE PROCEDURE P_dispGoodsInfo      /* 创建存储过程P_dispGoodsInfo */
AS
BEGIN
    SELECT * FROM GoodsInfo
END
GO

EXECUTE P_dispGoodsInfo
GO
```

（2）创建修改商品类型和单价的存储过程。

```
USE shopexpm
GO
/* 定义商品号形参@GoodsID、商品类型形参@Cf、单价形参@Up为输入参数 */
CREATE PROCEDURE P_classificationUnitprice(@GoodsID varchar(4), @Cf varchar
(20), @Up decimal(8, 2))
AS
BEGIN
    UPDATE GoodsInfo SET Classification=@Cf, Unitprice=@Up WHERE GoodsID=@GoodsID
    SELECT * FROM GoodsInfo WHERE GoodsID=@GoodsID
END
GO

EXEC P_classificationUnitprice '2001', '笔记本平板电脑二合一', 7129.00
GO
```

（3）创建一个存储过程，输入商品号后，将查询出的商品名称存入输出参数内。

```
USE shopexpm
GO
/* 定义商品号形参@GoodsID为输入参数，商品名称形参@GoodsName为输出参数 */
CREATE PROCEDURE P_goodsName(@GoodsID varchar(4), @GoodsName varchar(30) OUTPUT)
AS
    SELECT @GoodsName=GoodsName FROM GoodsInfo WHERE GoodsID=@GoodsID
GO

DECLARE @gname varchar(30)            /* 定义形参@gname为输出参数 */
EXEC P_goodsName '1001', @gname OUTPUT
SELECT '商品名称'=@gname
GO
```

（4）创建删除商品表的指定记录的存储过程。

```
USE shopexpm
GO
/* 定义商品号形参@GoodsID为输入参数，形参@msg为输出参数 */
CREATE PROCEDURE P_deleteGoodsInfo(@GoodsID varchar(4), @msg varchar(8) OUTPUT)
AS
BEGIN
    DELETE FROM GoodsInfo WHERE GoodsID=@GoodsID
    SET @msg='删除成功';
END
GO
DECLARE @mg varchar(8)
EXEC P_deleteGoodsInfo '4001', @mg OUTPUT
SELECT @mg
GO
```

（5）删除（1）题所建的存储过程。

```
USE shopexpm
DROP PROCEDURE P_dispGoodsInfo
```

3. 设计性实验

在数据库shopexpm中，设计、编写和调试存储过程的语句以解决以下应用问题。
（1）创建显示订单表的全部记录的存储过程。
（2）创建修改客户号的存储过程。
（3）创建一个存储过程，输入订单号后，将查询出的总金额存入输出参数内。
（4）创建删除订单表的指定记录的存储过程。
（5）删除（1）题所建的存储过程。

4. 观察与思考

（1）存储过程的参数有哪几种？如何设置？
（2）怎样执行存储过程？

实验7.2 触发器和游标

1. 实验目的及要求

（1）理解触发器和游标的概念。
（2）掌握触发器的创建、使用和删除，以及游标的使用等操作。
（3）具备设计、编写和调试触发器和游标的语句以解决应用问题的能力。

2. 验证性实验

在数据库shopexpm中，验证和调试触发器和游标的语句以解决以下应用问题。
（1）创建触发器，当向商品表中插入一条记录时，显示插入记录的商品名称。

```
USE shopexpm
GO
CREATE TRIGGER T_insertGoodsInfo        /* 创建INSERT触发器T_insertGoodsInfo */
    ON GoodsInfo
AFTER INSERT
AS
BEGIN
    DECLARE @GoodsName char(30)
    SELECT @GoodsName=inserted.GoodsName FROM inserted
    PRINT @GoodsName
END
GO

INSERT INTO GoodsInfo(GoodsID, GoodsName, Classification, Stockqty)
VALUES('4002','HP LaserJet Pro M405d','打印机',6)
GO
```

（2）创建触发器，当更新商品表中的某个商品号时，同时更新订单明细表中所有相应的商品号。

```
USE shopexpm
GO
CREATE TRIGGER T_updateGoodsInfo          /* 创建UPDATE触发器T_updateGoodsInfo */
    ON GoodsInfo
AFTER UPDATE
AS
BEGIN
    DECLARE @GIDOld varchar(4)
    DECLARE @GIDNew varchar(4)
    SELECT @GIDOld=GoodsID FROM deleted
    SELECT @GIDNew=GoodsID FROM inserted
    UPDATE DetailInfo SET GoodsID=@GIDNew WHERE GoodsID=@GIDOld
END
GO

UPDATE GoodsInfo SET GoodsID='1012' WHERE GoodsID='1002'
GO
```

（3）创建触发器，当删除商品表的商品号时，同时将订单明细表中与该商品有关的商品数据全部删除。

```
USE shopexpm
GO
CREATE TRIGGER T_deleteGoodsInfo          /* 创建DELETE触发器T_deleteGoodsInfo */
    ON GoodsInfo
AFTER DELETE
AS
BEGIN
    DECLARE @GIDOld varchar(4)
    SELECT @GIDOld=GoodsID FROM deleted
    DELETE DetailInfo WHERE GoodsID=@GIDOld
END
GO

DELETE GoodsInfo WHERE GoodsID='3001'
GO
```

（4）删除第（1）题所建的触发器。

```
USE shopexpm
DROP TRIGGER T_insertGoodsInfo
```

（5）使用游标，输出商品表的商品号、商品名称、商品类型、库存量等信息。

```
USE shopexpm
SET NOCOUNT ON
DECLARE @GID varchar(4), @GName varchar(30), @Cf varchar(20), @Sq int
/* 声明游标，查询产生与所声明的游标相关联的课程情况的结果集 */
DECLARE Cur_GoodsInfo CURSOR FOR SELECT GoodsID, GoodsName, Classification,
Stockqty FROM GoodsInfo
OPEN Cur_GoodsInfo                                    /* 打开游标 */
```

```
FETCH NEXT FROM Cur_GoodsInfo INTO @GID, @GName, @Cf, @Sq /* 提取第一行数据 */
PRINT '商品号    商品名称         商品类型      库存量' /* 打印表头 */
PRINT '--------------------------------------------------------------'
WHILE @@fetch_status = 0                            /* 循环打印和提取各行数据 */
BEGIN
    PRINT CAST(@GID AS char(4))+'    '+CAST(@GName AS char(30))+'    '+@Cf+
'    '+CAST(@Sq AS char(3))
    FETCH NEXT FROM Cur_GoodsInfo INTO @GID, @GName, @Cf, @Sq
END
CLOSE Cur_GoodsInfo                                 /* 关闭游标 */
DEALLOCATE Cur_GoodsInfo                            /* 释放游标 */
```

3. 设计性实验

在数据库shopexpm中，设计、编写和调试触发器和游标的语句以解决下列应用问题。

（1）创建触发器，当向订单表中插入一条记录时，显示插入记录的员工号。

（2）创建触发器，当更新订单表中的订单号时，同时更新订单明细表中所有相应的订单号。

（3）创建触发器，当删除订单表中的订单号时，同时将订单明细表中与该订单有关的数据全部删除。

（4）删除第（1）题所建的触发器。

（5）使用游标，输出订单表的订单号、员工号、客户号、总金额等信息。

4. 观察与思考

（1）执行DML触发器时，系统会创建哪两个特殊的临时表？各有何作用？

（2）执行INSERT操作，什么记录会被插入inserted表中？执行DELETE操作，什么记录会被插入deleted表中？

（3）执行UPDATE操作，哪些记录会被插入deleted表中？哪些记录会被插入inserted表中？

（4）游标使用完毕后，应如何处理？

第8章 系统安全管理

国家安全是民族复兴的根基，社会稳定是国家强盛的前提。对于维护国家安全而言，数据安全是我国总体国家安全观的重要组成部分，而数据安全又依赖于数据库的安全管理。

SQL Server提供了多项安全管理的工具和对象，例如登录名管理、用户管理、角色管理和权限管理等，充分应用上述对象和工具，可以确保系统具有较高的安全性。本章介绍SQL Server安全机制和身份验证模式、服务器安全管理、数据库安全管理、角色管理和权限管理等内容。

8.1 SQL Server安全机制和身份验证模式

SQL Server具有5个层级的安全机制和2种身份验证模式，下面分别介绍。

8.1.1 SQL Server安全机制

SQL Server整个安全体系的结构从顺序上可以分为认证和授权两个部分，其安全机制可以分为5个层级。

1．客户机安全机制

在用户使用客户机通过网络访问SQL Server服务器时，用户首先要获得客户机操作系统的使用权限。由于SQL Server 2019 采用了集成Windows NT网络安全性机制，因而提高了操作系统的安全性。

2．网络传输的安全机制

SQL Server对关键数据进行了加密，即使攻击者通过了防火墙和服务器上的操作系统，还要对数据进行破解。SQL Server 2019有两种对数据加密的方式：数据加密和备份加密。

3．服务器级别安全机制

SQL Server服务器级别安全机制，即实例级别安全机制，SQL Server服务器采用了标准SQL Server登录和集成Windows登录两种。用户登录SQL Server服务器必须通过身份验证，必须提供登录名和登录密码。服务器角色预先设定多种对服务器权限的分组，可以使相应登录名具有服务器角色所具有的权限。

4．数据库级别安全机制

数据库用户在访问数据库时，必须提供数据库用户账号并具备访问该数据库的权限。在建立数据库用户的账号时，SQL Server服务器将登录名映射到数据库用户的账号上。数据库角色预先设定多种对数据库操作权限的分组，可以使数据库用户具有数据库角色所具有的数据库操作权限。

5．对象级别安全机制

数据库用户在访问数据库对象时，必须具备访问该数据库对象的权限。在建立数据库用户的账号后，可以在这个账号上定义访问数据库对象的权限。为了简化对众多的数据库对象的管理，可以通过数量较少的架构对数量较多的数据库对象进行管理，数据库对象归属于架构，架构的所有者为用户。

> **注意**
>
> 假设SQL Server服务器是一座大楼，大楼的每个房间代表数据库，房间里的资料柜代表数据库对象，那么登录名是进入大楼的钥匙，数据库用户名是进入房间的钥匙，数据库用户权限是打开资料柜的钥匙。

8.1.2　SQL Server身份验证模式

SQL Server提供了两种身份验证模式：Windows验证模式和SQL Server验证模式。

1．Windows验证模式

在Windows验证模式下，由于用户登录Windows时已进行了身份验证，登录SQL Server时就不再进行身份验证。

2．SQL Server验证模式

在SQL Server验证模式下，SQL Server服务器要对登录的用户进行身份验证。

当SQL Server在Windows操作系统上运行时，系统管理员设定登录验证模式的类型可以是Windows验证模式和混合模式。当采用混合模式时，SQL Server系统既允许使用Windows登录账号登录，也允许使用SQL Server登录账号登录。

8.2　服务器安全管理

服务器安全管理是SQL Server系统安全性管理的第一层次，通过排除非法用户对SQL Server服务器的连接，防止外来的非法入侵。

登录名是客户端连接服务器时，向服务器提交的用于身份验证的凭据，也是SQL Server服务器安全管理中的基本构件。

根据身份验证模式的不同，SQL Server有两种登录名：Windows登录名和SQL Server登录名。

服务器安全管理

- Windows登录名：由Windows操作系统的用户账号对应到SQL Server的登录名，此类登录名主要用于Windows身份验证模式。
- SQL Server登录名：由SQL Server独立维护并用于SQL Server身份验证模式的登录名。

下面介绍如何创建登录名、修改登录名、删除登录名。

8.2.1 创建登录名

Windows验证模式和SQL Server验证模式，都可以使用T-SQL语句和图形界面两种方式创建登录名。

1. 使用T-SQL语句创建登录名

创建登录名使用CREATE LOGIN语句。
语法格式如下。

```
CREATE LOGIN login_name
{ WITH PASSWORD = 'password' [ HASHED ] [ MUST_CHANGE ]
    [ , <option_list> [ ,…] ]        /*WITH子句用于创建SQL Server登录名*/
    | FROM                            /*FROM子句用于创建其他登录名*/
    {
        WINDOWS [ WITH <windows_options> [ ,…] ]
        | CERTIFICATE certname
        | ASYMMETRIC KEY asym_key_name
    }
}
<option_list>: :=
SID = sid
|DEFAULT_DATABASE = database
|DEFAULT_LANGUAGE = language
|CHECK_EXPIRATION = ON|OFF
|CHECK_POLICY = ON|OFF
[CREDENTIAL = credential_name
```

各参数说明如下。
- 创建SQL Server登录名时使用WITH子句，PASSWORD用于指定正在创建的登录名的密码，password为密码字符串；<option_list>为创建SQL Server登录名的选项，其中，DEFAULT_DATABASE为指定默认数据库，DEFAULT_LANGUAGE为指定默认语言。
- FROM子句用于创建Windows登录名、证书映射登录名和非对称密钥映射登录名。

【例8.1】 使用T-SQL语句创建登录名Schla、Schlb、Schlc、Lctm、Lctn。
以下语句用于创建SQL Server验证模式登录名。

```
CREATE LOGIN Schla
    WITH PASSWORD='3456',
    DEFAULT_DATABASE=teachmanage

CREATE LOGIN Schlb
    WITH PASSWORD='mno',
    DEFAULT_DATABASE=teachmanage

CREATE LOGIN Schlc
```

```
    WITH PASSWORD='pqr',
    DEFAULT_DATABASE=teachmanage

CREATE LOGIN Lctm
    WITH PASSWORD='g789',
    DEFAULT_DATABASE=teachmanage

CREATE LOGIN Lctn
    WITH PASSWORD='def12',
    DEFAULT_DATABASE=teachmanage
```

2．使用图形界面方式创建登录名

下面介绍使用图形界面方式创建登录名的过程。

【例8.2】使用图形界面方式创建登录名Sp。

使用图形界面方式创建登录名的操作步骤如下。

（1）启动SQL Server Management Studio，在"对象资源管理器"窗口中，展开"安全性"节点，选中"登录名"选项，右击该选项，在弹出的快捷菜单中选择"新建登录名"命令。

（2）出现图8.1所示的"登录名-新建"窗口的"常规"选项卡，在"登录名"文本框中，输入创建的登录名"Sp"，选择"SQL Server身份验证"单选框（如果选择"Windows身份验证"单选框，可以单击"搜索"按钮，在"选择用户或用户组"窗口中选择相应的用户名并添加到"登录名"文本框中）。

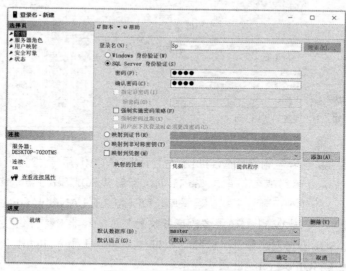

图 8.1 "登录名 - 新建"窗口

由于选择"SQL Server身份验证"单选框，需要在"密码"和"确认密码"文本框中输入密码，此处输入"1234"。将"强制实施密码策略"复选框中的对钩去掉，单击"确定"按钮，完成登录名的设置。

为了测试新建的登录名Sp能否连接SQL Server，进行测试的步骤如下：在"对象资源管理器"窗口中单击"连接"，在下拉列表中选择"数据库引擎"，弹出"连接到服务器"窗口，在"身份验证"下拉列表中选择"SQL Server身份验证"，在"登录名"文本框中输入Sp，接着输入密码，单击"连接"按钮，即可登录到 SQL Server服务器。

8.2.2 修改登录名

修改登录名可以使用T-SQL语句和图形界面两种方式。

1. 使用T-SQL语句修改登录名

修改登录名使用ALTER LOGIN语句。
语法格式如下。

```
ALTER LOGIN login_name
{
   status_option | WITH set_option [...]
)
```

其中，login_name为需要更改的登录名，在WITH set_option选项中，可以指定新的登录名的名称和新密码等。

使用T-SQL语句修改登录名举例如下。

【例8.3】使用T-SQL语句修改登录名Lctm，将其名称改为Lctm1。

```
ALTER LOGIN Lctm
     WITH name=Lctm1
```

2. 使用图形界面方式修改登录名

使用图形界面方式修改登录名举例如下。

【例8.4】使用图形界面方式修改登录名Sp的密码，将密码改为123456。

使用图形界面方式修改登录名的操作步骤如下。

（1）启动SQL Server Management Studio，在"对象资源管理器"窗口中，展开"安全性"节点，展开"登录名"节点，选中"Sp"选项，右击该选项，在弹出的快捷菜单中选择"属性"命令。

（2）出现"登录属性-Sp"窗口的"常规"选项卡，在"密码"和"确认密码"文本框中输入新密码"123456"，单击"确定"按钮，完成登录名密码的修改。

8.2.3 删除登录名

可以使用T-SQL语句和图形界面两种方式删除登录名。

1. 使用T-SQL语句删除登录名

删除登录名使用DROP LOGIN语句。
语法格式如下。

```
DROP LOGIN login_name
```

其中，login_name为指定要删除的登录名。

【例8.5】使用T-SQL语句删除登录名Lctm1。

```
DROP LOGIN Lctm1
```

2．使用图形界面方式删除登录名

使用图形界面方式删除登录名举例如下。

【例8.6】使用图形界面方式删除登录名Lctm。

使用图形界面方式删除登录名的操作步骤如下。

（1）启动SQL Server Management Studio，在"对象资源管理器"窗口中，展开"安全性"节点，展开"登录名"节点，选中"Lctm"选项，右击该选项，在弹出的快捷菜单中选择"删除"命令。

（2）在出现的"删除对象"窗口中，单击"确定"按钮，即可删除登录名Lctm。

8.3 数据库安全管理

数据库的安全管理是通过数据库用户权限管理来实现的。

一个用户取得合法的登录名，仅能够登录到SQL Server服务器，但不表明能对数据库和数据库对象进行某些操作。使用登录名连接服务器后，如果需要访问数据库，必须在登录名与数据库的用户之间建立映射。用户对数据库的访问和对数据库对象进行的所有操作都是通过数据库用户来控制的。

数据库安全管理

数据库用户是数据库级的安全主体，是对数据库进行操作的对象。要使数据库能被用户访问，数据库中必须建立用户。系统为每个数据库自动创建了以下用户：dbo、guest、INFORMATION_SCHEMA、sys。

- dbo：数据库所有者用户。dbo用户对数据库拥有所有权限，并可以将这些权限授予其他用户。创建数据库的用户默认就是数据库的所有者，从属于服务器角色"sysadmin"的登录名会自动被映射为dbo用户，因此"sysadmin"角色的成员就具有对数据库执行任何操作的权限。
- guest：数据库客人的用户。当数据库中存在guest用户，则所有登录名不管是否具有访问数据库的权限，都可以访问guest用户所在的数据库。因此，guest用户的存在会降低系统的安全性。在用户数据库中guest用户默认处于关闭状态。
- sys和INFORMATION_SCHEMA：这两类用户是为使用sys和INFORMATION_SCHEMA架构的视图而创建的用户。

下面介绍创建数据库用户、修改数据库用户、删除数据库用户、数据库角色等内容。

8.3.1 创建数据库用户

创建数据库用户必须首先创建登录名，创建数据库用户有T-SQL语句和图形界面两种方式，以下将"数据库用户"简称为"用户"。

1. 使用T-SQL语句创建用户

创建用户使用CREATE USER语句。
语法格式如下。

```
CREATE USER user_name
[{ FOR | FROM }
    {
        LOGIN login_name
      | CERTIFICATE cert_name
      | ASYMMETRIC KEY asym_key_name
    }
    | WITHOUT LOGIN
]
[ WITH DEFAULT_SCHEMA = schema_name ]
```

各参数说明如下。
- user_name：指定用户名。
- FOR或FROM子句：用于指定相关联的登录名，LOGIN login_name指定要创建用户的SQL Server登录名。login_name必须是服务器中有效的登录名，当此登录名进入数据库时，它将获取正在创建的用户的名称和ID。
- WITHOUT LOGIN：指定不将用户映射到现有登录名。
- WITH DEFAULT_SCHEMA：指定服务器为此用户解析对象名称时搜索的第一个架构，默认为dbo。

【例8.7】使用T-SQL语句创建用户Luo、Wen、Qi、Wu。

以下语句用于创建用户Luo，其登录名Schla已创建。

```
USE teachmanage
GO
CREATE USER Luo
    FOR LOGIN Schla
GO
```

以下语句用于创建用户Wen，其登录名Schlb已创建。

```
USE teachmanage
GO
CREATE USER Wen
    FOR LOGIN Schlb
GO
```

以下语句用于创建用户Qi，其登录名Schlc已创建。

```
USE teachmanage
GO
CREATE USER Qi
    FOR LOGIN Schlc
GO
```

以下语句用于创建用户Wu，其登录名Lct1已创建。

```
USE teachmanage
GO
CREATE USER Wu
    FOR LOGIN Lct1
GO
```

2．使用图形界面方式创建用户

使用图形界面方式创建用户举例如下。

【例8.8】使用图形界面方式创建用户Spcl。

使用图形界面方式创建用户的操作步骤如下。

（1）启动SQL Server Management Studio，在"对象资源管理器"窗口中，展开"数据库"节点，展开"teachmanage"节点，展开"安全性"节点，选中"用户"选项，右击该选项，在弹出的快捷菜单中选择"新建用户"命令。

（2）出现图8.2所示的"数据库用户-新建"窗口。

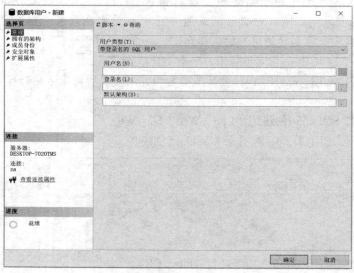

图 8.2 "数据库用户 - 新建"窗口

- 在"用户名"文本框中，输入创建的用户名"Spcl"。
- 在"登录名"文本框中，可以输入要建立映射的登录名，此处输入"Sp"。或者单击"登录名"右侧的按钮，出现"选择登录名"对话框，单击"浏览"按钮。出现图8.3所示的"查找对象"对话框，在登录名列表中选择"Sp"，单击两次"确定"按钮，"登录名"文本框中出现"Sp"。
- 在"默认架构"文本框中可以输入要建立的默认架构，此处输入"dbo"。或者单击"默认架构"框右侧的按钮，出现"选择架构"对话框，单击"浏览"按钮。出现图8.4所示的"查找对象"对话框，在登录名列表中选择"dbo"，单击两次"确定"按钮，"默认架构"下拉列表中出现"dbo"。如果此框中不输入任何内容，用户的默认架构就是dbo。

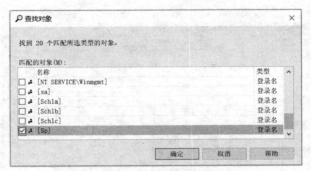

图 8.3　登录名的"查找对象"对话框

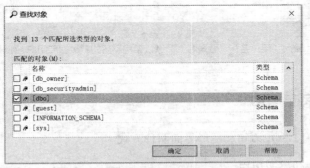

图 8.4　默认架构的"查找对象"对话框

（3）单击"拥有的架构"选项卡，在"此用户拥有的架构"列表中，列出了当前数据库中所有的架构，如图8.5所示，可以根据需要进行选择。

图 8.5　"数据库用户–拥有的架构"选项卡

（4）输入"用户名""登录名""默认架构"后，"数据库用户-新建"窗口如图8.6所示，单击"确定"按钮，完成创建用户Spcl。

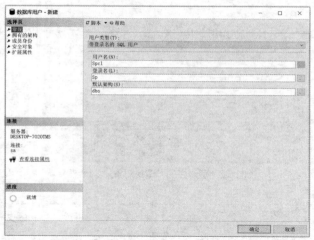

图 8.6 输入"用户名""登录名""默认架构"后的"数据库用户 - 新建"窗口

8.3.2 修改数据库用户

修改数据库用户有T-SQL语句和图形界面两种方式。

1．使用T-SQL语句修改用户

修改数据库用户使用ALTER USER语句。
语法格式如下。

```
ALTER USER user_name
    WITH NAME = new_user_name
```

其中，user_name为要修改的数据库用户名，WITH NAME = new_user_name指定新的数据库用户名。

【例8.9】使用T-SQL语句将用户Wu修改为Wu1。

```
USE teachmanage
ALTER USER Wu
    WITH name=Wu1
```

2．使用图形界面方式修改用户

使用图形界面方式修改用户举例如下。

【例8.10】使用图形界面方式修改用户Spcl。

使用图形界面方式修改用户的操作步骤如下。

（1）启动SQL Server Management Studio，在"对象资源管理器"窗口中，展开"数据库"节点，展开"teachmanage"节点，展开"安全性"节点，展开"用户"节点，选中"Spcl"选项，右击该选项，在弹出的快捷菜单中选择"属性"命令。

（2）出现"数据库用户-Spcl"窗口，在其中进行相应的修改，单击"确定"按钮完成修改。

8.3.3 删除数据库用户

删除数据库用户有T-SQL语句和图形界面两种方式。

1．使用T-SQL语句删除用户

删除数据库用户使用DROP USER语句。
语法格式如下：

```
DROP USER user_name
```

其中，user_name为要删除的数据库用户名，在删除之前要使用USE语句指定数据库。

【例8.11】使用T-SQL语句删除用户Wu1。

```
USE teachmanage
DROP USER Wu1
```

2．使用图形界面方式删除用户

【例8.12】使用图形界面方式删除用户Qi。

使用图形界面方式删除用户的操作步骤如下。

（1）启动SQL Server Management Studio，在"对象资源管理器"窗口中，展开"数据库"节点，展开"teachmanage"节点，展开"安全性"节点，展开"用户"节点，选中"Qi"选项，右击该选项，在弹出的快捷菜单中选择"删除"命令。

（2）在出现的"删除对象"窗口中，单击"确定"按钮，即可删除用户Qi。

8.4 角色管理

为了便于集中管理服务器和数据库中的权限，SQL Server 提供了若干"角色"，这些角色将登录名和用户分为不同的组，对相同组的登录名和用户进行统一管理，赋予相同的操作权限，它们类似于 Microsoft Windows 操作系统中的用户组。SQL Server 将角色划分为服务器角色、数据库角色。服务器角色用于对登录名授权，数据库角色用于数据库用户授权。

角色管理

8.4.1 服务器角色

服务器角色分为固定服务器角色和用户定义服务器角色。

1．固定服务器角色

固定服务器角色是执行服务器级管理操作的权限集合，这些角色是系统预定义的。如果在SQL Server中创建一个登录名后，要赋予该登录者具有管理服务器的权限，此时可设置该登录名为服务器角色的成员。SQL Server提供了以下固定服务器角色。

- sysadmin：系统管理员，角色成员可对SQL Server服务器进行所有的管理工作，为最高管理角色。这个角色一般适合于数据库管理员（DBA）。

- securityadmin：安全管理员，角色成员可以管理登录名及其属性。可以授予、拒绝、撤销服务器级和数据库级的权限。另外还可以重置SQL Server登录名的密码。
- serveradmin：服务器管理员，角色成员具有对服务器进行设置及关闭服务器的权限。
- setupadmin：设置管理员，角色成员可以添加和删除链接服务器，并执行某些系统存储过程。
- processadmin：进程管理员，角色成员可以终止SQL Server实例中运行的进程。
- diskadmin：用于管理磁盘文件。
- dbcreator：数据库创建者，角色成员可以创建、更改、删除或还原任何数据库。
- bulkadmin：可执行BULK INSERT语句，但是这些成员对要插入数据的表必须有INSERT权限。BULK INSERT语句的功能是以用户指定的格式复制一个数据文件至数据库表或视图。
- public：其角色成员可以查看任何数据库。

用户只能将一个登录名添加为上述某个固定服务器角色的成员，不能自行定义服务器角色。添加固定服务器角色成员有使用系统存储过程和图形界面两种方式。

（1）使用系统存储过程添加固定服务器角色的成员

使用系统存储过程sp_addsrvrolemember将登录名添加到某一固定服务器角色。

语法格式如下。

```
sp_addsrvrolemember [ @loginame = ] 'login', [@rolename =] 'role'
```

其中，login指定添加到固定服务器角色role的登录名，login可以是SQL Server登录名或Windows登录名。对于Windows登录名，如果还没有授予SQL Server访问权限，将自动对其授予访问权限。

【例8.13】在固定服务器角色sysadmin中添加登录名Schla。

```
EXEC sp_addsrvrolemember 'Schla', 'sysadmin'
```

（2）使用系统存储过程删除固定服务器角色的成员

使用系统存储过程sp_dropsrvrolemember从固定服务器角色中删除登录名。

语法格式如下。

```
sp_dropsrvrolemember [ @loginame = ] 'login' , [ @rolename = ] 'role'
```

其中，'login'为将要从固定服务器角色删除的登录名。'role'为服务器角色名，默认值为NULL，必须是有效的固定服务器角色名。

【例8.14】在固定服务器角色sysadmin中删除登录名Schla。

```
EXEC sp_dropsrvrolemember 'Schla', 'sysadmin'
```

（3）使用图形界面方式添加固定服务器角色的成员

下面介绍使用图形界面方式添加固定服务器角色的成员的过程。

【例8.15】使用图形界面方式在固定服务器角色sysadmin中添加登录名Sp。

使用图形界面方式添加固定服务器角色的成员的步骤如下。

① 启动SQL Server Management Studio，在"对象资源管理器"窗口中，展开"安全性"节点，展开"服务器角色"节点，选中"sysadmin"选项，右击该选项，在弹出的快捷菜单中选择"属性"命令。

② 出现图8.7所示的"服务器角色属性-sysadmin"窗口，在角色成员列表中，没有登录名

"Sp",单击"添加"按钮。

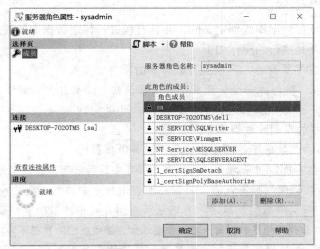

图 8.7 "服务器角色属性 -sysadmin"窗口

③ 出现"选择服务器登录名或角色"对话框,单击"浏览"按钮,出现"查找对象"对话框,在登录名列表中选择"Sp",单击两次"确定"按钮,出现图8.8所示的"服务器角色属性-sysadmin"窗口,可看出Sp登录名为sysadmin角色的成员,单击"确定"按钮,完成在固定服务器角色sysadmin中添加登录名Sp的设置。

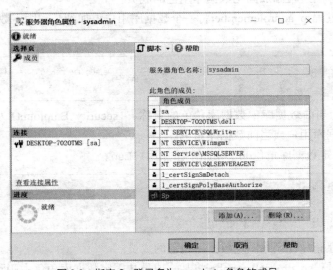

图 8.8 指定 Sp 登录名为 sysadmin 角色的成员

2.用户定义服务器角色

SQL Server 2019新增了用户定义服务器角色。

用户定义服务器角色提供了灵活有效的安全机制,用户可以创建、修改和删除用户定义服务器角色,可以像固定服务器角色一样添加角色的成员和删除角色的成员,其操作方法类似。

8.4.2 数据库角色

SQL Server的数据库角色分为固定数据库角色、用户定义数据库角色。

1. 固定数据库角色

固定数据库角色是在数据库级别定义的,并且有权进行特定数据库的管理和操作。

固定数据库角色及其执行的操作如下。

- db_owner:数据库所有者,可以执行数据库的所有管理操作。
- db_securityadmin:数据库安全管理员,可以修改角色成员身份和管理权限。
- db_Emplessadmin:数据库访问权限管理员,可以为Windows登录名、Windows组和SQL Server登录名添加或删除数据库访问权限。
- db_backupoperator:数据库备份操作员,可以备份数据库。
- db_ddladmin:数据库DDL管理员,可以在数据库中运行任何数据定义语言(DDL)的命令。
- db_datawriter:数据库数据写入者,可以在所有用户表中添加、删除或更改数据。
- db_datareader:数据库数据读取者,可以从所有用户表中读取所有数据。
- db_denydatawriter:数据库拒绝数据写入者,不能添加、修改或删除数据库内用户表中的任何数据。
- db_denydatareader:数据库拒绝数据读取者,不能读取数据库内用户表中的任何数据。
- public:默认只有读取数据的权限,特殊的数据库角色,每个数据库用户都属于public数据库角色。如果未向某个用户授予或拒绝对安全对象的特定权限时,该用户将继承授予该对象的public角色的权限。

添加固定数据库角色的成员有使用系统存储过程和图形界面两种方式。

(1)使用系统存储过程添加固定数据库角色的成员。

使用系统存储过程sp_addrolemember将一个数据库用户添加到某一固定数据库角色。

语法格式如下。

```
sp_addrolemember [ @rolename = ] 'role', [ @membername = ] 'security_Emplount'
```

其中,'role'为当前数据库中数据库角色的名称。'security_Emplount'为添加到该角色的安全账户,可以是数据库用户或当前数据库角色。

【例8.16】在固定数据库角色db_owner中添加用户Luo。

```
USE teachmanage
GO
EXEC sp_addrolemember 'db_owner', 'Luo'
```

(2)使用系统存储过程删除固定数据库角色的成员。

使用系统存储过程sp_droprolemember将某一成员从固定数据库角色中删除。

语法格式如下。

```
sp_droprolemember [ @rolename = ] 'role' , [ @membername = ] 'security_Emplount'
```

【例8.17】在固定数据库角色db_owner中删除用户Luo。

```
EXEC sp_droprolemember 'db_owner', 'Luo'
```

(3)使用图形界面方式添加固定数据库角色的成员。

使用图形界面方式添加固定数据库角色的成员举例如下。

【例8.18】使用图形界面方式在固定数据库角色db_owner中添加用户Spcl。

使用图形界面方式添加固定数据库角色的成员的操作步骤如下。

① 启动SQL Server Management Studio，在"对象资源管理器"窗口中，展开"数据库"节点，展开"teachmanage"节点，展开"安全性"节点，展开"用户"节点，选中"Spcl"选项，右击该选项，在弹出的快捷菜单中选择"属性"命令，出现"数据库用户-Spcl"窗口，选择"成员身份"选项卡，在角色成员列表中，选择"db_owner"角色，如图8.9所示，单击"确定"按钮。

图 8.9　在"数据库用户-Spcl"窗口中选择"db_owner"角色

② 为了查看db_owner角色的成员中是否添加了Spcl用户，在"对象资源管理器"窗口中，展开"数据库"节点，展开"teachmanage"节点，展开"安全性"节点，展开"角色"节点，展开"数据库角色"节点，选中"db_owner"选项，右击该选项，在弹出的快捷菜单中选择"属性"命令，出现"数据库角色属性-db_owner"窗口，可以看到在角色成员列表中已有"Spcl"成员，如图8.10所示。

图 8.10　固定数据库角色 db_owner 中已添加成员 Spcl

2．用户定义数据库角色

若有若干用户需要获取数据库共同权限，可形成一组，创建用户定义数据库角色赋予该组相应权限,并将这些用户作为该数据库角色的成员即可。

创建用户定义数据库角色有T-SQL语句和图形界面两种方式。

(1)使用T-SQL语句创建用户定义数据库角色。

① 定义数据库角色。

创建用户定义数据库角色使用CREATE ROLE语句。

语法格式如下。

```
CREATE ROLE role_name [ AUTHORIZATION owner_name ]
```

其中,role_name为要创建的自定义数据库角色的名称,AUTHORIZATION owner_name指定新的自定义数据库角色的拥有者。

【例8.19】为teachmanage数据库创建用户定义数据库角色Rdm、Rdn。

```
USE teachmanage
GO
CREATE ROLE Rdm AUTHORIZATION dbo
GO

USE teachmanage
GO
CREATE ROLE Rdn AUTHORIZATION dbo
GO
```

② 添加数据库角色成员。

向用户定义数据库角色添加成员使用存储过程sp_addrolemember,其用法与前面介绍的基本相同。

【例8.20】给用户定义数据库角色Rdm添加用户账户Wen。

```
EXEC sp_addrolemember 'Rdm','Wen'
```

(2)使用T-SQL语句删除用户定义数据库角色。

删除用户定义数据库角色使用DROP ROLE语句。

语法格式如下。

```
DROP ROLE role_name
```

【例8.21】删除用户定义数据库角色Rdn。

```
DROP ROLE Rdn
```

(3)使用图形界面方式创建用户定义数据库角色。

使用图形界面方式创建用户定义数据库角色举例如下。

【例8.22】使用图形界面方式为teachmanage数据库创建一个用户定义数据库角色Rd,所有者为Spcl。

使用图形界面方式添加固定数据库角色的成员的操作步骤如下。

① 启动SQL Server Management Studio,在"对象资源管理器"窗口中,展开"数据库"节点,展开"teachmanage"节点,展开"安全性"节点,展开"角色"节点,选中"数据库角色"

选项，右击该选项，在弹出的快捷菜单中选择"新建数据库角色"命令。

② 出现如图8.11所示的"数据库角色-新建"窗口，在"角色名称"文本框中输入"Rd"，单击"所有者"文本框后的"…"按钮。

图 8.11 "数据库角色-新建"窗口

③ 出现"选择数据库用户或角色"对话框，单击"浏览"按钮。出现"查找对象"对话框，从中选择数据库用户"Spcl"，单击两次"确定"按钮。

④ 选择"常规"选项卡，设置结果如图8.12所示，单击"确定"按钮，完成用户定义数据库角色Rd的创建操作。

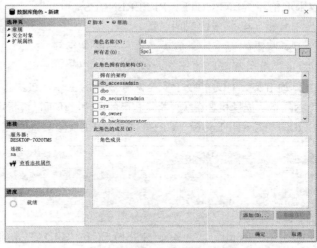

图 8.12 设置结果

3．应用程序角色

应用程序角色用于允许用户通过特定的应用程序获取特定数据，它是一种特殊的数据库角色。

应用程序角色是非活动的，在使用之前要在当前连接中将其激活。激活一个应用程序角色后，当前连接将失去它所有的用户权限，只获得应用程序角色所拥有的权限。应用程序角色在默认情况下不包含任何成员。

8.5 权限管理

使用T-SQL语句和SQL Server Management Studio图形界面给数据库用户授权,下面分别进行介绍。

8.5.1 使用GRANT语句给用户授予权限

使用GRANT语句可以给数据库用户或数据库角色授予数据库级别或对象级别的权限。

语法格式如下。

权限管理

```
GRANT { ALL [ PRIVILEGES ] }| permission [ ( column [ ,...n ] ) ] [ ,...n ]
    [ ON [ class :: ] securable ] TO principal [ ,...n ]
    [ WITH GRANT OPTION ] [ AS principal ]
```

各参数说明如下。
- ALL:授予所有可用的权限。
- permission:权限的名称。

对于数据库,权限取值可为CREATE DATABASE、CREATE DEFAULT、CREATE FUNACTION、CREATE PROCEDURE、CREATE RULE、CREATE TABLE、CREATE VIEW、BACKUP DATABASE、BACKUP LOG。

对于表、视图或表值函数,权限取值可为SELECT、INSERT、DELETE、UPDATE、REFERENCES。

对于存储过程,权限取值可为EXECUTE。

对于用户函数,权限取值可为EXECUTE、REFERENCES。

- column:指定表中将授予其权限的列的名称。
- class:指定将授予其权限的安全对象的类。需要范围限定符"::"。
- ON securable:指定将授予其权限的安全对象。
- TO principal:主体的名称。可为其授予安全对象权限的主体,该主体根据安全对象而异。
- GRANT OPTION:指示被授权者在获得指定权限的同时,还可以将指定权限授予其他主体。

【例8.23】使用T-SQL语句给用户Luo授予CREATE TABLE权限。

```
USE teachmanage
GO
GRANT CREATE TABLE TO Luo
GO
```

【例8.24】对用户Luo、角色Rdm授予教师表上的SELECT、UPDATE权限。

```
USE teachmanage
GO
GRANT SELECT, UPDATE ON teacher TO Luo, Rdm
GO
```

8.5.2 使用DENY语句拒绝授予用户权限

使用DENY语句可以拒绝给当前数据库用户授予的权限,并防止数据库用户通过其组或角色成员资格继承权限。

语法格式如下。

```
DENY { ALL [ PRIVILEGES ] }
    | permission [ ( column [ ,…n ] ) ] [ ,…n ]
    [ ON securable ] TO principal [ ,…n ]
    [ CASCADE] [ AS principal ]
```

其中,CASCADE指定授予用户拒绝权限,并撤销该用户的WITH GRANT OPTION权限。其他参数的含义与GRANT语句相同。

【例8.25】对所有Rd角色的成员拒绝CREATE TABLE权限。

```
USE teachmanage
GO
DENY CREATE TABLE TO Rd
GO
```

8.5.3 使用REVOKE语句撤销用户权限

使用REVOKE语句可以撤销以前给当前数据库用户授予或拒绝的权限。

语法格式如下。

```
REVOKE [ GRANT OPTION FOR ]
    { [ ALL [ PRIVILEGES ] ]
        | permission [ ( column [ ,…n ] ) ] [ ,…n ]
    }
    [ ON securable ]
    { TO | FROM } principal [ ,…n ]
    [ CASCADE] [ AS principal ]
```

【例8.26】取消已授予用户Luo的CREATE TABLE 权限。

```
USE teachmanage
GO
REVOKE CREATE TABLE FROM Luo
GO
```

【例8.27】取消对Luo授予的教师表上的UPDATE权限。

```
USE teachmanage
GO
REVOKE UPDATE ON teacher FROM Luo
GO
```

8.5.4 使用SQL Server Management Studio图形界面给用户授予权限

使用图形界面方式给用户授予权限举例如下。

【例8.28】使用图形界面方式给用户Spcl授予"插入""更改""更新""删除""选择"等权限。
使用图形界面方式给用户Spcl授权的操作步骤如下。

（1）启动SQL Server Management Studio，在"对象资源管理器"窗口中，展开"数据库"节点，展开"teachmanage"节点，展开"安全性"节点，展开"用户"节点，选中"Spcl"用户，右击该用户，在弹出的快捷菜单中选择"属性"命令。

（2）在出现的"数据库用户-Spcl"窗口中，选择"安全对象"选项卡，如图8.13所示，单击"搜索"按钮。

图 8.13 "数据库用户-Spcl"窗口

（3）出现"添加对象"对话框，选择"特定类型的所有对象"单选框，单击"确定"按钮。出现"选择对象类型"对话框，选择"表"复选框，单击"确定"按钮。

（4）返回到"数据库用户-Spcl"窗口的"安全对象"选项卡，这里在"安全对象"列表中选择"teacher"，在"dbo.teacher的权限"列表中（授予下方）勾选"插入""更改""更新""删除""选择"等权限进行授予，设置结果如图8.14所示，单击"确定"按钮，完成对用户Spcl的授权操作。

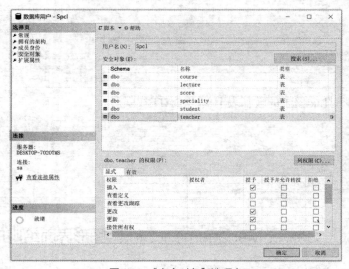

图 8.14 "安全对象"选项卡

本章小结

本章主要介绍了以下内容。

（1）SQL Server整个安全体系的结构从顺序上可以分为认证和授权两个部分，其安全机制可以分为5个层级：客户机安全机制、网络传输的安全机制、服务器级别安全机制、数据库级别安全机制、对象级别安全机制。

SQL Server提供了两种身份认证模式：Windows验证模式和SQL Server验证模式。

（2）服务器安全管理是SQL Server系统安全管理的第一层次。登录名是客户端连接服务器时，向服务器提交的用于身份验证的凭据，也是SQL Server服务器安全性管理中的基本构件。

可以使用T-SQL语句和图形界面两种方式创建登录名。在T-SQL语句中，创建登录名使用CREATE LOGIN语句，修改登录名使用ALTER LOGIN语句，删除登录名使用DROP LOGIN语句。

（3）数据库用户是数据库级别的安全主体，是对数据库进行操作的对象。数据库的安全管理是通过数据库用户权限管理来实现的。使用登录名连接服务器后，如果需要访问数据库，必须在登录名与数据库的用户之间建立映射。用户对数据库的访问和对数据库对象进行的所有操作都是通过数据库用户来控制的。

创建、修改和删除数据库用户有T-SQL语句和图形界面两种方式。创建数据库用户使用CREATE USER语句，修改数据库用户使用ALTER USER语句，删除数据库用户使用DROP USER语句。

（4）SQL Server 提供了若干"角色"，这些角色将用户分为不同的组。SQL Server可以对相同组的用户进行统一管理，赋予相同的操作权限，它们类似于Microsoft Windows 操作系统中的用户组。

服务器级角色分为固定服务器角色和用户定义服务器角色。

数据库角色分为固定数据库角色、用户定义数据库角色和应用程序角色。

（5）数据库权限管理。

给数据库用户授予权限有T-SQL语句和SQL Server Management Studio图形界面两种方式。使用GRANT语句可以给数据库用户或数据库角色授予数据库级别或对象级别的权限，使用DENY语句可以拒绝给当前数据库用户授予的权限，并防止数据库用户通过其组或角色成员资格继承权限，使用REVOKE语句可撤销以前给当前数据库用户授予或拒绝的权限。

习题 8

一、选择题

1. 在SQL Server中，系统管理员的登录名是（ ）。
   A. adm　　　　B. admin　　　　C. sa　　　　D. root
2. 创建SQL Server登录名的SQL语句是（ ）。
   A. CREATE LOGIN　　　　B. CREATE USER
   C. ADD LOGIN　　　　　 D. ADD USER
3. 在T-SQL中，创建数据库用户的语句是（ ）。
   A. ALTER USER　 B. CREATE USER　 C. DROP USER　　 D. ADD USER

4. 下列SQL Server提供的系统角色中，具有SQL Server服务器上全部操作权限的角色是（　　）。
   A. db_owner　　　B. dbcreator　　　C. db_datawriter　　　D. sysadmin

5. 下列角色中，具有数据库中全部用户表数据的插入、删除、修改权限且只具有这些权限的角色是（　　）。
   A. db_owner　　　B. db_datareader　　　C. db_datawriter　　　D. public

6. 下列关于用户定义数据库角色的说法中，错误的是（　　）。
   A. 用户定义数据库角色只能是数据库级别的角色
   B. 用户定义数据库角色可以是数据库级别的角色，也可以是服务器级别的角色
   C. 定义用户定义数据库角色的目的是方便对用户的权限管理
   D. 用户定义数据库角色的成员可以是用户定义数据库角色

7. 在SQL Server中，设用户U1是某数据库db_datawriter角色中的成员，则用户U1在该数据库中有权执行的操作是（　　）。
   A. SELECT
   B. SELECT和INSERT
   C. INSERT、UPDATE和DELETE
   D. SELECT、INSERT、UPDATE和DELETE

8. 在SQL Server的某数据库中，设用户U1同时是角色R1和角色R2中的成员。现已授予角色R1对表T具有SELECT、INSERT和UPDATE权限，授予角色R2对表T具有INSERT和DENY UPDATE权限，没有对用户U1进行其他授权，则用户U1对表T有权执行的操作是（　　）。
   A. SELECT和INSERT　　　　　　　　B. INSERT、UPDATE和SELECT
   C. SELECT和UPDATE　　　　　　　　D. SELECT

二、填空题

1. SQL Server的安全机制分为5个层级，包括客户机安全机制、网络传输的安全机制、服务器级别安全机制、数据库级别安全机制、_____。

2. SQL Server提供了两种身份认证模式：Windows验证模式和_____验证模式。

3. 在SQL Server中，创建登录名u1，请补全下面的语句。
   _____u1 WITH PASSWORD='1234' DEFAULT_DATABASE=teachmanage

4. 在SQL Server的某数据库中，授予用户t1获得对教师表数据的查询权限，请补全实现该授权操作的T-SQL语句。
   _____ON teacher TO t1

5. 在SQL Server的某数据库中，授予用户t1获得创建表的权限，请补全实现该授权操作的T-SQL语句。
   _____TO t1

6. 在SQL Server的某数据库中，设置不允许用户t1获得对教师表的插入数据权限，请补全实现该拒绝权限操作的T-SQL语句。
   _____ON teacher TO t1

7. 在SQL Server的某数据库中，撤销用户t1创建表的权限，请补全实现该撤销权限操作的T-SQL语句。
   _____FROM t1

三、问答题

1. 怎样创建Windows验证模式和SQL Server验证模式的登录名？
2. SQL Server的登录名和用户有什么区别？
3. 创建、修改和删除数据库用户有哪两种方式？简述创建、修改和删除数据库用户使用的语句。
4. 什么是角色？固定服务器角色有哪些？固定数据库角色有哪些？
5. 常见的数据库对象的访问权限有哪些？
6. 怎样给一个数据库用户或角色授予操作权限？怎样撤销授予的操作权限？

四、应用题

1. 分别创建登录名e1、e2。
2. 给上述2个登录名分别创建teachmanage数据库的用户cou1、cou2。
3. 在数据库teachmanage上创建2个数据库角色cgp1、cgp2。
4. 将cou2数据库用户定义为数据库角色cgp2的成员。
5. 将课程表上的SELECT、INSERT、UPDATE权限授予数据库用户cou1和角色cgp1。
6. 拒绝数据库用户cou1和角色cgp2对课程表的DELETE权限。
7. 撤销授予数据库用户cou1和角色cgp1在课程表上的INSERT权限。

实验8 系统安全管理

1. 实验目的及要求

（1）了解SQL Server安全机制和身份验证模式的概念。
（2）掌握登录名、用户和角色的创建和删除，权限授予、拒绝和撤销等操作和使用方法。
（3）具备设计、编写和调试登录名、用户、角色的创建和删除，权限授予、拒绝和撤销等语句以解决应用问题的能力。

2. 验证性实验

使用登录名、用户、角色管理、权限管理语句解决以下应用问题。
（1）分别创建3个登录名g1、g2、g3，默认数据库为shopexpm。

```
CREATE LOGIN g1
    WITH PASSWORD='1234',
    DEFAULT_DATABASE=shopexpm
GO

CREATE LOGIN g2
    WITH PASSWORD='pqrs',
    DEFAULT_DATABASE=shopexpm
GO

CREATE LOGIN g3
```

```
        WITH PASSWORD='u678',
        DEFAULT_DATABASE=shopexpm
GO
```

（2）在数据库shopexpm上创建3个数据库用户gd1、gd2、gd3。

```
USE shopexpm
GO

CREATE USER gd1
    FOR LOGIN g1
GO

CREATE USER gd2
    FOR LOGIN g2
GO

CREATE USER gd3
    FOR LOGIN g3
GO
```

（3）在数据库shopexpm上创建3个数据库角色stg1、stg2、stg3，给数据库角色stg3添加用户gd3。

```
USE shopexpm
GO

CREATE ROLE stg1 AUTHORIZATION dbo
GO

CREATE ROLE stg2 AUTHORIZATION dbo
GO

CREATE ROLE stg3 AUTHORIZATION dbo
GO

EXEC sp_addrolemember 'stg3', 'gd3'
```

（4）删除数据库用户gd3、登录名g3、数据库角色stg3。

```
USE shopexpm
GO

DROP USER gd3

DROP LOGIN g3

DROP ROLE stg3
```

（5）授予用户gd1和角色stg1在数据库shopexpm上创建表和创建视图的权限。

```
USE shopexpm
```

```
GO
GRANT CREATE TABLE, CREATE VIEW TO gd1, stg1
GO
```

（6）授予用户gd2和角色stg1、stg2在数据库shopexpm的GoodsInfo表上的查询、更新和删除权限。

```
USE shopexpm
GO
GRANT SELECT, UPDATE, DELETE ON GoodsInfo TO gd2, stg1, stg2
GO
```

（7）对用户gd2和角色stg1、stg2拒绝创建视图的权限。

```
USE shopexpm
GO
DENY CREATE VIEW TO gd2, stg1, stg2
GO
```

（8）撤销已授予用户gd2和角色stg2在数据库shopexpm的GoodsInfo表上的删除权限。

```
USE shopexpm
GO
REVOKE DELETE ON GoodsInfo FROM gd2, stg2
GO
```

3．设计性实验

设计、编写和调试登录名、用户和角色管理、权限管理语句以解决下列应用问题。
（1）分别创建3个登录名o1、o2、o3，默认数据库为shopexpm。
（2）在数据库shopexpm上创建3个数据库用户ord1、ord2、ord3。
（3）在数据库shopexpm上创建3个数据库角色cst1、cst2、cst3，给数据库角色cst3添加用户ord3。
（4）删除数据库用户ord3、登录名m3、数据库角色cst3。
（5）授予用户ord1和角色cst1在数据库shopexpm上创建表的权限。
（6）授予用户ord2和角色cst2在数据库shopexpm的OrderInfo表上的查询、插入、更新权限。
（7）对用户ord2和角色cst3拒绝创建视图的权限。
（8）撤销已授予用户ord2和角色cst2在数据库shopexpm的OrderInfo表上的查询权限。

4．观察与思考

（1）登录名权限和数据库用户权限有何不同之处？
（2）授予权限和撤销权限有何关系？

第 9 章 备份和还原

SQL Server的备份和还原组件为保护存储在数据库中的数据提供了安全保障，当系统正常运行时，可以定期或及时进行备份，当系统出现故障时，可以还原一组备份、然后还原数据库。本章介绍备份和还原概述、创建备份设备、备份数据库、还原数据库等内容。

9.1 备份和还原概述

备份是将数据库结构、数据库对象和数据复制到备份设备（例如磁盘和磁带），当数据库遭到破坏时能够从备份中还原数据库和数据。还原是指从一个或多个备份中还原数据，并在还原最后一个备份后还原数据库的操作。

使用备份可以在发生故障后还原数据。通过妥善的备份，可以从如下的多种故障中还原。

- 硬件故障（例如，磁盘驱动器损坏或服务器报废）。
- 存储媒体故障（例如，存放数据库的硬盘损坏）。
- 用户错误（例如，偶然或恶意地修改或删除数据）。
- 自然灾难（例如，火灾、洪水或地震等）。
- 病毒（破坏性病毒会破坏系统软件、硬件和数据）。

此外，数据库备份对于进行日常管理（如将数据库从一台服务器复制到另一台服务器，设置数据库镜像以及进行存档）非常有用。

1. 备份类型

SQL Server有4种备份类型：完整数据库备份、差异数据库备份、事务日志备份、数据库文件或文件组备份。

（1）完整数据库备份

备份整个数据库或事务日志。

（2）差异数据库备份

备份自上次备份以来发生过变化的数据库的数据，差异备份也称为增量备份。

（3）事务日志备份

备份事务日志。

（4）数据库文件或文件组备份

对数据库中部分文件或文件组进行备份。

2．还原模式

SQL Server有3种还原模式：简单还原模式、完整还原模式和大容量日志还原模式。

（1）简单还原模式

无日志备份，自动回收日志空间以减少空间需求，实际上不再需要管理事务日志空间。

（2）完整还原模式

需要日志备份，数据文件丢失或损坏不会导致丢失工作，可以还原到任意时点（例如，应用程序或用户错误之前）。

（3）大容量日志还原模式

需要日志备份，是完整还原模式的附加模式，允许执行高性能的大容量复制操作。通过使用最小方式记录大多数的大容量操作，减少日志空间使用量。

9.2 创建备份设备

在备份操作的过程中，需要将要备份的数据库复制到备份设备中，备份设备可以是磁盘设备或磁带设备。

创建备份设备需要一个物理名称或一个逻辑名称，将可以使用逻辑名访问的备份设备称为命名备份设备；将可以使用物理名访问的备份设备称为临时备份设备。

创建备份设备

- 命名备份设备：又称为逻辑备份设备，用户可定义名称，例如pdev。
- 临时备份设备：又称为物理备份设备，例如d:\ pdev.bak。

使用命名备份设备的一个优点是比使用临时备份设备的路径简单。

9.2.1 使用存储过程创建和删除备份设备

使用存储过程创建和删除备份设备介绍如下。

1．使用存储过程创建备份设备

使用存储过程sp_addumpdevice创建备份设备。

语法格式如下。

```
sp_addumpdevice [ @devtype = ] 'device_type',
    [ @logicalname = ] 'logical_name',
    [ @physicalname = ] 'physical_name'
```

其中，device_type指出介质类型，可以是DISK或TAPE，DISK表示硬盘文件，TAPE表示磁带设备；logical_name和physical_name分别是逻辑名和物理名。

【例9.1】 使用存储过程创建备份设备dev_newteachmanage、pdev。

备份设备dev_newteachmanage的逻辑名为dev_newteachmanage，物理名为d:\dev_newteachmanage.bak，备份设备pdev的逻辑名为pdev，物理名为d:\pdev.bak，语句如下。

```
EXEC sp_addumpdevice 'disk', 'dev_newteachmanage', 'd:\dev_newteachmanage.bak'
EXEC sp_addumpdevice 'disk', 'pdev', 'd:\pdev.bak'
```

2．使用存储过程删除备份设备

使用存储过程sp_dropdevice删除备份设备举例如下。

【例9.2】 使用存储过程删除备份设备pdev。

```
EXEC sp_dropdevice 'pdev', DELFILE
```

9.2.2 使用SQL Server Management Studio图形界面创建和删除备份设备

1．使用图形界面方式创建命名备份设备

下面介绍使用图形界面方式创建命名备份设备的过程。

【例9.3】 使用图形界面方式创建命名备份设备dev_newteachmanage1。

使用图形界面方式创建备份设备的操作步骤如下。

（1）启动SQL Server Management Studio，在"对象资源管理器"窗口中，展开"服务器对象"节点，选中"备份设备"选项，右击该选项，在弹出的快捷菜单中选择"新建备份设备"命令。

（2）出现图9.1所示的"备份设备"窗口，在"设备名称"文本框中，输入创建的备份设备名称"dev_newteachmanage1"，单击"确定"按钮完成设置。

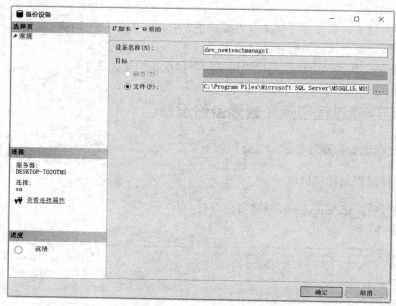

图9.1 "备份设备"窗口

> **注意**
>
> 请将数据库和备份放置在不同的设备上，否则，如果存储数据库的设备失败，备份也将不可用。此外，放置在不同的设备上还可以提高写入备份和使用数据库时的I/O性能。

2. 使用图形界面方式删除命名备份设备

启动SQL Server Management Studio，在"对象资源管理器"窗口中，展开"服务器对象"节点，展开"备份设备"节点，选中要删除的备份设备，右击该选项，在弹出的快捷菜单中选择"删除"命令。出现"删除对象"窗口，单击"确定"按钮，则完成删除备份设备。

9.3 备份数据库

首先创建备份设备，然后才能通过图形界面方式或T-SQL语句备份数据库到备份设备中。

9.3.1 使用SQL Server Management Studio图形界面备份数据库

下面举例说明使用图形界面方式备份数据库。

【例9.4】使用图形界面方式备份数据库newteachmanage。

使用图形界面方式备份数据库的操作步骤如下：

备份数据库

（1）启动SQL Server Management Studio，在"对象资源管理器"窗口中，展开"数据库"节点，选中"newteachmanage"，右击该选项，在弹出的快捷菜单中选择"任务"→"备份"命令。

（2）出现"备份数据库- newteachmanage"窗口，在"目标"选项组单击"删除"按钮，删除图中已选择的备份设备，再单击"添加"按钮，如图9.2所示。

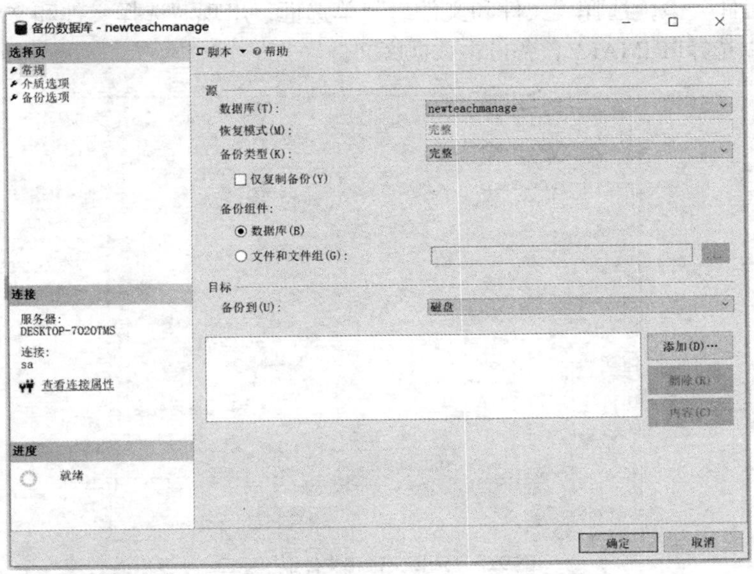

图9.2 "备份数据库 - newteachmanage"窗口

（3）出现"选择备份目标"窗口，选中"备份设备"单选框，从组合框中选中已建备份设备 dev_newteachmanage1，单击"确定"按钮。

（4）返回"备份数据库- newteachmanage"窗口，如图9.3所示。

图 9.3　返回"备份数据库 - newteachmanage"窗口

在"备份组件"中，选择"数据库"单选框，在备份类型组合框中，有"完整""差异""事务日志"3个选项，如图9.4所示。如果需要执行完整备份，可以在备份类型中选择"完整"；如果需要执行差异备份，可以在备份类型中选择"差异"；如果需要执行事务日志备份，可以在备份类型中选择"事务日志"。

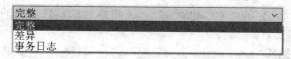

图 9.4　"备份类型"组合框中的"完整""差异""事务日志"选项

在"备份组件"中，选择"文件和文件组"单选框，出现"选择文件和文件组"窗口，如图9.5所示，可以选择PRIMARY，备份主数据库文件。

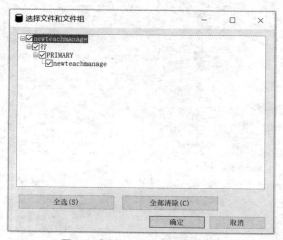

图 9.5　"选择文件和文件组"窗口

（5）此处在备份组件中选择"数据库"单选框，在备份类型中选择"完整"，单击"确定"按钮，出现提示"对数据库'newteachmanage'的备份已成功完成"，单击"确定"按钮，完成完整备份数据库的操作。

（6）按照上述方法，可以继续进行差异备份、事务日志备份、文件或文件组备份。以上备份全部完成后，在备份设备dev_newteachmanage1中的备份集如图9.6所示。

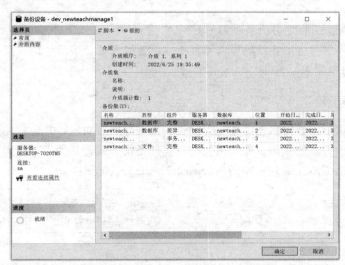

图 9.6　备份设备 dev_newteachmanage1 中的备份集

9.3.2　使用T-SQL语句备份数据库

使用T-SQL中的BACKUP语句进行数据库备份，完整数据库备份、差异数据库备份、数据库文件或文件组备份的语句均为BACKUP DATABASE，事务日志备份的语句为BACKUP LOG。

语法格式如下。

```
BACKUP DATABASE { database_name | @database_name_var }   /* 备份的数据库名称 */
TO <backup_device> [,...n]                                /* 备份设备 */
[ WITH { DIFFERENTIAL | <general_WITH_options> [,...n] }]

<general_WITH_options> [ ,...n ]::=
COPY_ONLY
|{ COMPRESSION | NO_COMPRESSION }
|DESCRIPTION = { 'text' | @text_variable }
|NAME = { backup_set_name | @backup_set_name_var }
|PASSWORD = { password | @password_variable }
|{ EXPIREDATE = { 'date' | @date_var }
| RETAINDAYS = { days | @days_var } }
```

各参数说明如下。

- database_name：备份的数据库名称。
- backup_device：备份设备。
- DIFFERENTIAL：执行差异备份。

- COPY_ONLY：指定备份为"仅复制备份"。
- COMPRESSION | NO_COMPRESSION：用于指定是否对备份启用压缩。
- DESCRIPTION：备份集的描述信息，最长可使用255个字符。
- NAME：备份集的名称，最长可使用128个字符。如果不指定名称，则名称为空。
- PASSWORD：备份集的密码，但在后续的SQL Server版本中将会去除这一特性，建议不使用。
- EXPIREDATE：指定备份集过期的时间。
- RETAINDAYS：指定备份集可以保留不被覆盖的天数。当超过此设定值后，备份集允许被后续备份集覆盖。

1．完整数据库备份

完整数据库备份可以获得数据库中完整的表、视图等所有对象，并包括完整的事务日志。完整备份也是其他备份方式的基础，如果需要执行其他备份方式，必须先执行完整备份。

【例9.5】使用BACKUP语句完整备份newteachmanage数据库。

```
BACKUP DATABASE newteachmanage TO dev_newteachmanage
WITH NAME='newteachmanage 完整备份', DESCRIPTION='newteachmanage 完整备份'
```

执行结果如下。

```
已为数据库 'newteachmanage'，文件 'newteachmanage'(位于文件1上)处理了 432 页。
已为数据库 'newteachmanage'，文件 'newteachmanage_log'(位于文件1上)处理了 1 页。
BACKUP DATABASE成功处理了433页，花费0.016秒(211.029 MB/秒)。
```

2．差异数据库备份

进行差异数据库备份时，将备份从最近的完整数据库备份后发生过变化的数据部分。对于需要频繁修改的数据库，该备份类型可以缩短备份和还原的时间。

【例9.6】使用BACKUP语句差异备份数据库newteachmanage。

```
BACKUP DATABASE newteachmanage TO dev_newteachmanage
WITH DIFFERENTIAL, NAME='newteachmanage 差异备份',DESCRIPTION='newteachmanage 差异备份'
```

执行结果如下。

```
已为数据库 'newteachmanage'，文件 'newteachmanage' (位于文件 2 上)处理了 96 页。
已为数据库 'newteachmanage'，文件 'newteachmanage_log' (位于文件 2 上)处理了 1 页。
BACKUP DATABASE WITH DIFFERENTIAL 成功处理了 97 页，花费 0.011 秒(68.314 MB/秒)。
```

3．事务日志备份

事务日志备份用于记录前一次的数据库备份或事务日志备份后数据库所做出的改变。事务日志备份需要在一次完整数据库备份后进行，这样才能将事务日志文件与数据库备份一起用于还原。进行事务日志备份时，系统进行如下操作。

（1）将事务日志中前一次成功备份结束位置开始到当前事务日志的结尾处的内容进行备份。

（2）标识事务日志中活动部分的开始。所谓事务日志的活动部分是指从最近的检查点或最早的打开位置开始至事务日志的结尾处。

【例9.7】使用BACKUP语句备份数据库newteachmanage的事务日志。

```
BACKUP LOG newteachmanage TO dev_newteachmanage
WITH NAME='newteachmanage 事务日志备份', DESCRIPTION='newteachmanage 事务日志备份'
```

执行结果如下。

```
已为数据库 'newteachmanage', 文件 'newteachmanage_log' (位于文件 3 上)处理了 3 页。
BACKUP LOG 成功处理了 3 页, 花费 0.002 秒(8.300 MB/秒)。
```

4．备份文件或文件组

当选择文件或文件组进行备份时，备份的量较少，相应地只需要将损坏的部分文件或文件组还原，还原的量也较少。

【例9.8】使用BACKUP语句备份数据库newteachmanage的文件组。

```
BACKUP DATABASE newteachmanage
FILEGROUP='PRIMARY' TO dev_newteachmanage
WITH NAME='newteachmanage 文件组备份', DESCRIPTION='newteachmanage 文件组备份'
```

执行结果如下。

```
已为数据库 'newteachmanage', 文件 'newteachmanage' (位于文件 4 上)处理了 416 页。
已为数据库 'newteachmanage', 文件 'newteachmanage_log' (位于文件 4 上)处理了 2 页。
BACKUP DATABASE...FILE=<name> 成功处理了 418 页, 花费 0.010 秒(325.830 MB/秒)。
```

9.4 还原数据库

还原数据库有两种方式：一种是使用图形界面方式，另一种是使用T-SQL语句。

9.4.1 使用SQL Server Management Studio图形界面还原数据库

1．还原数据库的准备

在进行数据库还原之前，RESTORE语句要校验有关备份集或备份介质的信息，其目的是确保数据库的备份介质是有效的。

使用图形界面方式查看所有备份介质的属性的操作步骤如下。

还原数据库

启动SQL Server Management Studio，在"对象资源管理器"窗口中，展开"服务器对象"节点，展开"备份设备"节点，选择要查看的备份设备，这里选择"dev_newteachmanage1"，右击，在弹出的快捷菜单中选择"属性"命令，在打开的"备份设备"窗口中选择"介质内容"选项卡。可以看到所选备份介质的有关信息，例如备份介质所在的服务器、备份数据库名、位置、备份日期、大小、用户名等信息。

2. 使用图形界面方式还原数据库

下面介绍使用图形界面方式还原数据库的过程。

【例9.9】 使用图形界面方式还原数据库newteachmanage。

使用图形界面方式还原数据库的操作步骤如下。

（1）启动SQL Server Management Studio，在"对象资源管理器"窗口中，展开"数据库"节点，选中"newteachmanage"，右击该数据库，在弹出的快捷菜单中选择"任务"→"还原"→"数据库"命令，如图9.7所示。

图9.7 选择"数据库"命令

（2）出现图9.8所示的"还原数据库- newteachmanage"窗口，在"目标"选项组中，选择"数据库"为newteachmanage，在"源"选项组中，可以选择"数据库"单选框，即可列出该数据库的当前备份清单。

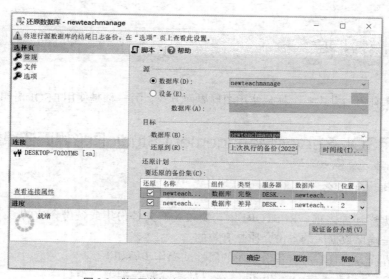

图9.8 "还原数据库 - newteachmanage"窗口

（3）这里选择"设备"单选框，单击其右侧的"▭"按钮。在出现的窗口中，从"备份介质类型"组合框中选择"备份设备"，单击"添加"按钮，出现"选择备份设备"窗口，从"备份设备"组合框中选择"dev_newteachmanage1"。

（4）单击"确定"按钮，返回前一窗口，再单击"确定"按钮，返回"还原数据库-newteachmanage"窗口，如图9.9所示。单击"确定"按钮。

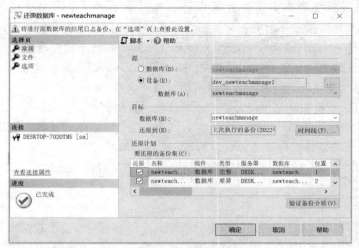

图 9.9 "还原数据库 - newteachmanage"窗口

（5）数据库还原操作开始运行。还原完成后，出现"成功还原了数据库'newteachmanage'"的提示，单击"确定"按钮，完成还原数据库的操作。

9.4.2 使用T-SQL语句还原数据库

在SQL Server中，还原数据库的T-SQL语句是RESTORE。RESTORE语句可以还原完整备份、差异备份、事务日志备份、文件或文件组备份，还可以还原数据库快照。

语法格式如下。

```
RESTORE DATABASE { database_name | @database_name_var }  /*指定被还原的目标
数据库*/
    [ FROM <backup_device> [ ,...n ] ]                    /*指定备份设备*/
[ WITH {[ RECOVERY | NORECOVERY | STANDBY =
{standby_file_name | @standby_file_name_var }]
|, <general_WITH_options>[ ,...n ]
|, <replication_WITH_option>
|, <change_data_capture_WITH_option>
|, <service_broker_WITH_options>
|, <point_in_time_WITH_options—RESTORE_DATABASE> }[ ,...n ]]

<general_WITH_options> [ ,...n ]::=
MOVE 'logical_file_name_in_backup' TO 'operating_system_file_name' [ ,...n ]
|REPLACE
|RESTART
|RESTRICTED_USER
|FILE = { backup_set_file_number | @backup_set_file_number }
| PASSWORD = { password | @password_variable }
```

各参数说明如下。

- database_name：还原的目标数据库名称。

- backup_device：还原所在备份的设备。
- RECOVERY | NORECOVERY | STANDBY：用于指定还原的选项。RECOVERY 表示回滚未提交的事务，使数据库处于可以使用的状态，无法还原其他事务日志；NORECOVERY表示不对数据库执行任何操作，不回滚未提交的事务，可以还原其他事务日志；STANDBY表示使数据库处于只读模式，撤销未提交的事务，但将撤销操作保存在备用文件中，以便能够还原结果。其中RECOVERY为默认设置。
- REPLACE：指定还原时强制覆盖现有的数据库文件。
- RESTART：指定在还原中断时，从中断点重新启动还原。
- RESTRICTED_USER：限制只有db_owner、dbcreater或sysadmin的成员才能访问此数据库。
- FILE：用于指定还原的是备份集中的第几个备份数据。
- PASSWORD：在备份设置密码时，还原时需要使用对应的密码。

1．完整备份还原

完整备份还原数据库的目的是还原整个数据库，在还原期间，整个数据库处于脱机状态。

【例9.10】使用RESTORE语句从完整备份还原数据库newteachmanage。

```
RESTORE DATABASE newteachmanage
FROM dev_newteachmanage
WITH FILE=1, REPLACE
```

执行结果如下。

```
已为数据库 'newteachmanage'，文件 'newteachmanage' (位于文件 1 上)处理了 432 页。
已为数据库 'newteachmanage'，文件 'newteachmanage_log' (位于文件 1 上)处理了 1 页。
RESTORE DATABASE 成功处理了 433 页，花费 0.012 秒(281.372 MB/秒)。
```

2．差异备份还原

还原差异备份时，必须先还原完整备份，再还原差异备份。除了最后一个还原操作，其他所有操作都必须加上NORECOVERY或STANDBY参数。

【例9.11】使用RESTORE语句从差异备份还原数据库newteachmanage。

```
RESTORE DATABASE newteachmanage
FROM dev_newteachmanage
WITH FILE=1, NORECOVERY, REPLACE
GO
RESTORE DATABASE newteachmanage
FROM dev_newteachmanage
WITH FILE=2
GO
```

执行结果如下。

```
已为数据库 'newteachmanage'，文件 'newteachmanage' (位于文件 1 上)处理了 432 页。
已为数据库 'newteachmanage'，文件 'newteachmanage_log' (位于文件 1 上)处理了 1 页。
RESTORE DATABASE 成功处理了 433 页，花费 0.011 秒(306.951 MB/秒)。
已为数据库 'newteachmanage'，文件 'newteachmanage' (位于文件 2 上)处理了 96 页。
```

```
已为数据库 'newteachmanage'，文件 'newteachmanage_log' (位于文件 2 上)处理了 1 页。
RESTORE DATABASE 成功处理了 97 页，花费 0.007 秒(107.352 MB/秒)。
```

3. 事务日志备份还原

还原事务日志备份时，必须先还原完整备份。除了最后一个还原操作，其他所有操作都必须加上NORECOVERY或STANDBY参数。

【例9.12】使用RESTORE语句从事务日志备份还原数据库newteachmanage。

```
RESTORE DATABASE newteachmanage
FROM dev_newteachmanage
WITH FILE=1, NORECOVERY, REPLACE
GO
RESTORE DATABASE newteachmanage
FROM dev_newteachmanage
WITH FILE=3
GO
```

执行结果如下。

```
已为数据库 'newteachmanage'，文件 'newteachmanage' (位于文件 1 上)处理了 432 页。
已为数据库 'newteachmanage'，文件 'newteachmanage_log' (位于文件 1 上)处理了 1 页。
RESTORE DATABASE 成功处理了 433 页，花费 0.011 秒(306.951 MB/秒)。
已为数据库 'newteachmanage'，文件 'newteachmanage' (位于文件 3 上)处理了 0 页。
已为数据库 'newteachmanage'，文件 'newteachmanage_log' (位于文件 3 上)处理了 3 页。
RESTORE LOG 成功处理了 3 页，花费 0.003 秒(5.533 MB/秒)。
```

4. 文件或文件组备份还原

在还原文件或文件组之后，还可以还原其他备份来获得最近的数据库状态。

【例9.13】使用RESTORE语句从文件或文件组备份还原数据库 newteachmanage。

```
RESTORE DATABASE newteachmanage
FILEGROUP='PRIMARY'
FROM dev_newteachmanage
WITH FILE=4, REPLACE
```

执行结果如下。

```
已为数据库 'newteachmanage'，文件'newteachmanage'(位于文件4上)处理了416页。
已为数据库 'newteachmanage'，文件'newteachmanage_log'(位于文件 4 上)处理了2页。
RESTORE DATABASE ... FILE=<name> 成功处理了418页，花费0.010秒(325.830 MB/秒)。
```

本章小结

本章主要介绍了以下内容。

（1）备份是将数据库结构、数据库对象和数据复制到备份设备（例如磁盘和磁带），当数据库遭到破坏时能够从备份中还原数据库和数据。还原是指从一个或多个备份中还原数据,并在还原最后一个备份后还原数据库的操作。

在SQL Server中,有4种备份类型:完整数据库备份、差异数据库备份、事务日志备份、数据库文件或文件组备份;有3种还原模式:简单还原模式、完整还原模式和大容量日志还原模式。

(2)在备份操作的过程中,需要将要备份的数据库复制到备份设备中,备份设备可以是磁盘设备或磁带设备。创建备份设备需要一个物理名称或一个逻辑名称,将可以使用逻辑名访问的备份设备称为命名备份设备,将可以使用物理名访问的备份设备称为临时备份设备。

使用存储过程sp_addumpdevice创建备份设备,使用存储过程sp_dropdevice删除备份设备。使用图形界面方式创建和删除命名备份设备。

(3)备份数据库必须首先创建备份设备,然后才能备份数据库到备份设备中。备份数据库可以通过T-SQL语句或图形界面方式实现。

使用T-SQL中的BACKUP语句进行数据库备份。完整数据库备份、差异数据库备份、数据库文件或文件组备份的语句均为BACKUP DATABASE,事务日志备份的语句为BACKUP LOG。

(4)还原数据库有两种方式,一种是使用图形界面方式,另一种是使用T-SQL语句。

还原数据库的T-SQL语句是RESTORE,RESTORE语句可以还原完整备份、差异备份、事务日志备份、文件或文件组备份。

习题 9

一、选择题

1. 下列关于数据库备份的说法中,正确的是( )。
   A. 对系统数据库和用户数据库都应采用定期备份的策略
   B. 对系统数据库和用户数据库都应采用修改后即备份的策略
   C. 对系统数据库应采用修改后即备份的策略,对用户数据库应采用定期备份的策略
   D. 对系统数据库应采用定期备份的策略,对用户数据库应采用修改后即备份的策略
2. 下列关于SQL Server备份设备的说法中,正确的是( )。
   A. 备份设备可以是磁盘上的一个文件
   B. 备份设备是一个逻辑设备,它只能建立在磁盘上
   C. 备份设备是一台物理存在的有特定要求的设备
   D. 一个备份设备只能用于一个数据库的一次备份
3. 下列关于差异数据库备份的说法中,正确的是( )。
   A. 差异数据库备份备份的是从上次备份到当前时间数据库变化的内容
   B. 差异数据库备份备份的是从上次完整备份到当前时间数据库变化的内容
   C. 差异数据库备份仅备份数据,不备份日志
   D. 两次完整备份之间进行的差异数据库备份的备份时间都是一样的
4. 下列关于事务日志备份的说法中,错误的是( )。
   A. 事务日志备份仅备份日志,不备份数据
   B. 事务日志备份的执行效率通常比差异备份和完整备份高

C. 事务日志备份的时间间隔通常比差异备份短

D. 第一次对数据库进行的备份可以是事务日志备份

5. 在SQL Server中，有系统数据库master、model、msdb、tempdb和用户数据库。下列关于系统数据库和用户数据库的备份策略，最合理的是（　　）。

  A. 对以上系统数据库和用户数据库都实行周期性备份

  B. 对以上系统数据库和用户数据库都实行修改之后即备份

  C. 对以上系统数据库实行修改之后即备份，对用户数据库实行周期性备份

  D. 对master、model、msdb实行修改之后即备份，对用户数据库实行周期性备份，对tempdb数据库，不备份

6. 设有如下备份操作。

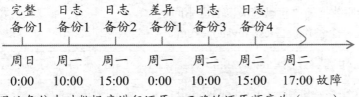

现从备份中对数据库进行还原，正确的还原顺序为（　　）。

  A. 完整备份1，日志备份1，日志备份2，差异备份1，日志备份3，日志备份4

  B. 完整备份1，差异备份1，日志备份3，日志备份4

  C. 完整备份1，差异备份1

  D. 完整备份1，日志备份4

二、填空题

1. SQL Server支持的4种备份类型是完整数据库备份、差异数据库备份、_____和数据库文件或文件组备份。

2. SQL Server的3种还原模式是简单还原模式、_____和大容量日志还原模式。

3. 第一次对数据库进行的备份必须是_____备份。

4. SQL Server中，当还原模式为简单还原模式时，不能进行_____备份。

5. SQL Server中，在进行数据库备份时，_____用户操作数据库。

6. 备份数据库必须首先创建_____。

三、问答题

1. 在SQL Server中有哪几种还原模式？有哪几种备份类型？分别简述其特点。

2. 怎样创建备份设备？

3. 备份数据库有哪些方式？

4. 还原数据库有哪些方式？

四、应用题

1. 在硬盘D:\目录下创建一个备份设备dev_myteachmanage。

2. 使用BACKUP语句为myteachmanage数据库做完整备份。

3. 使用BACKUP语句为myteachmanage数据库做差异备份。

4. 使用BACKUP语句为myteachmanage数据库做事务日志备份。

5. 使用RESTORE语句从完整备份还原数据库myteachmanage。

实验9 备份和还原

1．实验目的及要求

（1）理解备份和还原的概念。
（2）掌握SQL Server数据库常用的备份数据和还原数据的方法。
（3）具备设计、编写和调试备份数据和还原数据的语句以解决应用问题的能力。

2．验证性实验

验证和调试备份数据和还原数据的语句以解决以下应用问题。

（1）在硬盘D:\目录下创建一个备份设备test_myshopexpm。

```
EXEC sp_addumpdevice 'disk', 'test_myshopexpm', 'd:\test_myshopexpm.bak'
```

（2）将myshopexpm数据库完整备份到test_myshopexpm设备上。

```
BACKUP DATABASE myshopexpm TO test_myshopexpm
WITH NAME='myshopexpm 完整备份', DESCRIPTION='myshopexpm 完整备份'
```

（3）将myshopexpm数据库差异备份到test_myshopexpm设备上。

```
BACKUP DATABASE myshopexpm TO test_myshopexpm
WITH DIFFERENTIAL, NAME='myshopexpm 差异备份', DESCRIPTION='myshopexpm 差异备份'
```

（4）将myshopexpm数据库的事务日志备份到设备test_myshopexpm上。

```
BACKUP LOG myshopexpm TO test_myshopexpm
WITH NAME='myshopexpm 事务日志备份', DESCRIPTION='myshopexpm 事务日志备份'
```

（5）将myshopexpm数据库的文件组备份到设备test_myshopexpm上。

```
BACKUP DATABASE myshopexpm
FILEGROUP='PRIMARY' TO test_myshopexpm
WITH NAME='myshopexpm 文件组备份', DESCRIPTION='myshopexpm 文件组备份'
```

（6）从完整备份还原数据库myshopexpm。

```
RESTORE DATABASE myshopexpm
FROM test_myshopexpm
WITH FILE=1, REPLACE
```

（7）从差异备份还原数据库myshopexpm。

```
RESTORE DATABASE myshopexpm
FROM test_myshopexpm
WITH FILE=1, NORECOVERY, REPLACE
GO
RESTORE DATABASE myshopexpm
```

```
FROM test_myshopexpm
WITH FILE=2
GO
```

（8）从事务日志备份还原数据库myshopexpm。

```
RESTORE DATABASE myshopexpm
FROM test_myshopexpm
WITH FILE=1, NORECOVERY, REPLACE
GO
RESTORE DATABASE myshopexpm
FROM test_myshopexpm
WITH FILE=3
GO
```

（9）从文件组备份还原数据库myshopexpm。

```
RESTORE DATABASE myshopexpm
FILEGROUP='PRIMARY'
FROM test_myshopexpm
WITH FILE=4, REPLACE
```

3．设计性实验

设计、编写和调试备份数据和还原数据的语句以解决下列应用问题。
（1）在硬盘D:\目录下创建一个备份设备bd_newshopexpm。
（2）将newshopexpm数据库完整备份到bd_newshopexpm设备上。
（3）将newshopexpm数据库差异备份到bd_newshopexpm设备上。
（4）将newshopexpm数据库的事务日志备份到设备bd_newshopexpm上。
（5）将newshopexpm数据库的文件组备份到设备bd_newshopexpm上。
（6）从完整备份还原数据库newshopexpm。
（7）从差异备份还原数据库newshopexpm。
（8）从事务日志备份还原数据库newshopexpm。
（9）从文件组备份还原数据库newshopexpm。

4．观察与思考

（1）命名备份设备和临时备份设备有何不同？
（2）数据备份和还原各有哪几种类型？

第10章 事务和锁

事务管理用于保证一批相关操作能够无遗漏地完成，从而保证数据的完整性。锁定机制用于对多个用户进行并发控制，可以控制多个用户对同一数据进行的操作，以保证数据的一致性和完整性。本章介绍事务原理、事务类型、事务模式、事务处理语句、并发影响、可锁定资源、SQL Server的锁模式、死锁等内容。

10.1 事务

事务（transaction）由一系列的数据库查询操作和更新操作构成，这一系列操作作为单个逻辑工作单元执行，该单元被视为一个不可分的整体进行处理。事务保证连续的多个操作必须全部执行成功，否则必须立即回滚到任何操作执行前的状态，即执行事务的结果是：要么全部将数据要执行的操作完成，要么全部数据都不修改。

事务

10.1.1 事务原理

事务是作为一个逻辑工作单元执行的一系列操作。事务的处理必须满足ACID原则，即原子性（atomicity）、一致性（consistency）、隔离性（isolation）和持久性（durability）。

（1）原子性

事务必须是原子工作单元，即事务中包括的操作要么全部执行，要么全部不执行。

（2）一致性

事务在完成时，必须使所有的数据都保持一致状态。在相关数据库中，所有规则都必须应用于事务的修改，以保证所有数据的完整性。事务结束时，所有的内部数据结构都必须是正确的。

（3）隔离性

一个事务的执行不能被其他事务干扰。即一个事务内部的操作及使用的数据对其他并发事务是隔离的，并发执行的各个事务间不能互相干扰。事务查看数据时数据所处的状态，要么是另一并发事务修改它之前的状态，要么是另一事务修改它之后的状态，这称为事务的可串行性。因为事务能够重新装载起始数据,并且重播一系列事务,所以数据结束时的状态与原始事务的执行状态相同。

(4)持久性

指一个事务一旦提交,则它对数据库中数据的改变就是永久的。即使以后出现系统故障也不应该对其执行结果产生任何影响。

10.1.2 事务类型

SQL Server的事务可分为两类:系统提供的事务和用户定义的事务。

1. 系统提供的事务

系统提供的事务是指在执行某些T-SQL语句时,一条语句就构成了一个事务。可构成事务的语句如下:CREATE、ALTER TABLE、DROP、INSERT、DELETE、UPDATE、SELECT、REVOKE、GRANT、OPEN、FETCH。

例如,执行如下的创建表语句。

```
CREATE TABLE course
    (
        cno char(4) NOT NULL PRIMARY KEY,
        cname char(16) NOT NULL,
        credit tinyint NULL
    )
GO
```

这条语句本身就构成了一个事务,它要么创建含3列的表结构,要么不能创建含3列的表结构,而不会创建含1列或2列的表结构。

2. 用户定义的事务

在实际应用中,大部分事务是用户定义的事务。用户定义的事务用BEGIN TRANSACTION语句指定一个事务的开始,用COMMIT或ROLLBACK语句指定一个事务的结束。

> **注意**
> 在用户定义的事务中,必须明确指定事务的结束,否则系统将把从事务开始到用户关闭连接前的所有操作都作为一个事务处理。

10.1.3 事务模式

SQL Server通过3种事务模式管理事务。

(1)自动提交事务模式

每条单独的语句都是一个事务。在此模式下,每条T-SQL语句在成功执行完后,都会被自动提交,如果遇到错误,则自动回滚该语句。该模式为系统默认的事务管理模式。

(2)显式事务模式

该模式允许用户定义事务的启动和结束。事务以BEGIN TRANSACTION语句显式开始,以

COMMIT或ROLLBACK语句显式结束。

（3）隐性事务模式

隐性事务不需要使用BEGIN TRANSACTION语句标识事务的开始，但需要以COMMIT或ROLLBACK语句提交或回滚事务。在当前事务完成提交或回滚后，新事务自动启动。

10.1.4 事务处理语句

应用程序主要通过指定事务启动和结束的时间来控制事务，可以使用T-SQL语句控制事务的启动和结束。事务处理语句包括BEGIN TRANSACTION、COMMIT TRANSACTION、ROLLBACK TRANSACTION语句。

1. BEGIN TRANSACTION语句

BEGIN TRANSACTION语句用来标识一个事务的开始。

语法格式如下。

```
BEGIN { TRAN | TRANSACTION }
    [ { transaction_name | @tran_name_variable }
    [ WITH MARK [ 'description' ] ]
    ]
[ ; ]
```

各参数说明如下。

- transaction_name：分配给事务的名称，必须符合标识符规则，但标识符所包含的字符数不能大于32。
- @tran_name_variable：用户定义的、含有有效事务名称的变量的名称。
- WITH MARK ['description']：指定在日志中标记事务，description是描述该标记的字符串。

BEGIN TRANSACTION语句的执行使全局变量@@TRANCOUNT的值加1。

> **注意**
> 显式事务的开始可使用BEGIN TRANSACTION语句。

2. COMMIT TRANSACTION语句

COMMIT TRANSACTION语句是提交语句，它可将事务开始以来所执行的所有数据修改成为数据库的永久部分，也用来标识一个事务的结束。

语法格式如下。

```
COMMIT { TRAN | TRANSACTION } [ transaction_name | @tran_name_variable ] ]
[ ; ]
```

各参数说明如下。

- transaction_name：SQL Server 数据库引擎忽略此参数，transaction_name用于指定由前面的BEGIN TRANSACTION语句分配的事务名称。
- @tran_name_variable：用户定义的、含有有效事务名称的变量的名称。

COMMIT TRANSACTION语句的执行使全局变量@@TRANCOUNT的值减1。

> **注意**
>
> 隐性事务或显式事务的结束可使用COMMIT TRANSACTION语句。

【例10.1】创建一个显式事务,以显示教学管理数据库的教师表和讲课表的数据。

```
BEGIN TRANSACTION
    USE teachmanage
    SELECT * FROM teacher
    SELECT * FROM lecture
COMMIT TRANSACTION
```

该语句创建的显式事务以BEGIN TRANSACTION语句开始,以COMMIT TRANSACTION语句结束。

【例10.2】创建一个显式命名事务,以删除课程表和讲课表中课程号为"4008"的记录行。

```
DECLARE @transname char(20)
SELECT @transname='transdel'
BEGIN TRANSACTION @transname
    DELETE FROM course WHERE cno='4008'
    DELETE FROM lecture WHERE cno='4008'
COMMIT TRANSACTION transdel
```

该语句创建的显式命名事务将删除课程表和讲课表中课程号为"4008"的记录行。在BEGIN TRANSACTION和COMMIT TRANSACTION语句之间的所有语句作为一个整体,当执行到COMMIT TRANSACTION语句时,事务对数据库的更新操作才算确认。

【例10.3】创建一个隐性事务,以插入课程表和讲课表中课程号为"4008"的记录行。

```
SET IMPLICIT_TRANSACTIONS ON           /*启动隐性事务模式*/
GO
/*第一个事务由INSERT语句启动*/
USE teachmanage
INSERT INTO course VALUES('4008','通信原理',3)
COMMIT TRANSACTION                     /*提交第一个隐性事务*/
GO
/*第二个隐式事务由SELECT语句启动*/
USE teachmanage
SELECT COUNT(*) FROM lecture
INSERT INTO lecture VALUES('400006','4008','6-114')
COMMIT TRANSACTION                     /*提交第二个隐性事务*/
GO
SET IMPLICIT_TRANSACTIONS OFF          /*关闭隐性事务模式*/
GO
```

该语句启动隐性事务模式后,由COMMIT TRANSACTION语句提交了两个事务。第一个事务在课程表中插入一条记录,第二个事务统计讲课表的行数并插入一条记录。隐性事务不需要BEGIN TRANSACTION语句标识开始位置,而由第一个T-SQL语句启动,直到遇到COMMIT TRANSACTION语句结束。

3. ROLLBACK TRANSACTION语句

ROLLBACK TRANSACTION语句是回滚语句，它使得事务回滚到起点或指定的保存点处，也标识一个事务的结束。

语法格式如下。

```
ROLLBACK { TRAN | TRANSACTION }
    [ transaction_name | @tran_name_variable
    | savepoint_name | @savepoint_variable ]
[ ; ]
```

各参数说明如下。

- transaction_name：事务名称。
- @tran_name_variable：事务的变量名。
- savepoint_name：保存点名。
- @savepoint_variable：含有保存点名称的变量名。

如果事务回滚到开始点，则全局变量@@TRANCOUNT的值减1，如果只回滚到指定保存点，则@@TRANCOUNT的值不变。

> **注意**
> ROLLBACK TRANSACTION语句将显式事务或隐性事务回滚到事务的起点或事务内的某个保存点，也标识一个事务的结束。

【例10.4】创建事务对课程表进行插入操作，使用ROLLBACK TRANSACTION语句标识事务结束。

```
BEGIN TRANSACTION
    USE teachmanage
    INSERT INTO course VALUES('1015','计算机网络 ',4)
ROLLBACK TRANSACTION
```

该语句创建的事务对课程表进行插入操作，但当服务器遇到回滚语句ROLLBACK TRANSACTION时，清除自事务起点所做的所有数据修改，将数据还原到开始工作之前的状态，因此事务结束后，课程表不会改变。

【例10.5】创建事务，规定教师表只能插入6条记录，如果超出6条记录，则插入失败，现在该表已有5条记录，向该表插入2条记录。

```
USE teachmanage
GO
BEGIN TRANSACTION
    INSERT INTO teacher VALUES('120023','杜芬','女', '1988-03-27','副教授','外国语学院')
    INSERT INTO teacher VALUES('800017','彭松','男', '1990-06-12','副教授','数学学院')
DECLARE @ct int
SELECT @ct =(SELECT COUNT(*) FROM teacher)
IF @ct >6
```

```
        BEGIN
            ROLLBACK TRANSACTION
            PRINT '插入记录数超过规定数,插入失败!'
        END
    ELSE
        BEGIN
            COMMIT TRANSACTION
            PRINT '插入成功!'
        END
```

该语句从BEGIN TRANSACTION语句定义事务开始,向教师表插入2条记录,插入完成后,对该表的记录计数。因为插入记录数已超过规定的6条记录,所以使用ROLLBACK TRANSACTION语句撤销该事务的所有操作,将数据还原到开始工作之前的状态,事务结束后,教师表未改变。

【例10.6】创建一个事务,向课程表插入一行数据,设置保存点,然后再删除该行。

```
BEGIN TRANSACTION
    USE teachmanage
    INSERT INTO course VALUES('1017','软件工程 ',4)
    SAVE TRANSACTION cou_point                 /*设置保存点*/
    DELETE FROM course WHERE cno='1017'
    ROLLBACK TRANSACTION cou_point             /*回滚到保存点cou_point */
COMMIT TRANSACTION
```

该语句创建的事务执行完毕后,插入的一行数据并没有被删除。这是因为回滚语句ROLLBACK TRANSACTION将操作回退到保存点cou_point,删除操作被撤销,所以课程表增加了一行数据。

4. 事务嵌套

在SQL Server中,BEGIN TRANSACTION和COMMIT TRANSACTION语句也可以进行嵌套,即事务可以嵌套执行。

全局变量@@TRANCOUNT用于返回当前等待处理的嵌套事务数量,如果没有等待处理的事务,该变量值为0。BEGIN TRANSACTION语句将@@TRANCOUNT的值加1。ROLLBACK TRANSACTION语句将@@TRANCOUNT的值减1,但ROLLBACK TRANSACTION语句的savepoint_name除外,它不影响@@TRANCOUNT的值。COMMIT TRANSACTION或COMMIT WORK语句将@@TRANCOUNT的值减1。

【例10.7】嵌套的BEGIN TRANSACTION和COMMIT TRANSACTION语句示例。

```
USE teachmanage
CREATE TABLE clients
    (
        clientid int NOT NULL,
        clientname char(8) NOT NULL
    )
GO
BEGIN TRANSACTION Trans1                       /* @@TRANCOUNT为1 */
    INSERT INTO clients VALUES(1,'Zhou')
```

```
        BEGIN TRANSACTION Trans2          /* @@TRANCOUNT为2 */
            INSERT INTO clients VALUES(2, 'Yu')
            BEGIN TRANSACTION Trans3      /* @@TRANCOUNT为3 */
                PRINT @@TRANCOUNT
                INSERT INTO clients VALUES(3, 'Liang')
            COMMIT TRANSACTION Trans3     /* @@TRANCOUNT为2 */
                PRINT @@TRANCOUNT
        COMMIT TRANSACTION Trans2         /* @@TRANCOUNT为1 */
            PRINT @@TRANCOUNT
COMMIT TRANSACTION Trans1                 /* @@TRANCOUNT为0 */
PRINT @@TRANCOUNT
```

该语句查询的消息如下。

```
(1 行受影响)

(1 行受影响)
3

(1 行受影响)
2
1
0
```

10.2 锁定

锁定是SQL Server用来同步多个用户同时对同一个数据块的访问的一种机制。锁定主要用于控制多个用户的并发操作，以防止用户读取由其他用户更改的数据或者多个用户同时修改同一数据，从而确保事务完整性和数据库一致性。

10.2.1 并发影响

修改数据的用户会影响同时读取或修改相同数据的其他用户，即使这些用户可以并发访问数据。并发操作带来的数据不一致性包括丢失更新、脏读、不可重复读、幻读等。

（1）丢失更新（lost update）

当两个事务同时更新数据，此时系统只能保存最后一个事务更新的数据，导致另一个事务更新的数据丢失。

（2）脏读（dirty read）

当第一个事务正在访问数据，而第二个事务正在更新该数据，但尚未提交时，会发生脏读问题。此时第一个事务正在读取的数据可能是"脏"（不正确）数据，从而引起错误。

（3）不可重复读（unrepeatable read）

如果第一个事务两次读取同一文档，但在两次读取之间，另一个事务重写了该文档，当第一个事务第二次读取文档时，文档已更改，此时发生原始读取不可重复问题。

（4）幻读

当对某行执行插入或删除操作，而该行属于某个事务正在读取的行的范围时，会发生幻读问题。由于其他事务的删除操作，事务第一次读取的行的范围中的一行不再存在于第二次或后续读取内容中。同样，由于其他事务的插入操作，事务第二次或后续读取的内容显示有一行并不存在于原始读取内容中。

10.2.2 可锁定资源

SQL Server具有多粒度锁定，允许一个事务锁定不同类型的资源。为了尽量减少锁定的开销，数据库引擎自动将资源锁定在适合任务的级别。锁定在较小的粒度（例如行）可以提高并发度，但开销较高，因为如果锁定了许多行，则需要持有更多的锁。锁定在较大的粒度（例如表）会降低并发度，因为锁定整个表会限制其他事务对表中任意部分的访问。但其开销较低，因为需要维护的锁较少。

可锁定资源的粒度由细到粗列举如下。

（1）数据行（row）

数据页中的单行数据。

（2）索引行（key）

索引页中的单行数据，即索引的键值。

（3）页（page）

页是SQL Server存取数据的基本单位，其大小为8KB。

（4）扩展盘区（extent）

一个盘区由8个连续的页组成。

（5）表（table）

包括所有数据和索引的整个表。

（6）数据库（database）

整个数据库。

10.2.3 SQL Server的锁模式

SQL Server使用不同的锁模式锁定资源，这些锁模式确定了并发事务访问资源的方式，有以下7种锁模式，分别是共享、排他、更新、意向、架构、大容量更新、键范围。

（1）共享锁（shared lock，S）

共享锁用于数据的读取操作，例如SELECT语句。

共享锁锁定的资源可以被其他用户读取，但无法被其他用户修改。读取操作一完成，就立即释放资源上的共享锁。

（2）排他锁（exclusive lock，X）

排他锁用于数据修改操作，例如INSERT、UPDATE或DELETE语句。

排他锁与所有锁模式互斥，以确保不会对同一资源进行多重更新。

（3）更新锁（update lock，U）

更新锁用于可更新的资源中，防止多个会话在读取、锁定以及随后可能进行的资源更新时发生常见形式的死锁。同一时刻，只有一个事务可以获得资源的更新锁。

当系统准备更新数据时，会自动将资源用更新锁锁定，此时数据将不能被修改，但可以被读取。等到系统确定要进行数据更新时，再自动将更新锁转换为排他锁。

（4）意向锁（intent lock）

意向锁用于建立锁的层次结构，意向锁包括3种类型：意向共享锁、意向排它锁以及意向排它共享锁。

- 意向共享锁（intent share, IS）：通过在各资源上放置S锁，表明事务的意向是读取表中的部分（而不是全部）数据。当事务不传达更新的意图时，就获取这种锁。
- 意向排它锁（intent exclusive, IX）：通过在各资源上放置X锁，表明事务的意向是修改表中的部分（而不是全部）数据。IX是IS的超集。当事务传达更新表中行的意图时，就获取这种锁。
- 意向排它共享锁（share with intent exclusive, SIX）：通过在各资源上放置IX锁，表明事务的意向是读取表中的全部数据并修改部分（而不是全部）数据。

（5）架构锁（schema lock）

架构锁在执行依赖于表架构的操作时使用，架构锁包括架构修改锁和架构稳定性锁。

- 架构修改锁（Sch-M）：执行表的数据定义语言操作（如增加列或删除表）时使用架构修改锁。
- 架构稳定性锁（Sch-S）：当编译查询时，使用架构稳定性锁。

（6）大容量更新锁（bulk update lock，BU）

大容量更新锁将数据大容量复制到表，且指定了TABLOCK提示使用。

（7）键范围锁

键范围锁用于序列化的事务隔离级别时，可以保护查询读取的行的范围。

当一个事务持有数据资源上的锁，而第二个事务又请求同一资源上的锁时，系统将检查两种锁的状态以确定它们是否兼容。如果锁是兼容的，则将锁授予第二个事务；如果锁不兼容，则第二个事务必须等待，直至第一个事务释放后，才可以获取对资源的访问权并处理资源。各种锁之间的兼容性如表10.1所示。

表10.1 各种锁之间的兼容性

锁模式	IS	S	U	IX	SIX	X
IS	兼容	兼容	兼容	兼容	兼容	不兼容
S	兼容	兼容	兼容	不兼容	不兼容	不兼容
U	兼容	兼容	不兼容	不兼容	不兼容	不兼容
IX	兼容	不兼容	不兼容	兼容	不兼容	不兼容
SIX	兼容	不兼容	不兼容	不兼容	不兼容	不兼容
X	不兼容	不兼容	不兼容	不兼容	不兼容	不兼容

10.2.4 死锁

两个事务分别锁定某个资源，而又分别等待对方释放其锁定的资源时，将发生死锁。

除非某个外部进程断开死锁，否则死锁中的两个事务都将无限期地等待下去。SQL Server死锁监视器自动定期检查陷入死锁的任务。如果监视器检测到循环依赖关系，将选择其中一个任务作为牺牲品，然后终止其事务并提示错误。这样，其他任务就可以完成其事务。对于事务以错误终止的应用程序，它还可以重试该事务，但通常要等到与它一起陷入死锁的其他事务完成后执行。

将哪个会话选为死锁牺牲品取决于每个会话的死锁优先级。如果两个会话的死锁优先级相同，则 SQL Server 实例将回滚开销较低的会话选为死锁牺牲品。例如，如果两个会话都将其死锁优先级设置为HIGH，则此实例便将它估计回滚开销较低的会话选为牺牲品。

如果会话的死锁优先级不同，则将死锁优先级最低的会话选为死锁牺牲品。

下列方法可将死锁减至最少。

（1）按同一顺序访问对象。

（2）避免事务中的用户交互。

（3）保持事务简短并处于一个批处理中。

（4）使用较低的隔离级别。

（5）使用基于行版本控制的隔离级别。

（6）将 READ_COMMITTED_SNAPSHOT 数据库选项设置为ON，使得已提交读事务使用行版本控制。

（7）使用快照隔离。

（8）使用绑定连接。

本章小结

本章主要介绍了以下内容。

（1）事务由一系列的数据库查询操作和更新操作构成，这一系列操作作为单个逻辑工作单元执行，该单元被作为一个不可分的整体进行处理。事务的处理必须满足ACID原则，即原子性、一致性、隔离性和持久性。

SQL Server的事务可分为两类：系统提供的事务和用户定义的事务。

（2）SQL Server通过3种事务模式管理事务：自动提交事务模式、显式事务模式和隐性事务模式。

显式事务模式以BEGIN TRANSACTION语句显式开始，以COMMIT或ROLLBACK语句显式结束。

隐性事务模式不需要使用BEGIN TRANSACTION语句标识事务的开始，但需要以COMMIT语句提交事务，或以ROLLBACK语句回滚事务。

（3）事务处理语句包括BEGIN TRANSACTION、COMMIT TRANSACTION、ROLLBACK TRANSACTION语句。

（4）锁定是 SQL Server用来同步多个用户同时对同一个数据块的访问的一种机制，用于控制多个用户的并发操作，以防止用户读取由其他用户更改的数据或者多个用户同时修改同一数据，从而确保事务完整性和数据库一致性。

并发操作带来的数据不一致性包括丢失更新、脏读、不可重复读、幻读等。

可锁定资源的粒度由细到粗为：数据行、索引行、页、扩展盘区、表、数据库。

SQL Server使用不同的锁模式锁定资源，这些锁模式确定了并发事务访问资源的方式，有以下7种锁模式，分别是共享、排他、更新、意向、架构、大容量更新、键范围。

（5）两个事务分别锁定某个资源，而又分别等待对方释放其锁定的资源时，将发生死锁。

习题 10

一、选择题

1. 如果有两个事务，同时对数据库中同一数据进行操作，不会引起冲突的操作是（　　）。
   A. 一个是DEIETE，一个是SELECT
   B. 一个是SELECT，一个是DELETE
   C. 两个都是UPDATE
   D. 两个都是SELECT

2. 解决并发操作带来的数据不一致问题普遍采用（　　）技术。
   A. 存取控制　　　B. 锁定　　　C. 还原　　　D. 协商

3. 若某数据库系统中存在一个等待事务集{Tl, T2, T3, T4, T5}，其中Tl正在等待被T2锁住的数据项A2，T2正在等待被T4锁住的数据项A4，T3正在等待被T4锁住的数据项A4，T5正在等待被Tl锁住的数据项A。下列有关此系统所处状态及需要进行的操作的说法中，正确的是（　　）。
   A. 系统处于死锁状态，撤销其中任意一个事务即可退出死锁状态
   B. 系统处于死锁状态，通过撤销事务T4可使系统退出死锁状态
   C. 系统处于死锁状态，通过撤销事务T5可使系统退出死锁状态
   D. 系统未处于死锁状态，不需要撤销其中的任何事务

二、填空题

1. 事务的处理必须满足ACID原则，即原子性、一致性、隔离性和_____。
2. 显式事务模式以_____语句显式开始，以COMMIT或ROLLBACK语句显式结束。
3. 隐性事务模式需要以COMMIT语句来提交事务，或以_____语句来回滚事务。
4. 锁定是SQL Server用来同步多个用户同时对同一个_____的访问的一种机制。
5. 并发操作带来的数据不一致性包括丢失更新、脏读、不可重复读、_____等。
6. 共享锁用于数据的读取操作，读取操作一完成，就立即_____资源上的共享锁。
7. 排他锁与所有锁模式_____，以确保不会对同一资源进行多重更新。
8. 同一时刻，只有_____个事务可以获得资源的更新锁。
9. 意向锁用于建立锁的_____结构。
10. 两个事务分别锁定某个资源，而又分别等待对方_____其锁定的资源时，将发生死锁。

三、问答题

1. 什么是事务？事务的作用是什么？
2. ACID原则有哪几个？
3. 事务模式有哪几种？
4. 为什么要在SQL Server中引入锁定机制？

5. 锁模式有哪些？简述各种锁的作用。
6. 为什么会产生死锁？怎样解决死锁现象？

四、应用题

1. 建立一个显式事务，以显示teachmanage数据库的课程表和讲课表的数据。
2. 建立一个隐性事务，显示成绩表的记录数并插入两行记录。
3. 建立一个事务，向成绩表插入一行数据，设置保存点，然后再删除该行。

第 11 章 基于Visual C#和SQL Server数据库的学生成绩管理系统的开发

只有把理论知识同具体实际相结合，才能正确回答实践提出的问题。

本章以Visual Studio 2012为开发环境，以Visual C#为编程语言，以SQL Server数据库的学生成绩数据库为后台数据库，实际开发一个学生成绩管理系统，以提升读者的实战能力。学生成绩管理系统的功能包括学生信息录入、学生信息管理、学生信息查询等内容。

11.1 新建项目和窗体

1. 新建项目

启动Visual Studio 2012（以下简称VS 2012），选择"文件"→"新建"→"项目"命令，弹出"新建项目"对话框中，在"已安装"→"模板"→"Visual C#"→"Windows"中，选择"Windows窗体应用程序"模板，在"名称"文本框中输入StudentManagement，如图11.1所示，单击"确定"按钮，在VS 2012窗口右边的"解决方案资源管理器"中出现项目名StudentManagement。

图 11.1 "新建项目"对话框

2. 新建父窗体

右击项目名StudentManagement，选择"添加"→"Windows窗体"命令，出现"添加新项"对话框。在"Windows Forms"选项中，选择"MDI父窗体"模板，在"名称"文本框中输入SM.cs，如图11.2所示，单击"添加"按钮，完成父窗体的添加。

图 11.2　新建父窗体

3. 新建子窗体

本项目StudentManagement包括学生信息录入、学生信息查询、学生信息管理等功能，相应地需要新建3个子窗体。

首先新建学生信息录入窗体，右击项目名StudentManagement，选择"添加"→"Windows窗体"命令，出现"添加新项-StudentManagement"对话框，在"Windows Forms"选项中，选择"Windows窗体"模板，在"名称"文本框中输入St_Input.cs，如图11.3所示，单击"添加"按钮，完成窗体的添加。

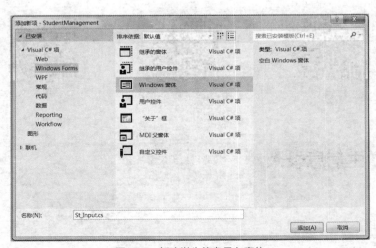

图 11.3　新建学生信息录入窗体

按照同样的方法添加学生信息查询窗体St_Query.cs、学生信息管理窗体St_Management.cs。

11.2 父窗体设计

父窗体包含学生成绩管理系统所有的功能选择,其子窗体是各个功能界面。

设计父窗体的步骤如下。

(1)设置父窗体属性

打开父窗体,在父窗体属性窗口中,将Text属性设置为"学生成绩管理系统",删除父窗体下边的menuStrip控件和ToolStrip控件。

(2)添加菜单

从工具箱中拖放一个menuStrip菜单控件到父窗体中,分别添加"录入""管理""查询"等菜单,如图11.4所示。

图11.4 添加菜单

(3)保留类SM中构造函数的代码,删除其余代码

打开SM.cs代码页,保留类SM中构造函数的代码,删除其余代码,可得代码1(扫二维码查看)。

(4)在类SM中添加代码

在SM.cs代码页中,添加"录入ToolStripMenuItem_Click"方法,此方法为单击"录入"菜单时所执行的事件方法,对应的代码为代码2(扫二维码查看)。

(5)设置父窗体为首选执行窗体

打开Program.cs代码页,将Form1修改为SM,修改后的代码为代码3(扫二维码查看)。

代码1

代码2

代码3

11.3 学生信息录入

1. 主要功能

用户在学号、姓名、出生时间、班级、总学分等文本框中分别输入有关信息,在"性别"一行中选择"男"或"女"单选框,在"专业"下拉列表中选择"计算机"或"电子信息工程",单击"录入"按钮,即可录入数据。学生信息录入界面如图11.5所示。

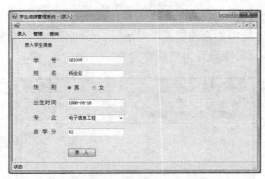

图 11.5 学生信息录入界面

2．窗体设计

打开St_Input窗体设计模式，将St_Input窗体的Text属性设置为"录入"。在窗体中添加一个GroupBox容器。在GroupBox中，新建6个Label控件，用于标识学生的学号、姓名、性别等信息；4个TextBox控件，用于保存学生的学号、姓名、出生时间、总学分等信息；1个RadioButton控件，用于选择学生的性别；1个ComboBox控件，用于选择学生的专业；1个Button控件，用于执行学生信息的录入。St_Input窗体设计界面如图11.6所示。

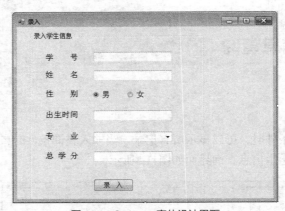

图 11.6 St_Input 窗体设计界面

St_Input窗体中各个控件的命名和设置如表11.1所示。

表11.1 St_Input窗体中各个控件的命名和设置

控件类型	控件名称	属性设置	说明
Label	Labell-Labe16	设置各自的Text属性	标识学生的学号、姓名、性别等信息
TextBox	StudentNo	Text值清空	保存学生学号
TextBox	StudentName	Text值清空	保存学生姓名
TextBox	StudentBirthday	Text值清空	保存学生出生时间
TextBox	TotalCredit	Text值清空	保存学生总学分
RadioButton	Man和Woman	Man的Text属性设置为True	选择学生性别
ComboBox	Speciality	在窗体加载时初始化	选择学生专业
Button	InsertBtn	设置Text属性为插入	执行学生信息的插入

"专业"下拉列表框Speciality控件的设置如下：打开Speciality控件的属性窗口，单击Item属性后的".."图标，打开"字符串集合编辑器"对话框，分别添加"计算机"和"电子信息工程"，如图11.7所示。另外，将Text属性设置为"所有专业"。

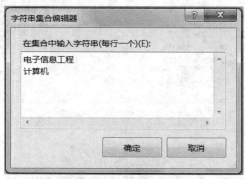

图 11.7　设置 Speciality 控件

3. 主要代码

实现"学生信息录入"功能的代码为代码4（扫二维码查看）。

代码 4

11.4　学生信息查询

1. 主要功能

当未输入任何查询条件时，可以显示所有记录。当输入查询条件时，可以按照条件的与关系进行简单的模糊查询。学生信息查询界面如图11.8所示。

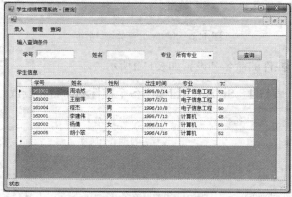

图 11.8　学生信息查询界面

2. 窗体设计

打开St_Query窗体设计模式，将St_Query窗体的Text属性设置为"查询"。在窗体中添加2个GroupBox容器，对窗体进行分割。在第1个GroupBox中，新建3个Label控件，用于标识学生的学号、姓名、专业等信息；2个TextBox控件，用于保存学生的学号、姓名等信息；1个ComboBox控件，用于选择并保存学生的专业；1个Button控件，用于执行学生信息的查询。在第2个GroupBox控件中，新建1个DataGridView控件，用于显示学生的信息。St_Query窗体设计界面如图11.9所示。

图11.9　St_Query 窗体设计界面

St_Query窗体中各个控件的命名和设置如表11.2所示。

表11.2　St_Query窗体中各个控件的命名和设置

控件类型	控件名称	属性设置	说明
Label	Label1-Label3	设置各自的Text属性	标识学生的学号、姓名、专业等信息
TextBox	StudentNo	Text值清空	保存学生的学号
TextBox	StudentName	Text值清空	保存学生的姓名
ComboBox	Specialist	Text值设置为"所有专业"	选择并保存学生的专业
Button	InsertBtn	设置Text属性为查询	执行学生信息的查询
DataGridView	StuGridView		以列表方式显示学生信息

3．主要代码

实现"学生信息查询"功能的代码为代码5（扫二维码查看）。

代码5

本章小结

本章主要介绍了以下内容。

（1）本章以Visual Studio 2012作为开发环境，以Visual C#为编程语言，用SQL Server数据库的学生成绩数据库为后台数据库，进行学生成绩管理系统的开发，在Visual C#语言中对数据库的访问是通过.NET框架中的ADO.NET实现的。

（2）在Visual Studio 2012开发环境中，新建项目StudentManagement、父窗体SM.cs和学生信息录入窗体St_Input.cs、学生信息查询窗体St_Query.cs。

（3）在学生信息录入、学生信息查询中，分别进行功能设计、窗体设计、代码编写和调试。

习题 11

一、选择题

1. 在C#程序中,如果需要连接SQL Server数据库,那么需要使用的连接对象是(　　)。
   A. SqlConnection   B. OleDbConnection
   C. OdbcConnection   D. OracleConnection
2. 以下关于DataSet的说法错误的是(　　)。
   A. 在DataSet中可以创建多个表
   B. DataSet的数据库存放在内存中
   C. 在DataSet中的数据不能修改
   D. 在关闭数据库连接时,仍能使用DataSet中的数据

二、填空题

1. 在Visual C#语言中对数据库的访问是通过_____框架中的ADO.NET实现的。
2. DataSet对象是ADO.NET的核心组件,它是一个_____数据库。

三、应用题

参照本章的内容,以Visual Studio作为开发环境,以Visual C#为编程语言,以学生成绩数据库为后台数据库,使用其中的课程表Course,开发一个课程管理系统项目,根据业务需求修改录入、查询等界面和有关代码。

附录 A　习题参考答案

第1章　数据库概述

一、选择题

1. C　2. B　3. A　4. B　5. A　6. B　7. C　8. D

二、填空题

1. 数据完整性约束
2. 多对多
3. 减少数据冗余
4. 集成服务
5. 网络

三、问答题

略

四、应用题

1.
（1）

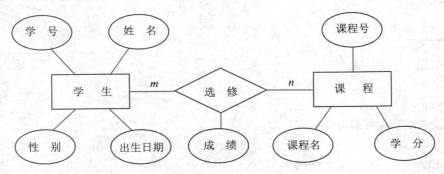

(2)

学生(学号，姓名，性别，出生日期)
课程(课程号，课程名，学分)
选修(学号，课程号，成绩)
外键：学号，课程号

2.
(1)

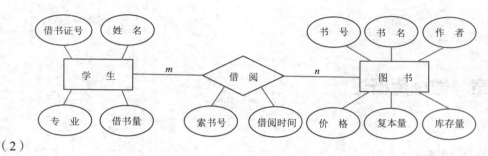

(2)

学生(借书证号，姓名，专业，借书量)
图书(书号，书名，作者，价格，复本量，库存量)
借阅(书号，借书证号，索书号，借阅时间)
外键：书号，借书证号

第2章 数据定义

一、选择题

1．B 2．C 3．B 4．D 5．C 6．C 7．B 8．D 9．A 10．C

二、填空题

1．容器
2．视图
3．事务日志文件
4．数据类型
5．不可用
6．列名
7．tinyint
8．可变长度字符数据类型
9．非英语语种
10．DEFAULT '男' FOR 性别
11．CHECK(成绩>=0 AND 成绩<=100)

12. PRIMARY KEY (商品号)
13. FOREIGN KEY(商品号) REFERENCES 商品表(商品号)

三、问答题

略

四、应用题

1.

```
CREATE DATABASE pq1
    ON
    (
        NAME='pq1',
        FILENAME='C:\Program Files\Microsoft SQL Server\MSSQL15.MSSQLSERVER\MSSQL\DATA\pq1.mdf',
        SIZE=12MB,
        MAXSIZE=UNLIMITED,
        FILEGROWTH=8%
    )
    LOG ON
    (
        NAME='pq1_log',
        FILENAME='C:\Program Files\Microsoft SQL Server\MSSQL15.MSSQLSERVER\MSSQL\DATA\pq1_log.ldf',
        SIZE=4MB,
        MAXSIZE=100MB,
        FILEGROWTH=2MB
    )
```

2. 略

3.

```
USE teachmanage
GO

CREATE TABLE speciality
    (
        specno char(6) NOT NULL PRIMARY KEY,
        specname char(16)  NULL
    )
GO

CREATE TABLE student
    (
        sno char(6) NOT NULL PRIMARY KEY,
        sname char(8) NOT NULL,
        ssex char(2) NOT NULL,
        sbirthday date NOT NULL,
        tc tinyint NULL,
        specno char(6) NOT NULL
```

```
    )
GO

CREATE TABLE course
    (
        cno char(4) NOT NULL PRIMARY KEY,
        cname char(16) NOT NULL,
        credit tinyint NULL
    )
GO

CREATE TABLE score
    (
        sno char(6) NOT NULL ,
        cno char(4) NOT NULL,
        grade tinyint NULL,
        PRIMARY KEY(sno,cno)
    )
GO

CREATE TABLE teacher
    (
        tno char (6) NOT NULL PRIMARY KEY,
        tname char(8) NOT NULL,
        tsex char (2) NOT NULL,
        tbirthday date NOT NULL,
        title char (12) NULL,
        school char (12) NULL
    )
GO

CREATE TABLE lecture
    (
        tno char (6) NOT NULL ,
        cno char(4) NOT NULL,
        location char(10) NULL,
        PRIMARY KEY(tno,cno)
    )
GO
```

4. 略
5.

 提示

可通过图形界面查出课程表的PRIMARY KEY约束的名称。

```
USE teachmanage
ALTER TABLE course
DROP CONSTRAINT PK__course__D8361755E5533514
GO
ALTER TABLE course
```

```
ADD CONSTRAINT PK_course_cno PRIMARY KEY(cno)
GO
```

6.

```
USE teachmanage
ALTER TABLE score
ADD CONSTRAINT FK_score_cno FOREIGN KEY(cno) REFERENCES course(cno)
```

7.

```
USE teachmanage
ALTER TABLE course
ADD CONSTRAINT CK_course_credit CHECK(credit>=0 AND credit<=8)
```

8.

```
USE teachmanage
ALTER TABLE student
ADD CONSTRAINT DF_student_ssex DEFAULT '男' FOR ssex
```

第3章　数据操纵

一、选择题

1. D   2. C   3. B

二、填空题

1. UPDATE
2. 顺序
3. 所有记录
4. 所有行

三、问答题

略

四、应用题

1.

```
INSERT INTO speciality VALUES('080701','电子信息工程'), ('080702','电子科学与技术'),
('080703','通信工程'),('080901','计算机科学与技术'),('080902','软件工程'),
('080903','网络工程');
GO
```

```sql
INSERT INTO student VALUES('221001','成远博','男','2002-04-17',52,'080901'),
('221002','傅春华','女','2001-10-03',50,'080901'),
('221003','路勇','男','2002-03-15',50,'080901'),
('226001','卫婉如','女','2001-08-21',52,'080701'),
('226002','孟茜','女','2002-12-19',48,'080701'),
('226004','夏志强','男','2001-09-08',52,'080701');
GO

INSERT INTO course VALUES('1004','数据库系统',4),('1012','计算机系统结构',3),
('1201','英语',5),('4008','通信原理',3),('8001','高等数学',5);
GO
INSERT INTO score VALUES('221001','1004',94),('221002','1004',87),('221003','1004',93),('221001','1201',92),('221002','1201',86),('221003','1201',93),('226001','1201',92),
('226002','1201',NULL),('226004','1201',93),
('226001','4008',93),('226002','4008',78),('226004','4008',86),
('221001','8001',92),('221002','8001',88),('221003','8001',86),('226001','8001',92),('226002','8001',75),('226004','8001',91);
GO

INSERT INTO teacher VALUES('100003','杜明杰','男','1978-11-04','教授','计算机学院'),
('100018','严芳','女','1994-09-21','讲师','计算机学院'),
('120032','袁书雅','女','1991-07-18','副教授','外国语学院'),
('400006','范慧英','女','1982-12-25','教授','通信学院'),
('800014','简毅','男','1987-05-13','副教授','数学学院');
GO

INSERT INTO lecture VALUES('100003','102','1-327'),('120032','203','3-103'),
('400006','205','5-214'),
('800014','801','6-108');
GO
```

2. 略

第4章　数据查询

一、选择题

1. D　　2. C　　3. C　　4. B　　5. D

二、填空题

1. 外层表的行数
2. 内　　外
3. 外　　内

4. ALL
5. WHERE

三、问答题

略

四、应用题

1.

```
USE teachmanage
SELECT *
FROM teacher
WHERE title='教授' OR tsex='男'
```

2.

```
USE teachmanage
SELECT school, title
FROM teacher
WHERE  tname='袁书雅'
```

3.

```
USE teachmanage
SELECT school AS '部门号', tsex AS '性别', COUNT(*) AS '人数'
FROM teacher
GROUP BY ROLLUP(school, tsex)
```

4.

```
USE teachmanage
SELECT sname, grade
FROM student a, course b, score c
WHERE a.sno=c.sno AND b.cno=c.cno AND b.cname='通信原理'
ORDER BY grade DESC
```

5.

```
USE teachmanage
SELECT cname, AVG(grade) AS 平均成绩
FROM course a, score b
WHERE a.cno=b.cno AND cname='数据库系统' OR cname='高等数学'
GROUP BY cname
```

6.

```
USE teachmanage
SELECT specno, cname, MAX(grade) AS 最高分
FROM student a, course b, score c
WHERE a.sno=c.sno AND b.cno=c.cno
```

```
GROUP BY specno, cname
```

7.

```
USE teachmanage
SELECT cno AS '课程号', AVG (grade) AS '平均分数'
FROM score
WHERE cno LIKE '8%'
GROUP BY cno
HAVING COUNT(*)>=4
```

8.

```
USE teachmanage
SELECT a.sno, a.cno, a.grade
FROM score a, score b
WHERE a.cno='1201' AND a.grade>b.grade AND b.sno='221002' AND b.cno='1201'
ORDER BY a.grade DESC
```

9.

```
USE teachmanage
SELECT a.sno, sname, cno, grade
FROM student a, speciality b, score c
WHERE a.sno=c.sno AND a.specno=b.specno AND specname='电子信息工程' AND grade IN
    (SELECT MAX(grade)
     FROM score
     WHERE a.sno=c.sno
     GROUP BY cno
    )
```

10.

```
WITH Cfact(n, k)
AS (
        SELECT n=1, k=1
        UNION ALL
        SELECT n=n+1, k=k*(n+1)
        FROM Cfact
        WHERE n<10
    )
SELECT n, k FROM Cfact
```

11.

```
USE teachmanage
WITH Ctotal(sname, avg_grade ,total)
AS (
        SELECT sname, avg(grade) AS avg_grade, COUNT(b.sno) AS total
        FROM student a INNER JOIN score b ON a.sno=b.sno
        WHERE grade>=80
        GROUP BY sname
```

```
)
SELECT sname AS 姓名, avg_grade AS 平均成绩 FROM Ctotal WHERE total>=2
```

第5章 视图和索引

一、选择题

1. A 2. B 3. D 4. C 5. C 6. B 7. A 8. C 9. D

二、填空题

1. 一个或多个表或其他视图
2. 虚拟表
3. 定义
4. 基础表
5. UNIQUE CLUSTERED
6. 提高查询速度
7. CREATE INDEX

三、问答题

略

四、应用题

1.

```
USE teachmanage
GO
CREATE VIEW V_markSituation
AS
SELECT a.sno, sname, specname, c.cno, cname, grade
    FROM student a, speciality b, score c, course d
    WHERE a.specno=b.specno AND a.sno=c.sno AND c.cno=d.cno
    WITH CHECK OPTION
GO

USE teachmanage
SELECT *
FROM V_markSituation
```

2.

```
USE teachmanage
GO
ALTER VIEW V_markSituation
```

```
AS
SELECT a.sno, sname, specname, c.cno, cname, grade
    FROM student a, speciality b, score c, course d
    WHERE a.specno=b.specno AND a.sno=c.sno AND c.cno=d.cno AND specname=
'计算机科学与技术'
    WITH CHECK OPTION
GO

USE teachmanage
SELECT *
FROM V_markSituation
```

3.

```
USE teachmanage
GO
CREATE VIEW V_avgGrade
AS
SELECT sname AS 姓名, AVG(grade) AS 平均分
    FROM student a, score b
    WHERE a.sno=b.sno
    GROUP BY sname
    WITH CHECK OPTION
GO

USE teachmanage
SELECT *
FROM V_avgGrade
```

4.

```
USE teachmanage
CREATE INDEX I_cname ON course(cname)

USE teachmanage
ALTER INDEX I_cname
    ON course
    REBUILD
    WITH (PAD_INDEX=ON, FILLFACTOR=90)
GO
```

5.

```
USE teachmanage
CREATE INDEX I_cname_credit ON course(cname DESC, credit)
```

6.

```
USE teachmanage
CREATE UNIQUE CLUSTERED INDEX I_sno_cno ON score(sno, cno)
```

第6章 数据库程序设计

一、选择题

1. D   2. B   3. D   4. C   5. B

二、填空题

1. T-SQL 语句
2. 结束标志
3. 一条或多条
4. /*…*/（正斜杠-星号对）
5. 可以改变
6. 操作
7. 运算符
8. 标量函数
9. 多语句表值函数
10. DROP FUNCTION

三、问答题

略

四、应用题

1.

```
USE teachmanage
IF EXISTS(
    SELECT name FROM sysobjects WHERE type='u' and name='course')
    PRINT '存在'
ELSE
    PRINT '不存在'
GO
```

2.

```
DECLARE @i int, @sum int
SET @i=1
SET @sum=0
while(@i<100)
    BEGIN
        SET @sum=@sum+@i
        SET @i=@i+2
    END
PRINT CAST(@sum AS char(10))
```

3.
```sql
USE teachmanage
GO
/* 创建标量函数F_cname, @cno为该函数的形参, 对应实参为课程号 */
CREATE FUNCTION F_cname(@cno char(4))
RETURNS char(16)                    /* 函数的返回值为字符类型 */
AS
BEGIN
    DECLARE @cname char(16)         /* 定义变量@cname为字符类型 */
    /* 由实参指定的课程号传递给形参@cno作为查询条件, 查询课程名 */
    SELECT @cname=(SELECT cname FROM course WHERE cno=@cno)
    RETURN @cname                   /* 返回该课程名的标量值 */
END
GO

USE teachmanage
DECLARE @couno char(4)
DECLARE @couname char(16)
SELECT @couno='1201'
SELECT @couname=dbo.F_cname(@couno)
SELECT @couname AS '课程名'
```

4.
```sql
USE teachmanage
GO
/* 创建内联表值函数F_cname_credit, @cno为该函数的形参, 对应实参为课程号 */
CREATE FUNCTION F_cname_credit(@cno char(4))
RETURNS TABLE                       /* 函数的返回值为表类型 */
AS
RETURN(SELECT cname, credit
    FROM course
    /* 由实参指定的课程号传递给形参@cno作为查询条件, 查询出课程名、学分 */
    WHERE cno=@cno)
GO

USE teachmanage
SELECT * FROM F_cname_credit('4008')
```

5.
```sql
USE teachmanage
GO
/* 创建多语句表值函数F_lectureSituation, @cno为该函数的形参, 对应实参为课程号 */
CREATE FUNCTION F_lectureSituation(@cno char(4))
RETURNS @tab TABLE                  /* 函数的返回值为表类型 */
(
    couname char(16),
    loc char(10),
    teachname char(8)
)
AS
```

```
BEGIN
    /*由实参指定的课程号传递给形参@cno作为查询条件，查询出课程名、上课地点和上课教师姓
    名，通过INSERT语句插入@tab表中 */
    INSERT @tab    /*向@tab表插入满足条件的记录*/
    SELECT cname, location, tname FROM course a JOIN lecture b ON a.cno=
b.cno JOIN teacher c ON c.tno=b.tno WHERE a.cno=@cno
    RETURN
END
GO
USE teachmanage
SELECT * FROM F_lectureSituation('1201')
```

第7章 数据库编程技术

一、选择题

1．A   2．B   3．A   4．D   5．C   6．D   7．A
8．B   9．C   10．D   11．D   12．D   13．A   14．D

二、填空题

1．预编译后

2．CREATE PROCEDURE

3．EXECUTE

4．变量及类型

5．OUTPUT

6．触发

7．后

8．1

9．inserted

10．ROLLBACK

11．约束

12．逐行处理

13．游标当前行指针

三、问答题

略

四、应用题

1．

```
USE teachmanage
```

```
GO
CREATE PROCEDURE P_dispTeaching        /* 创建存储过程P_dispTeaching */
AS
    SELECT a.tno, tname, cname, location
    FROM teacher a, lecture b, course c
    WHERE a.tno=b.tno AND b.cno=c.cno
    ORDER BY a.tno
GO

EXECUTE P_dispTeaching
GO
```

2.

```
USE teachmanage
GO
CREATE PROCEDURE P_grade(@sno char(6), @cno char(4))
/* 存储过程P_grade指定的参数@tno、@cno 是输入参数 */
AS
    SELECT grade AS 成绩
    FROM score
    WHERE sno=@sno AND cno=@cno
GO

EXECUTE P_grade '221001', '8001'
GO
```

3.

```
USE teachmanage
GO
/* 定义课程号形参@cno、学分形参@credit为输入参数,形参@msg为输出参数 */
CREATE PROCEDURE P_credit(@cno char(4), @credit tinyint, @msg char(8) OUTPUT)
AS
BEGIN
    UPDATE course SET credit=@credit WHERE cno=@cno
    SELECT * FROM course WHERE cno=@cno
    SET @msg='修改成功'
END
GO

DECLARE @msg1 char(8)
EXEC P_credit '1201', 6, @msg1 OUTPUT
SELECT @msg1
GO
```

4.

```
USE teachmanage
GO
CREATE TRIGGER T_courseUpd
    ON course
```

```
AFTER UPDATE
AS
PRINT '正在修改课程表'
GO


UPDATE course SET credit=4 WHERE cno='4008'
GO
```

5.

```
USE teachmanage
GO
CREATE TRIGGER T_lectureIns
    ON lecture
AFTER INSERT
AS
BEGIN
    DECLARE @location char(10)
    SELECT @location=inserted.location FROM inserted
    PRINT @location
END
GO

INSERT INTO lecture VALUES('100018','1012','5-107')
GO
```

6.

```
USE teachmanage
GO
CREATE TRIGGER T_scoreDel
    ON score
AFTER DELETE
AS
IF EXISTS(SELECT * FROM deleted WHERE cno='1004')
    BEGIN
        PRINT '不能删除成绩表中课程号为1004的记录'
        ROLLBACK TRANSACTION              /* 回滚之前的操作 */
    END
GO

DELETE score WHERE cno='1004'
GO
```

7.

```
USE teachmanage
SET NOCOUNT ON
/* 声明变量 */
DECLARE @cno char(4), @cname char(16), @credit tinyint
/* 声明游标，查询产生与所声明的游标相关联的课程情况的结果集 */
DECLARE Cur_course CURSOR FOR SELECT cno, cname,credit FROM course
```

```
OPEN Cur_course                                    /* 打开游标 */
FETCH NEXT FROM Cur_course INTO @cno, @cname, @credit    /* 提取第一行数据 */
PRINT '课程号    课程名          学分'      /* 打印表头 */
PRINT '-------------------------------'
WHILE @@fetch_status = 0                           /* 循环打印和提取各行数据 */
BEGIN
    PRINT CAST(@cno AS char(4))+' '+@cname+' '+ CAST(@credit AS char(3))
    FETCH NEXT FROM Cur_course INTO @cno, @cname, @credit
END
CLOSE Cur_course                                   /* 关闭游标 */
DEALLOCATE Cur_course                              /* 释放游标 */
```

第8章 系统安全管理

一、选择题

1. C 2. A 3. B 4. D 5. C 6. B 7. C 8. A

二、填空题

1. 对象级别安全机制
2. SQL Server
3. CREATE LOGIN
4. GRANT SELECT
5. GRANT CREATE TABLE
6. DENY INSERT
7. REVOKE CREATE TABLE

三、问答题

略

四、应用题

1.

```
CREATE LOGIN e1
   WITH PASSWORD='1234',
   DEFAULT_DATABASE=teachmanage
GO

CREATE LOGIN e2
   WITH PASSWORD='1234',
   DEFAULT_DATABASE=teachmanage
GO
```

2.
```
USE teachmanage
GO
CREATE USER cou1
   FOR LOGIN e1
GO

USE teachmanage
GO
CREATE USER cou2
   FOR LOGIN e2
GO
```

3.
```
USE teachmanage
GO
CREATE ROLE cgp1 AUTHORIZATION dbo
GO

USE teachmanage
GO
CREATE ROLE cgp2 AUTHORIZATION dbo
GO
```

4.
```
EXEC sp_addrolemember 'cgp2','cou2'
```

5.
```
USE teachmanage
GO
GRANT SELECT, INSERT, UPDATE ON course TO cou1, cgp1
GO
```

6.
```
USE teachmanage
GO
DENY DELETE ON course TO cou1, cgp2
GO
```

7.
```
USE teachmanage
GO
REVOKE INSERT ON course FROM cou1, cgp1
GO
```

第9章 备份和还原

一、选择题

1. C 2. A 3. B 4. D 5. D 6. B

二、填空题

1. 事务日志备份
2. 完整还原模式
3. 完整
4. 日志
5. 允许
6. 备份设备

三、问答题

略

四、应用题

1.

```
EXEC sp_addumpdevice 'disk', 'dev_myteachmanage', 'd:\dev_myteachmanage.bak'
```

2.

```
BACKUP DATABASE myteachmanage TO dev_myteachmanage
WITH NAME='myteachmanage 完整备份', DESCRIPTION='myteachmanage 完整备份'
```

3.

```
BACKUP DATABASE myteachmanage TO dev_myteachmanage
WITH DIFFERENTIAL, NAME='myteachmanage 差异备份', DESCRIPTION='myteachmanage 差异备份'
```

4.

```
BACKUP LOG myteachmanage TO dev_myteachmanage
WITH NAME='myteachmanage事务日志备份',DESCRIPTION='myteachmanage 事务日志备份'
```

5.

```
RESTORE DATABASE myteachmanage
FROM dev_myteachmanage
WITH FILE=1, REPLACE
```

第10章 事务和锁

一、选择题

1. D   2. B   3. D

二、填空题

1. 持久性
2. BEGIN TRANSACTION
3. ROLLBACK
4. 数据块
5. 幻读
6. 释放
7. 互斥
8. 一
9. 层次
10. 释放

三、问答题

略

四、应用题

1.

```
BEGIN TRANSACTION
    USE teachmanage
    SELECT * FROM course
    SELECT * FROM lecture
COMMIT TRANSACTION
```

2.

```
SET IMPLICIT_TRANSACTIONS ON          /*启动隐性事务模式*/
GO
USE teachmanage
SELECT COUNT(*) FROM score
INSERT INTO score VALUES('226001','1004',91)
INSERT INTO score VALUES('226002','1004',77)
COMMIT TRANSACTION
GO
SET IMPLICIT_TRANSACTIONS OFF         /*关闭隐性事务模式*/
GO
```

3.

```
BEGIN TRANSACTION
    USE teachmanage
    INSERT INTO score VALUES('226004','1004',88)
    SAVE TRANSACTION sco_point                    /*设置保存点*/
    DELETE FROM score WHERE sno='226004' AND cno='1004'
    ROLLBACK TRANSACTION sco_point                /*回滚到保存点sco_point */
COMMIT TRANSACTION
```

第11章 基于Visual C#和SQL Server数据库的学生成绩管理系统的开发

一、选择题

1. A   2. B

二、填空题

1. .NET
2. 内存

三、应用题

略

教学管理数据库 teachmanage的表结构和样本数据

1. teachmanage（教学管理数据库）的表结构

教学管理数据库的表结构见表B.1~表B.6。

表B.1 speciality（专业表）的表结构

列名	数据类型	允许NULL值	是否主键	说明
specno	char(6)	×	主键	专业代码
specname	char(16)	√		专业名称

表B.2 student（学生表）的表结构

列名	数据类型	允许NULL值	是否主键	说明
sno	char(6)	×	主键	学号
sname	char(8)	×		姓名
ssex	char(2)	×		性别
sbirthday	date	×		出生日期
tc	tinyint	√		总学分
specno	char(6)	×		专业代码

表B.3 course（课程表）的表结构

列名	数据类型	允许NULL值	是否主键	说明
cno	char(4)	×	主键	课程号
cname	char(16)	×		课程名
credit	tinyint	√		学分

表B.4 score（成绩表）的表结构

列名	数据类型	允许NULL值	是否主键	说明
sno	char(6)	×	主键	学号
cno	char(4)	×	主键	课程号
grade	tinyint	√		成绩

表B.5 teacher（教师表）的表结构

列名	数据类型	允许NULL值	是否主键	说明
tno	char(6)	×	主键	教师编号
tname	char(8)	×		姓名
tsex	char(2)	×		性别
tbirthday	date	×		出生日期
title	char(12)	√		职称
school	char(12)	√		学院

表B.6 lecture（讲课表）的表结构

列名	数据类型	允许NULL值	是否主键	说明
tno	char(6)	×	主键	教师编号
cno	char(4)	×	主键	课程号
location	char(10)	√		上课地点

2．teachmanage（教学管理数据库）的样本数据

教学管理数据库的样本数据见表B.7~表B.12。

表B.7 speciality（专业表）的样本数据

专业代码	专业名称	专业代码	专业名称
080701	电子信息工程	080901	计算机科学与技术
080702	电子科学与技术	080902	软件工程
080703	通信工程	080903	网络工程

表B.8 student（学生表）的样本数据

学号	姓名	性别	出生日期	总学分	专业代码
221001	成远博	男	2002-04-17	52	080901
221002	傅春华	女	2001-10-03	50	080901
221003	路勇	男	2002-03-15	50	080901
226001	卫婉如	女	2001-08-21	52	080701
226002	孟茜	女	2002-12-19	48	080701
226004	夏志强	男	2001-09-08	52	080701

表B.9　course（课程表）的样本数据

课程号	课程名	学分	课程号	课程名	学分
1004	数据库系统	4	4008	通信原理	3
1012	计算机系统结构	3	8001	高等数学	5
1201	英语	5			

表B.10　score（成绩表）的样本数据

学号	课程号	成绩	学号	课程号	成绩
221001	1004	94	226001	4008	93
221002	1004	87	226002	4008	78
221003	1004	93	226004	4008	86
221001	1201	92	221001	8001	92
221002	1201	86	221002	8001	88
221003	1201	93	221003	8001	86
226001	1201	92	226001	8001	92
226002	1201	NULL	226002	8001	75
226004	1201	93	226004	8001	91

表B.11　teacher（教师表）的样本数据

教师编号	姓名	性别	出生日期	职称	学院
100003	杜明杰	男	1978-11-04	教授	计算机学院
100018	严芳	女	1994-09-21	讲师	计算机学院
120032	袁书雅	女	1991-07-18	副教授	外国语学院
400006	范慧英	女	1982-12-25	教授	通信学院
800014	简毅	男	1987-05-13	副教授	数学学院

表B.12　lecture（讲课表）的样本数据

教师编号	课程号	上课地点	教师编号	课程号	上课地点
100003	1004	2-106	400006	4008	6-114
120032	1201	4-204	800014	8001	3-219

参 考 文 献

[1] SILBERSCHATZ A, KORTH H F, SUDARSHAN S. Database System Concepts[M]. Sixth ed. The McGraw-Hill Copanies, 2011.

[2] 王珊，萨师煊. 数据库系统概论[M]. 5版. 北京：高等教育出版社，2014.

[3] 教育部考试中心. 数据库技术（2021年版）[M]. 北京：高等教育出版社，2020.

[4] 王英英. SQL Server 2019从入门到精通（视频教学超值版）[M]. 北京：清华大学出版社，2021.

[5] 郑阿奇. SQL Server实用教程（含视频教学）[M]. 6版. 北京：电子工业出版社，2021.

[6] 王晴，王歆晔. SQL Server 2019教程与实训[M]. 北京：清华大学出版社，2021.

[7] 屠建飞. SQL Server 2019数据库管理（微课视频版）[M]. 北京：清华大学出版社，2020.

[8] 卫琳. SQL Server数据库应用与开发教程[M]. 5版. 北京：清华大学出版社，2021.

[9] 贾铁军，曹锐. 数据库原理及应用（SQL Server 2019）[M]. 2版. 北京：机械工业出版社，2020.

[10] 于晓鹏. SQL Server 2019数据库教程[M]. 北京：清华大学出版社，2020.